安溪茶文化交流史文献经眼录

张玥 主编

中国轻工业出版社

图书在版编目（CIP）数据

安溪茶文化交流史文献经眼录 / 张玥主编. --北京：中国轻工业出版社，2025. 6. --ISBN 978-7-5184-5311-5

Ⅰ. TS971. 21

中国国家版本馆CIP数据核字第2025EK3500号

责任编辑：贾　磊

文字编辑：吴梦芸　　责任终审：劳国强　　设计制作：锋尚设计

策划编辑：贾　磊　　责任校对：刘小透　晋　洁　　责任监印：张　可

出版发行：中国轻工业出版社（北京鲁谷东街5号，邮编：100040）

印　　刷：艺堂印刷（天津）有限公司

经　　销：各地新华书店

版　　次：2025年6月第1版第1次印刷

开　　本：720 × 1000　1/16　印张：17.5

字　　数：320千字

书　　号：ISBN　978-7-5184-5311-5　定价：138.00元

邮购电话：010-85119873

发行电话：010-85119832　010-85119912

网　　址：http://www.chlip.com.cn

Email：club@chlip.com.cn

240784K8X101ZBW

本书编委会

顾　　问　郭玉琼（福建农林大学）

　　　　　谢文哲（中共安溪县委宣传部）

主　　编　张　玥（福建农林大学）

副 主 编　胡雲飞（福建农林大学）

　　　　　徐筱妍（福建农林大学）

参　　编　罗文远（福建农林大学）

　　　　　王佳林（福建农林大学）

　　　　　唐　俊（福建农林大学）

　　　　　石玉涛（武夷学院）

　　　　　刘宏飞（九盏茶书院）

　　　　　陈成聪（福建安溪铁观音集团股份有限公司）

　　　　　高振盛（浙江农林大学）

内容提要

本书辑录了从古代至20世纪末（2000年）的安溪茶文化交流文献资料，分为书籍、期刊、报纸、其他共四个篇目，资料来源涵盖古代茶书文献、地方志、海关报告、报刊新闻、行政文书档案及学术研究著作。按照其编撰、所涉历史时期或出版、刊发时间之先后顺序依次呈现，所涉内容包括安溪茶文化交流的历史、内容、路线等各个方面，是一部概览安溪茶文化发展史的重要工具书。

前言

中国是世界上最早发现茶、种植茶、利用茶的国家，既是茶树的物种起源地，也是世界茶文化的发祥地。茶树作为一种栽培植物已经在全球60多个国家生根发芽，遍布五大洲，而茶汤作为一种饮品更是遍及全世界160多个国家和地区，近30亿人钟情于茶的韵味，使得茶与咖啡、可可一起成为世界三大无酒精饮料，在推进人类健康的宏大事业中贡献着中国力量。中国是茶的故乡，遍及全球的茶树种质、制茶技艺、饮茶习俗等尽管已经与“中国茶”有了千差万别的面貌，但溯其根源无一不是直接或间接地来自中国。

在中国众多的茶区中，安溪县是颇为引人注目的一个。安溪，因县域内有清澈的溪水川流而过，故古称“清溪”。唐代中后期至五代十国时期随着北方战乱人口的南迁，出现了南北文化的大交融，中原先进的农耕技术包括茶叶的生产技术，带动了千年安溪茶文化的兴起。

唐时，中原地区佛道两教盛行，名山胜景之处皆有寺庙高僧，而宗教道场的建立极大地推动了当时整个社会饮茶之风的盛行。佛教、道教也是此时传入安溪，安溪的寺院和道观也有了植茶、制茶的记载。

宋时，全国茶业中心南移，北苑贡茶事务促进了福建茶产业的全面发展。得益于此，安溪此时的制茶手工业也得到大力发展，形成了茶产业的雏形。明清时期，安溪茶叶在广泛种植的基础上，植茶、制茶和饮茶技艺逐渐走向成熟。明代，安溪茶农创造了茶树整株压条繁殖技术，极大地促进了安溪茶叶的生产。明末清初，安溪茶农发明了独特的乌龙茶制作技艺，是我国制茶工艺技术的重大革新。清代，在无性繁殖技术基础上进行了良种选育工作，帮助安溪选育出了大批的优质种质，尤其是“铁观音”的问世，标示着安溪茶业发展的新高度。

民国时期，战乱频发，全国茶业受到严重影响，乌龙茶的生产也不例外。安溪大片茶园荒芜，无人问津。中华人民共和国成立之后，在一系列经济政策扶持之下，安溪茶业飞速发展，国营安溪茶厂更是成为全国最大的乌龙茶精制企业。改革开放后，安溪以茶促产、以茶脱贫、以茶致富，茶产业、茶科技、茶文化蓬勃发展，茶树成为惠及万民的生命之树、幸福之业。

安溪茶和安溪茶文化既是安溪县域经济、区域文明和传统文化的重要内容与文化符号，也是安溪对外交流融合的重要物质载体和文化媒介之一，是闽南文化、海丝文化的典型代表，是安溪茶人在千百年的茶叶利用过程中，形成的融诗词、书法、绘画、歌舞、戏剧等艺术为一体，集历史、经济、哲学、教育、科研、农艺、食品、陶瓷、宗教、民俗、礼仪、旅游等为一堂的独特文化体系，是安溪人民勤劳智慧的象征，也是安溪文明的象征。

安溪是一个有着千年产茶历史的茶乡，茶与在地人民的生活交融，演变发展，世代相袭，积淀形成了独具特色的安溪茶文化宝藏。在安溪的文献史料及考古实物中，发现了大量茶诗、茶歌、茶联、茶谚等资料，记录了安溪茶文化的发展历程。

早在宋元时期，安溪茶叶便随着泉州港的兴起，通过“海上丝绸之路”畅销海外。到了明清时期，乌龙茶创制之后，安溪乌龙茶以其独特的韵味与超群的品质备受青睐，并通过厦门、广州等口岸销往国际市场。

据厦门口岸有关史料记载，1858—1864年，英国每年从厦门港进口的乌龙茶达到1800～3000吨，1877年更是创下4500吨的最高纪录，而这里面来自安溪的乌龙茶占了40%～60%。

清咸丰五年（1855年），安溪乌龙茶制作技艺传至中国台湾地区，地点在台湾南投县冻顶山，成为台湾“冻顶乌龙”的起源。光绪二十二年（1896年），安溪人福美村张氏兄弟将铁观音茶苗引入台湾，在木栅区樟湖山种植成功，形成台湾木栅铁观音。

到了20世纪初，安溪华侨在东南亚各国开办茶厂、茶行、茶庄、茶店，将安溪乌龙茶的制作、销售带到了东南亚国家，形成了独具特色的“侨销茶”。20世纪末期，安溪乌龙茶在新加坡、马来西亚，以及中国香港地区和中国澳门地区等地的销售量高达1800多吨。

21世纪以来，安溪不断丰富对外联络的形式，不断拓展“一带一路”茶香通道。通过“茶酒对话”，学习借鉴葡萄酒庄园管理模式，开拓安溪铁观音的欧洲市场。常态化组织“闽茶世界行”“闽茶海丝行”等活动，提升安溪茶的国际美誉度。根据安溪侨乡文化特色，“以侨为桥”开展“下南洋，走亲访友品观音”系列活动，广泛推介安溪茶；另外，在国际外交事件中，安溪铁观音品牌也频频亮相，助力国际重大外交、经贸合作。

安溪茶文化在发展的过程中逐渐形成了以铁观音为核心、以闽南地域文化为特色的文化综合体，其构建的安溪铁观音茶文化系统更是成为安溪茶文化的典型代表。安溪铁观音茶文化系统，是以传统铁观音品种选育、种植栽培、植保管理、采制工艺和茶文化为核心的农业生产系统，同时包含了该系统在生产过程中孕育的生物多样性、发挥的生态系统功能、呈现的人文和自然景观特征。2022年5月20日，安溪铁观音茶文化系统被联合国粮农组织（FAO）正式认定为“全球重要农业文化遗产（GIAHS）”。2022年11月29日，“中国传统制茶技艺及其相关习俗”被联合国教科文组织列入《人类非物质文化遗产代表作名录》，而铁观音茶的制作技艺正是这一项世界级非遗的重要内容之一。

综上所述，安溪茶文化历史悠久、内容丰富、自成格局，在区域社会经济和文化发展中起着举足轻重的作用。随着福建在“一带一路”倡议中的经济文化地位日益凸显，泉州作为宋元中国的世界海洋商贸中心成功申遗，安溪铁观音茶文化系统入选全球重要农业文化遗产，安溪茶文化在国际交流中的内容、路径、策略等问题将受到越来越多的关注和重视。而梳理清楚安溪茶文化的交流史，将有助于清晰地认识安溪茶在区域文化交流中的地位和作用。

本书即希望为这一方向的研究提供一份粗略的工具，收集整理涉及安溪茶文化交流的史学资料，辑录成书。借由此书，我们既可感知安溪这片土地上茶文化交流的先驱者们为我们留下的文化珍宝，又可为后来者的研究提供进一步的借鉴和思考。

本书由张玥担任主编，胡雲飞、徐筱妍担任副主编，参编人员包括罗文远、王佳林、唐俊、石玉涛、刘宏飞、陈成聪、高振盛。在此特别感谢郭玉琼、谢文哲为本书的编撰思路、调研方向提供的咨询和指导。

然安溪茶文化历史悠久，茶文化交流成绩斐然，编委会的力量终究有限，书籍所涉主题相关资料终归有差池之虞、遗漏之处，还望读者海涵。

编者

2024年10月

目录

第二编　期刊（1912—1999 年）

第三编　报纸（1887—1989 年）

第四编　其他（1912—1997 年）

凡例

一、举凡2000年及其之前有关安溪茶文化交流方面经眼之史料，除常见于2000年以来各出版物者外，均属辑录之列。

二、同一史料，仅辑录与安溪茶业交流内容相关部分，其余文字从略或以“……”代替。

三、辑录之史料均注明出处，惟改繁体竖排为简体横排，并试加标点，字迹漫漶不清处以“□”代替；为保存史料之原貌，除对繁体字、异体字、别字、错讹处试加订正及将部分中文数字改成阿拉伯数字、纪年改用公元外，举凡行政区划、地理名称、民族称谓等，原则上不做改动，唯文中所涉“台湾”均为“中国台湾地区”等，为使行文简洁清晰，仅在书中第一次出现“台湾”时添加注释，后文不做累述；表格内容据原文作适当之编制，以符合读者阅读习惯。

四、辑录史料中之公文、信函，其格式为尽量符合现代读者阅读之习惯，其中有未能规范之处，尚请读者宽宥。

五、所辑录史料须注释时，添加脚注；文中“编者注”的内容均为本书编者所加注，“注”的内容为原资料所有。

六、所辑录史料为外文者，除已于文中注明作者、译者外，均为编者译。

七、辑录史料之编排，除以各编名分类外，其次序大体按其编撰、所涉历史时期或出版、刊发时间之先后为据。

第一编 书籍

（唐—2000年）

《茶经》（唐）

陆羽

黔中生恩州、播州、费州、夷州；江南生鄂州、袁州、吉州；岭南生福州、建州、韶州、象州。其恩、播、费、夷、鄂、袁、吉、福、建、泉、韶、象十一州未详，往往得之其味极佳。

——宋 咸淳《百川学海》本

黔中生恩州、播州、费州、夷州；江南生鄂州、袁州、吉州；岭南生福州、建州、韶州、象州。其恩、播、费、夷、鄂、袁、吉、福、建、泉、韶、象十一州未详，往往得之其味极佳。

——明 万历十六年（1588年）程福生竹素园刻本

《茶乘》（明）

高元濬

浙之产曰雁荡、大盘、金华、日铸，皆与武夷相伯仲。武夷之外有泉州之清源，漳州之龙山，倘以好手艺之，亦是武夷亚匹。

——明　天启时期刊本

《茗谭》（明）

徐㶿

泉州清源山产茶绝佳，又同安有一种英茶，较清源尤胜，实七闽之第一品也。然《泉郡志》独不称此邦有茶，何耶?

《泉南杂志》（明）

陈懋仁

泉州清源山——英山茶。清源山茶，青翠芳馨，超铁天池之上；南安县英山茶精者，可亚虎丘。惜所产不若清源之多也，闽地气暖，桃李冬花，故茶较吴中差早。

——清　《四库全书》本

《书岕茶别论后》（明）

沈石田

昔人咏梅花云：香中别有韵，清极不知寒。此惟岕茶足当之，若闽之清源、武夷，吴郡之天池，虎邱武林之龙井，新安之松萝，匡庐之云雾，其名虽大噪不能与岕相抗也。顾渚每岁贡茶三十二斤，则岕于国初已受知遇。施于今渐远渐传，渐觉声价转重。既得圣人之清，又得圣人之时，第蒸、采、烹、洗，悉与古法不同。

《五杂俎》（明）

谢肇淛

今茶品之上者，松萝也，虎邱也，罗岕也，龙井也，阳羡也，天池也。而吾闽武夷、清源、鼓山三种，可与角胜。六安、雁荡、蒙山三种，祛滞有功，而色香不称，当是药笼中物，非文房佳品也。

——中华书局1959年版

《安溪县志》（明 嘉靖版）

林有年

茶 《瑞章总论》：茶，乃南方嘉木，叶如栀子，花如白蔷薇，实如棕榈子。土产建州、北苑、先春、龙焙、洪州、双井、蒙顶、石花，皆茶之极品者也。紫为上，绿次之；笋为上，芽次之。社前采者为佳，寒食、谷雨采者次之。备见陆羽《茶经》。安溪茶产常乐、崇善等里，货卖甚多。

《安溪县志》（清 康熙癸丑版）

谢宸荃主修，洪见龙主纂

（1）茶名于清水，又名于圣泉。

（2）茶，茶乃南方之嘉木。土产建州、北苑、先春、龙焙、洪州、双井、蒙顶、石花，皆茶之极品者也。社前采之为佳，寒食、谷雨采者次之。

《安溪县志》（清 乾隆丁丑版）

庄成修，沈钟、李畴纂

（1）《会典》开载：每岁清明日、七月十五日、十月朔日，祭无祀鬼神于本城之北郊。府、州称郡历，县称邑厉。先一日，委官打扫坛宇。至期，承祭官穿补服先诣坛，祭品（帛、爵、羊、猪、酒、果）安于棚内正中，棚外两旁设孤魂牌位，牌写“孤魂之位”。东西相向，各列香、茶、纸、烛、馒首、酒肉、米饭。

（2）圣泉岩，在驷马山左。岩最高，登巅远眺，可望郡中清源山。产茶甚佳，而亦绝少。岩后有泉出石中，清甘不竭，祷雨有应。宋裴道人游憩石旁数月于此。

（3）茶名于清水，又名于圣泉。

（4）茶，亦曰茗，即荈也。龙涓、崇信出者多，惟凤山、清水岩得名，然少鬻于市。

《泉州府志》（清 乾隆版）

怀荫布修，黄任、郭赓武纂

茶 晋江出者曰清源，南安出者曰英山，安溪出者曰清水、曰留山。《泉南杂志》：清源山茶超轶天池之上。南安县英山茶精者可亚于虎邱，惜所产不如清源之多也。闽地气暖，桃李冬花，故茶较吴中差早。吾闽清源山茶，可与松萝、虎邱、龙井、阳羡角胜，而所产不多。按清源茶旧甚著名，今几无有。南安、英山及他处所产不多，唯安溪茶差盛，然亦非佳品也。

《厦门志》（1832年）

查近日安溪、惠安出北岭甚盛，以例禁不能出海。或云前两广总督奏禁者武夷松萝、北岭土茶系新出，或可再行奏请也。

《中国财政论纲》（1912年）

周棠

茶价及产额

茶市因地势之便，自成三区，即所谓汉口、上海、福州。三区之物产及装载各异，其价格亦因之不同兹分别述之。

福州市场　福建以产茶名，其生产聚集地，大别之为二。曰厦门，曰福州。

厦门茶　该港重要输出品以茶为最，茶业贸易之隆替，关系该港之盛衰。其产地为武夷、安溪、宁洋、北溪、建宁等处。总额中包种茶占其强半，此种茶适于福建人及南洋中国商人之嗜好。外国茶业之商共五家，其资本均在数万弗以上，其利用买办押金更数倍于其资本。皆在纽约设有支店买卖。此外有马振洋行及茶帮之二种，厦门茶帮十帮，买卖台湾及福建产之包种茶，输出于海峡殖民地及南洋各埠。其装入之箱，有十五斤、三十三斤两种，上等每百斤六十余元，下等三十元上下。据光绪二十七年报告，则输出额六千六百〇二（编者注：6602）担。其价额计一百〇十万二千二百二十（编者注：1102220）两。内地消费者不在此内。

福州茶　福州界乎上海香港之间，其输出货中亦以茶为大宗，约占总输出额十分之八九。故茶之盛衰，不特关系于该港之输出贸易，且茶之输出减缩，则大影响于输入之贸易，其以茶为贸易之主项。

《台湾通史》（1920—1921年）

连雅堂

顾自开口以后，外商云集。台北之茶因之而盛，台湾产茶由来已久，旧志称水沙连之茶，色如松萝，能辟瘴却暑。至今五城之茶，尚售市上而以冻顶为佳，唯所出未多。台北产茶近约百年，嘉庆时有柯朝者归自福建，始以武夷之茶植于鱼坑（鱼桀），发育甚佳，既以茶子二斗播之，收成亦丰。遂互相传植，盖以台北之地多雨，一年可收四季，春夏为盛，茶之佳者为淡水之石碇文山二堡，次为八里坌堡，而至新竹者曰埔茶，色味较逊价亦下。其始仅销本地，道光间运往福州，每担须纳入口税银二圆，方可投行发卖。迨同治元年，沪尾开口，外商渐至，时英人德克来设德记洋行贩运阿片樟脑，深知茶业有利。四年，乃自安溪配至茶种劝农分植，而贷其费，收成之时悉为采买运售海外。南洋各埠前销福州之茶，而台北之包种茶足与匹敌，然非熏以花其味不浓，于是又劝农人种花。花之芬者为茉莉素馨栀子。每甲收成多至千圆，较之种茶尤有利，故艋舺八甲大隆同一带，多以种花为业。夫乌龙茶为台北独特风味售之美国，销途日广。自是以来茶业大兴，岁可值银二百数十万圆。厦汕商人之来者，设茶行二三十家，茶工亦多安溪人，春至冬返，贫家妇女拣茶为生，日得二三百钱，台北市况为之一振。及刘铭传任巡抚，复力为奖励种者愈多时，台邑林朝栋方经营垦务，辟田树木。为永久计，亦种茶于干溪万斗六之山。未及十年，而朝栋解兵去，戎马倥偬，剪伐殆尽。惜哉，初铭传筹兴物产，尤欲大启水利，以资灌溉。当是时大嵙崁新设抚垦，以其土沃，欲辟水田。光绪十三年，命德国工师墨尔溪往查水源议凿巨圳，以润海山桃涧等堡。未行而去，又以台湾纺绩，皆仰外省，岁需巨万，亦劝农家种植桑棉，语在工艺志。故事直省有司，岁以仲春之日，行藉田礼，铭传自莅任后，即奉僚属行之。集老农，询丰歉，使课其子弟，尽力农功，勿荒、勿嬉、勿为淫辟。其勤劳者，则奖赏之，着为例。

《茶业》（1931年）

实业部总务司编辑科

1. 种类嗜尚及其价格

马来亚之居民，多喜食印度及锡兰（编者注：今斯里兰卡）茶，加以牛乳。华茶多用于华人家庭之中。其名贵者，西人亦多采用。红茶销路最广，绿茶殊少饮用者。印度茶以Lipton's Tea、Brook Bond's Tea及Galle-hodde Tea销路为多。前二者，价格稍高，欧人及家庭中用之者较多；与我国市场通用者相等。后者俗名乌纸锡阑纸，以其价格适宜，各咖啡店多喜购用，销路颇广。马来亚地处热带，饮料之需最多。各咖啡店，各处林立。除锡兰茶外，印度茶粉用之者亦多。更有Bigia Tea，系在马来亚所种植。近年来马来亚极力提倡种茶，几经试验，现已成功，通称美芽茶，因其宣传颇力，将来推销必广。至于华茶类，以福建武夷，安溪等处出产之雪梨、铁观音、小种白毛猴及吉劳、马耳、乌龙等，为通行。

2. 美利坚及美属各地

斐利滨（节录驻斐利滨总领事馆呈文）

本岛地居热带，茶叶销路，本属无多。外人所用，类多欧美运入之红茶。由中国运入之茶，只有由福建运入之安溪铁观音、正丛、水仙、种超等，白毛猴种，正雪梨奇种、正铁观音泡、正玉桂香、正武夷提丛名色种、正铁罗汉奇种、慧苑原庄上名种、天心单丛水心种、各岩原庄、正小种、宝国岩顶山名种、福州项上香片及由广州运入之六安、水仙、普洱、龙井、乌龙等类。在书店、杂货、药材等店寄售，供华侨零星应用。其销数价格乏一定统计，无从调查。

《中国茶业问题》（1931年）

赵烈

第七章　吾国茶之产地及产额

第七节　福建

福建茶之产地普通分为西北二路，西路在闽江上游各县；北路系产于福州以北，由北岭达于福宁府属各地皆属之。西北两路之主要产地为沙县、崇安、建安、瓯宁、政和、永安各县。红茶以西路为佳，北路次之。绿茶则北路为多，西路较少。全省产额在四十年前恒达六七十万担，现在年仅十四万五千余担，约值六百余万元。红绿茶各半，红茶中以工夫茶、小种茶、彩花白毫及花香白毫为最多。次为乌龙茶，以包种茶为主，产于建宁邵武一带之红茶，概经福州输出于南洋。产额约五六万担，价值约三百余万元。绿茶以邻于浙江北部之福宁为中心，由三都澳移出于天津一带，产额年约六七万担，值银二百余万元。

漳州产龙井茶，数十年前由浙江杭州原产地移植而来，成绩颇佳。而泉州、厦门、漳州所产之乌龙茶有一种特别清香气味，极为欧美上流社会所欢迎。三十年前欧美市面之乌龙茶，皆为中国所制。近年以来受台湾（编者注：中国台湾地区）产乌龙茶之压迫，欧美商场几尽为日本所夺，致久负盛名之乌龙茶亦日渐衰颓矣！至安溪产之铁观音，崇安产之武夷，福宁产之白琳，均为本省最著名之茶，惜产额甚少耳。

《厦门工商业大观》（1932年）

工商广告社推销部

第四节　茶商

厦市茶叶采自武夷安溪等处，武夷计九十九岩七峰八洞。首推三条坑内之天心岩、宝国岩、兰谷岩、慧苑岩、嶕岫岩等为最优。安溪则推南岩铁观音及乌龙种为佳。从厦地经过与销售者，为数甚巨，价格亦颇昂贵。自欧美各政府，力倡栽茶，

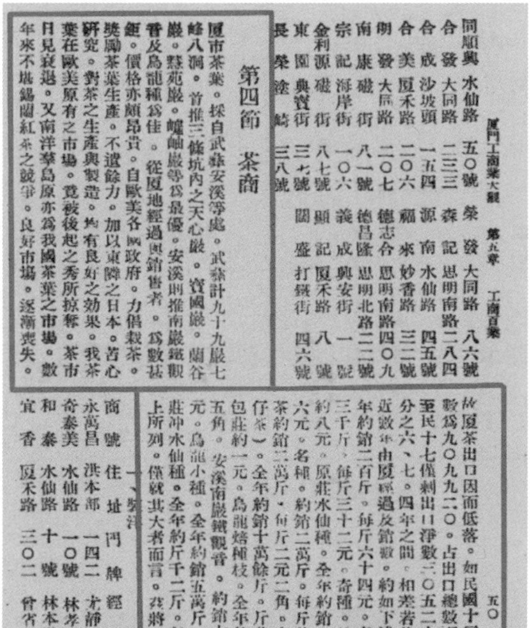

厦門工商業大觀　第五章　工商百業　五〇

同順興	水仙路	五〇號		榮發	大同路	八六號	
合發	大同路	二三三		森記	思明南路	二八四	
合成	沙坡頭	一五四		源南	水仙路	四五號	
合美	厦禾路	二〇六		福來	妙香路	三二號	
朗發	大同路	二〇七		德志合	思明南路	四〇九	
南康	磁街	八一號		德昌隆	思明北路	二二號	
宗記	海岸街	一〇六		義成	興安街	一號	
金利源	磁街	八七號		顯記	厦禾路	八號	
東園	典寶街	三七號		闔盛	打鐵街	四六號	
長榮	塗崎	三八號					

第四節　茶商

厦市茶葉。採自武彝安溪等處。武彝計九十九巖七峰八洞。首推三條坑內之天心巖。寶國巖。蘭谷巖。慧苑巖。嶢岫巖等爲最優。安溪則推南巖鐵觀音及烏龍種爲佳。從厦地經過與銷售者。爲數甚鉅。價格亦頗昂貴。自歐美各國政府。力倡栽茶。獎勵茶葉生產。不遺餘力。加以東鄰之日本。苦心研究。對茶之生產與製造。均有良好之效果。我茶葉在歐美原有之市場。竟被後起之秀所掠奪。茶市日見衰退。又南洋羣島原亦爲我國茶葉之市場。數年來不堪錫蘭紅茶之競爭。良好市場。逐漸喪失。故厦茶出口因而低落。如民國十三年。輸出南洋淨數爲九〇九二〇。占出口總數百分之一六、一。至民十七僅剩出口淨數三〇五二六〇。占出口總百分之六、七。四年之間。相差若此。誠爲可驚。至近數年由厦經過及銷數。約如下述。大紅袍茶。全年約銷二百斤。每斤六十四元。名色種。全年約銷三千斤。每斤三十二元。奇種。約銷五十斤。每斤約八元。原莊水仙種。全年約銷一千斤。每斤一十六元。名種。約銷二萬斤。每斤約四元五角。小種茶約銷三萬斤。每斤二元二角。烏龍焙種。（即包仔茶）。全年約銷十萬餘斤。斤莊每斤一元二角。包莊約一元。烏龍焙種枝。全年約銷三萬斤。每斤五角。安溪南巖鐵觀音。約銷七萬斤。每斤約三元。烏龍小種。全年約銷五萬斤。每斤約九元以下莊冲水仙種。全年約斤千二斤。每斤二元四角。上所列。係就其大者而言。茲將各茶商分別列左。

一、紫洋

商號	住址	門牌	經理	電話
永萬昌	洪本部	一四二	方靜立	八八號
奇泰美	水仙路	一〇號	林孝秀	一一六二
和泰	水仙路	十號	林本道	
宜香	厦禾路	三〇二	曾省三	

《厦门工商业大观》书籍原图

奖励茶叶生产，不遗余力。加以东邻之日本，苦心研究，对茶之生产与制造，均有良好之效果。我茶叶在欧美原有之市场，竟被后起之秀所掠夺，茶市日渐衰退。又南洋群岛原亦为我国茶叶之市场，数年来不堪锡兰红茶之竞争，良好市场，逐渐丧失。故厦茶出口因而低落。如民国十三年输出南洋净数为九〇九九二〇（编者注：909920），占出口总数百分之一六点一。至民国十七年仅剩出口净数三〇五二六〇（编者注：305260），占出口总量百分之六点七。四年之间，相差若此，诚为可惊。至近数年由厦经过及销数约如下述，大红袍茶，全年约销二百斤，每斤六十四元；名色种，全年约销三千斤，每斤三十二元；奇种，约销五十斤，每斤约八元；原庄水仙种，全年约销一千斤，每斤一十六元；名种，约销二万斤，每斤约四元五角；小种茶约销二万斤，每斤二元二角；乌龙焙种（即包仔茶），全年约销十万余斤，斤庄每斤一元二角，包庄约一元；乌龙焙种枝，全年约销三万斤，每斤五角；安溪南岩铁观音，约销七万斤，每斤约三元；乌龙小种，全年约销五万斤，每斤约九元；下庄冲水仙种，全年约近千二斤，每斤二元四角。

永万昌茶庄广告

《发展福建全省经济之具体计划：应福州国光日报社征文》（1933年）

林荣向

茶产　闽省夙称产茶之区，统计全省茶园面积，凡一十二万二千四百七十五亩，收获数量凡九百三十五万余斤，其重要产茶区域，分北路、西路、南路三部，北路为福宁府属出产，计福鼎县可产绿茶二万担，宁德、福安、霞浦、寿宁四县共可产绿茶八万担，绿茶销路，一半售于国内，一半售于俄（编者注：1922—1991年应称作苏联）、美、琉球。绿茶以外，尚产红茶七万箱（每箱三十斤），销路以俄国为大宗，约占十分之六，其余英德土法美各国，合销十分之四，此外尚有白琳所产之白茶，亦名白毫，称为上品，多运销于国外，西路之茶产于闽江上游之南平、建瓯、建阳、崇安、邵武各县，其数量虽不及北路，然多珍品，如武夷之青茶（即岩茶）可称极品，红茶亦最佳，绿茶次之，当昔年最盛之时，西路红茶每岁出口六七十万担，多运销于英、荷、德、俄、波斯（编者注：伊朗旧称）等国，岩茶则运售广东、南洋群岛、菲律宾、安南等地。南路之茶，多在厦门出口，以红茶为大宗，尤以铁观音为最驰名，南路又分为北溪、安溪二路，北溪之茶，产于漳属经浦南运抵厦门，每年约有五六千件（每件三十斤）。安溪之铁观音，产于尧阳者为最著名，其次为崇信里、还一里、新康里、龙涓里等区，皆经同安运抵厦门，每年凡有一万四千余件。南路产茶之销场，以南洋华侨为主体，其余销于广州及潮州者仅少量耳。总之，茶产一项，为闽省主要物品，前清光绪初年，为全省茶叶全盛时代，闽人恃此为业者，不下三四十万户。每届春末，辄有轮船数艘在各口岸候茶直航海外，今已绝迹无至，考民国二十年全省出品，仅一千三百六十余万两，一落千丈，其失败原因，约有数端。

（一）日本在台湾奖励乌龙茶之产出，同时锡兰爪哇产茶日多，致使闽茶之销路日促。

（二）闽茶旧皆着色，美国于前清末年禁止着色茶叶进口，同时以印度锡兰茶叶代其货品，民国以来，绿茶商业在美虽渐次恢复，但其价格不能与日印竞争。

（三）西人嗜茶，作为充饥物品，不作解渴之用，皆以牛乳白糖搀茶饮之，印度所产，茶味浓厚，甚合其用，闽茶贵在清香，且多熏花，茶商墨守成法，不知投西人之嗜好。

（四）日本茶叶善于宣传广告，故易驰名，闽省茶商，故步自封，间有狡狯商人，杂以劣品，致失信用，同业之中，又不能联络提挈，开盘定价，悉操纵于外人。

（五）山上茶农，均贫苦无资，产品未收以前，工食之费，仰于茶商之接济，故垦地愈多，则需资本愈厚，闽省茶商，鲜有大规模之组织，且内地苦于匪患，茶农不能安其业，而茶商亦不敢轻易散放资本。

（六）闽省内地交通不便，茶园所在山坡起伏，产出货品皆恃人工输送，溪河滩多流急，失事者甚多，厘金关卡所在皆是，因此增加货物之成本，间接影响货量之产出。

综上六点观之，闽省茶业衰落原因昭然若揭，长此以往将更不堪设想，讨论福建经济不可不注意者三也。

《京粤线福建段经济调查报告书》（1933年）

铁道部业务司、财务司调查科

（1）物产　福建物产丰富，种类繁多，沿海与内地稍有不同。沿海鱼、盐之利甚薄。鱼之种类尤多，四季各有名产。南北路之茶亦极著名，销路各异，北路多产于福鼎、福安、宁德、罗源等县，以红绿茶著名，多售于华北及国外；南路产于安溪者居多，有铁观音最驰名，多售于南洋。

（2）晋江　晋江大宗营业有桂圆，年出六千担，每担一百三十二斤，价二十七八元。龙眼则销厦门作制罐头之用，年输出二百担，每担一百三十二斤，价四五元。糖之出产，今日反变为入超矣。茶叶原产于安溪，销于晋江者亦有数十万元，纸竹产于安溪年输入总值各约十万元。吴范志一家售茶饼与神曲两项值二十万元。其余输出入数量未详。

（3）安溪　安溪以产茶为主，出产地该县龙门一带，每年出产价值达一百万左右。运往厦门，厦门转售南洋者占十分之七。竹亦著名，产于湖头镇一带，约值十万元。

（4）茶叶　闽省夙称产茶之区，产地以西北二路闻名，南路次之。西路在闽江上游各县，北路系指福州以北，（由北岭达于福宁府属各地）南路则以安溪为中心。红茶以西路为佳，北路次之；绿茶则北路为多，西路较少；青茶（亦称岩茶）以产于武夷者为优，而建瓯各地次之。若白茶（即白毫）则以产于福宁属之白琳者称上品，次为政和各地所产。南路以铁观音驰名遐迩，以出于安溪者为佳。除红茶、白茶、绿茶、岩茶、铁观音之外，复有种种名称，如仙人掌、乌龙、红边、龙团、桃仁、银针、莲心、白毫、雨前、香片、芽仔等，难以一一列举，率皆由茶客或茶商独出心裁，自创名目，标其高异。在闽茶大宗为红、绿两种，岩茶、白茶次之。红茶、白茶多运销于国外，以英、荷、德、俄四国为最多。绿茶多运售于天津、牛庄、青岛及俄国各地；岩茶则以运售广东、南洋群岛、菲律宾、安南各处为多；红茶之中复因精粗之不同，于是分别为名种、工夫、小种等。名种、工夫皆精细之茶叶，如首春、秋露所采者是也；小种则为粗老之茶叶，如第二三春所采者也。

（5）铁观音之制法与岩茶同　兹再将其他安溪茶之制法略述如下：茶之收成均在中午，即将茶叶过筛一百遍，或百余遍，须察其叶面水汽稍消，即于锅中炒之，至熟时乃取出用手揉之，揉后即在焙笼焙而干之，方成茶叶，可售于市。但因销路之各异，为投各路消耗者之嗜好，故制时之手续亦微有不同。大约贩卖出洋者须再用工作，过足焙火，方合美国人习惯。至于铁观音良种，与春季所采之茶，多不熏花，夏茶暑茶熏花者甚多。安溪茶叶之销路最广者即为南洋，南洋华侨每不喜茉莉花之香味，故安溪茶叶之用茉莉熏花焙者极少，其常用者则为“四英花”“树兰”“善薄花”三种。以上花名皆为安溪土名，外间人士未必能鉴别也。

（6）销路　福建茶叶贸易颇为发达，大半可分为采办及运销二种、采办者系一方由产户购来，售于运销者是也。运销者系一方由采办者购来，转售于出口者是也。属于前者有二帮，属于后者有三帮，其一为茅茶帮，专为采办绿茶，多在福鼎、福安、宁德、罗源及白琳各地，每年营业约有九万担，每担平均价值四十元，计之当达三百万元。至该帮各家营业多者数十万元，少者亦十余万至数万元。至其贸易状况系该号先将现款贷与山客，名曰“在山”，即预定茶叶之谓，采摘后须运投该号也，此种茶叶多属未精制者，故曰茅茶（亦曰毛茶），皆绿茶也。山客于首春采茶后，即贮入布袋，运投该帮各号，尚须按价算过，现款交易，其在山之款仍贷山客以备采办二春、三春之茶。如是每次山客运茶到时，须先交一部分款项，但茅茶栈对于茶价之涨落不涉其事，盖山客将茶投于茅茶栈，而托其售出价值均照时价，涨落均归山客自理，不过茶既售出，则茅茶栈须补付现款于山客。总之，山客运茶到茅茶栈无论何时售出，茅茶栈须先贷以款，至已售出之时，无论售往何处，茅茶栈均须按价算还，茅茶栈则每担应得佣金三分二厘半而已。亦有福州茅茶栈直接采办时，则茶价之涨落即与山客无涉，而盈亏均属茶客之事，如此须茅茶具有大资本者方可尝试，否则资本不继，易于失败也。茅茶帮而外又有箱茶帮，以专采办箱茶为业，如西路北路之红茶、西路之岩茶、北路之白毫等皆属之。此等箱茶皆在山制好，装箱运至福州转售。故至福州后，无须再行制造，即可原箱运出，箱之大小有二种：曰二五箱，曰三五箱，二五箱之茶净重约二十九斤（箱重另加四斤），三五箱之茶净重三十六斤（箱重另加四斤）。该帮每年营业约达三百余万元，每家大者三五十万元，小者十万余元。至其营业方法亦分直接间接二种：直接即箱茶栈自行备本赴山采办，间接即由山客运售于箱茶栈，托其代售也。其属于运销者则有天津帮、京东帮、洋行帮。京东帮中又分为京徽帮与直东帮。兹分述各帮销茶概况如下。

（一）天津帮　州茶商属于该帮者有二十余家（前有三四十家），其始只一公帮，近分为二，曰福长兴帮，曰福泉兴帮，多福州及泉州人所开，均以专售绿茶于天津、牛庄、烟台三大埠为主，故统称曰天津帮。该帮每年营业约三百万元，运售绿茶只五六万担左右（每担平均六十元）。各号营业大者二十余万元，小者二三万元。

（二）京东帮　京东帮有三四十家，计分二派：曰京徽帮，曰直东帮，均系北京及安徽人，专以运售绿茶于平津各埠为主。其营业方法有三：一系直向各茶山自行采办茅茶，运到福州本行内，加以精制；一系近向福州茅茶栈购买茅茶，在本行内加以制造；一系专为吸花之故，特运安徽各地所产绿茶到闽，吸花后再行运出。其自向茶山采办者为数不多，其向福州茅茶栈购买者年约三四万担。大概福州茅茶帮各号每年之销售于天津帮者，有十之六，直东帮、京徽帮者有十之四。

（三）洋行帮　洋行帮亦曰洋茶栈，皆由福州各洋行装运箱茶出口外洋者也。其茶类以红茶为最多。红茶中又分为工夫小种二者。其次为白毫，再次为青茶，开始营业期间多在四五月，至十月以后皆行收歇。各洋行每年装运出口之茶约有五万担左右，贸易额达四百万元。综上所述，则福州茶业之情况可以概见；大抵茅茶帮再售绿茶（装袋）于天津帮及京东帮，而箱茶帮则专售红青白茶（装箱）于洋行帮。此外尚有广东及南洋商家，自向上游办岩茶运售广东、安南、南洋各地者亦数十万元。

以上所述皆为北路茶业之状况，至于南路以产于安溪者为佳，产品均由厦门出口，分北溪、安溪二路。北溪之茶经浦南来厦，每年约有五六千件（每件三十斤）；安溪之茶则经同安到厦，每年凡一万四千余件（每件三十斤）。兹将安溪茶状况略述于下。

（一）茶额　安溪产茶在前约产二万六七千件，近年因地方不靖，茶山荒废甚多，产量因以减少，每年所产仅二万件。武夷所产之岩茶运经厦门出口者亦不少，大约由建瓯各县产茶之区直运厦门，与由福州转运厦门者凡二三万件（每件二十一斤）。

（二）产茶区域　安溪茶产以铁观音为最著，而以尧阳所产者尤负盛名。大约尧阳茶产每年可达二十万元，在安溪十八里之中以产茶著名者则有崇信里、还一里、龙涓里、新康里等，而西坪、三洋、卓源各乡亦著名。

（三）茶种　安溪茶种亦极纷繁，本来普通茶之销量甚多，但迩来茶商均经营好茶，故普通茶之产量渐减。铁观音一项，每年约产一千担（每担百斤），乌龙、奇兰二种，年约产四千担。安溪茶种计有铁观音、乌龙、大红袍、奇兰、水仙、雪梨、白毛猴、白牡丹、黄金菊、梅占等。水仙、奇兰二种，叶状与铁观音相同，乌龙茶种其叶尚小，易于分别。

（7）销途　安溪茶叶之销途，大部分全靠南洋。销于本地及漳州七县者凡十分之二三，销于广州、潮州者昔年尚多。近因广东茶商直接向崇安建瓯采办，故安溪之茶销量减少，现在全年仅二三千件（每件三十斤）。

（8）装运　茶叶在安溪制后运至厦门，另须加焙复装，箱外用竹篾编之，以便于运输，其装运南洋者约分五种：

（一）每箱五斤者，每四箱作一件；

（二）每箱二斤半者，每八箱作一件；

（三）每箱一斤者（装铁观音及武夷茶者少）；

（四）每箱十斤者，每两箱作一件；

（五）每箱三十斤者，每四两为一包内装一百包。复装之费每件约五元，安溪自仙苑以下，始有水道。在安溪运费每件约四五元，挑工每担百斤，路程百里约两三元。水运由同安至厦门每件一角。

《少年史地丛书：福建省一瞥》（1933年）

盛叙功

茶，福建的茶虽然受印度、锡兰和台湾茶的影响，销路远逊于前，遂一落千丈，然而现在每年的输出额仍有七百万两上下，占全省输出的大部分。闽茶种类大致为红茶、绿茶、砖茶三种。其中红茶又分工夫、乌龙、小种、包种、白毫花香、珠兰、杂茶等名目。绿茶亦分熙春、淮山、小珠、香片等名目。红茶制法，于清明及谷雨前后，摘取嫩叶曝于日中并用手揉搓使软装入木桶，覆以厚布，使酸酵为红褐色，再用火力焙干，筛去粗叶即得。绿茶制法，鲜叶摘取后，即入锅炒至柔软，曝于日中再入锅焙以干为度。此种茶工以安溪为多。制红茶的工人，则以福州为多。至于砖茶制法，则用红茶或绿茶的粉末，加以适当的水分，蒸过放在木箱中加以压力而成。

闽茶的产地可分北、东、西三路。北路为福安、福鼎、宁德、寿宁、屏南等县，多从三都澳输出。东西两路皆属闽江流域，南平以下的闽江流域为东路，以北岺为主要产地，产额不多。南平以上的闽江流域为西路，以沙县、洋口、邵武、建宁、政和、水吉等县为最盛，产茶范围颇广。向来福州茶的轮出大部分都属西路货，自从三都澳开港后，北路制茶渐盛，西路制茶渐衰，今则西北两路几相伯仲了。此外闽南一带产茶较少，惟安溪的“铁观音”亦颇有名。

福建茶输出的总额，差不多年减一年。今将一八九六年至一九一五年的输出状况列表如下。此种统计虽嫌太旧，但茶之衰落，与此后之有减无增则可以想见了。

1896—1915 年福建三港茶叶输出额　　单位：担

年度	港口		
	福州（输出额）	三都澳（输出额）	厦门（输出额）
1896	412101	0	32508
1897	316710	0	12128
1898	305315	0	9453
1899	350712	2643	9572
1900	291131	30710	6767
1901	225857	67392	7017
1902	206145	69894	6527
1903	201592	87269	6913
1904	169976	105118	6983
1905	135388	110377	6772
1906	170323	108854	6209
1907	164225	106329	5190
1908	137235	113111	5617
1909	149496	107029	6639
1910	129729	119213	6769
1911	154597	114966	6249
1912	94241	103273	7540
1913	141553	106405	6630
1914	121169	109166	7352
1915	123677	124586	8535

编者注：表格为编者整理绘制，信息来源于《少年史地丛书：福建省一瞥》P74—76。

读上表，可知福建茶市衰落的现象。福州原为东西两路茶的集散场，一九一五年来的输出额，仅十万担内，先比之二十年前，约减四分之三，即以三都澳之输出额并计，仍少三分之一呢。至于厦门茶的输出虽为数不多，但较旧时亦有四分之三的减少。可见福建茶市之不振实为全省普遍的现象。推原其故，不外五端，第一，制茶不精墨守古法；第二，茶税苛重阻碍销路；第三，关税不平等；第四，奸商作弊丧失信用；第五，无贩卖的团体。故欲挽茶市于将来，必得先注意此五点，力求改良勉可与印度、日本等茶竞争销路呢。

《星洲日报四周年纪念刊：新福建》（1933年）

（1）自海禁开放本省茶叶运销外洋，极为畅旺。近亦日渐衰落，销路为日本、锡兰、爪哇产茶所夺。据建设厅第三科长陈福荣之意见，茶叶衰落之原因计有八点：一，种植失常产额锐减。二，无制造厂，熏焙不善。三，名称混杂，不易识别。四，优劣掺杂，品质不纯。五，运输不便，辗转需时，致茶叶堆积损失。六，赋税重叠，致成本增高。七，产销不能直接，佣金所耗太多。八，装潢缺乏美观，且欠坚固，茶味几致消失。而据西路茶商孙曦之意见，西路茶业以红茶为主要产品，产于崇安各村者最佳，外人酷嗜之，从前售价既昂，销路亦旺。近受外茶倾销一落千丈，又值土共频发，种植者不得安居，相率逃避茶园，大半芜荒。运输到省，经过各县又惨被鱼肉公私捐款，正杂赋税，不胜枚举。在崇安每担成本五十元，到省售价一百八十两，尚须亏折，其繁重可知。北路茶商郑贤煊亦云，北路所产绿茶均在福宁府属之三都、沙埕两处聚集，年产约有七万余担。到省时，分传于天津帮茶商，经雇工拣选，并加以茉莉、珠兰、白玉兰花等，焙制之后方可出售。年来失败原因与西路大略相同，茶价成本，每百余两，而日下天津行情，只值五十余两，装出之货多数退回，前途甚形黯淡。南路茶业向以安溪为大宗，珊屏、蓝田、松林头乡、尧洋、岭头各地产额甚旺。民（编者注：国）十四五（编者注：年）输出茶三万件，约值价八十万元。近则销数减少，统计本年之安溪茶，由厦门出口约仅万五千件，原因亦系地方不靖，征捐重叠之故。安溪茶税虽较闽北为轻，每件仅征三元，而种植者运出发售，成本尚苦繁重，益以南洋各地之不景气，销路滞塞，茶业乃益显凋零残败之观矣。米产之恐慌如彼茶市之消沉。如此，重要农业之衰落可知其他更可以类推矣。

（2）茶叶 田宜稻山宜茶，福建为吾国产茶名区，闽侯、崇安、建瓯、政和、松溪、建阳、建宁、闽清、邵武、光泽、沙县、永安、顺昌、长乐、尤溪、福鼎、福安、霞浦、宁德、罗源、古田、屏南、安溪、漳平、宁洋、连江等县，皆为茶产地。概括言之可分为西北东三路，闽江上游南平以上为西路，以下为东路。由福州北岭迄于福鼎、罗源、古田诸县为北路。西路以红茶为主，北路以绿茶为多，青茶以产于崇安之武夷者为优，而建瓯各属次之。白茶则产于福宁属之白琳为上，而政和各属次之。计全省种茶面积一二二四七五（编者注：122475）亩，年产约达九三五一零零（编者注：935100）斤。

闽茶之散集地则福州三都澳及厦门，其间尤以福州为最。福州为吾国三大茶市之一。清光绪初，实为全省茶业最盛时代，茶业多至三十四万户，今已盛极而衰减至十万余户而已。盖闽茶之世界市场，近数十年来，已渐为印度、锡兰所攘夺，与长江茶业同处于衰疲地位。然闽茶色、香、味三者终为世界之冠，盖福建种茶环境，无论天时地利，均较他国为优。苟能以科学方法，从事改良，未始不能恢复其世界市场上之首座也。

（3）林和泰茶庄广告　茶为饮食中所必需之品。尽人皆知其有提神止渴，消化卫生之功能。然其出产之优良，尤以武夷安溪为冠。本号世居安溪产茶之区，深悉焙制之良法。历赴武夷茶林之域，善辨优劣之别分。故自经营以来，深蒙海内外侨胞争相购用。可见本号选办工精，自非寻常可及。各界仕商，如蒙惠顾，零沽批发，一律欢迎。此布。

批发处新加坡福建马车街门牌二十号

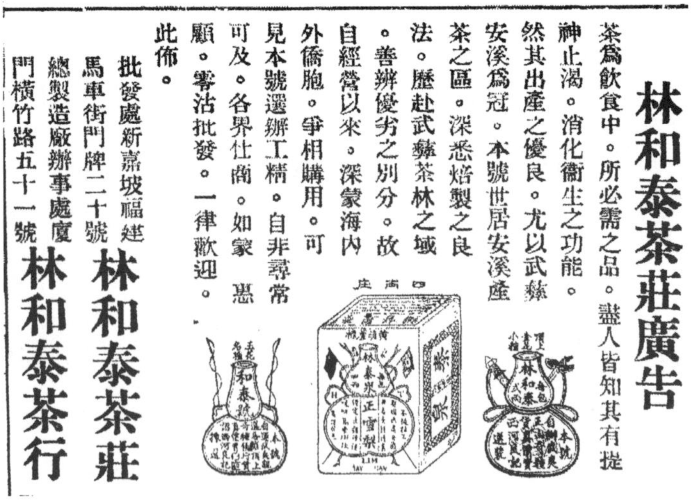

林和泰茶庄广告图

《茶叶全书》（1935年）

[美] 威廉·乌克斯（William H. Ukers）

侬佳、刘涛、姜海蒂 译

安溪茶（Ankois）略与沙县茶相似，惟叶较沙县茶稍黑，香气亦稍劣，但亦不失为强味可用之茶。

《华茶对外贸易之回顾与前瞻》（1935年）

中央银行经济研究院

华茶之产区及产额

福建　福建产茶之地分为东西北三路。东路即闽江以东旧福州府及延平府之一部如沙县及闽侯等县西路即旧建宁府，邵武府及延平府之一部如崇安、建瓯、政和、松溪、建宁、建阳、闽清、光泽、沙县、永安、顺昌、将乐、尤溪等县。北路即旧建宁府及福宁府之一部，如福鼎、福安、霞浦、寿宁、宁德、罗源、古田、屏南、安溪、漳平宁阳等县。东西两路之中其主要产地为沙县、崇安、建安，其次为建瓯、政和、永安、顺昌。北路产茶最丰，占福建茶总量之半数。

《新嘉（编者注：加）坡中华总商会国货扩大展览推销大会特刊》（1935年）

（一）谈金泰茶

澈明

玉花茶即为金泰茶之代表品

茶是日常必需的饮料，乃我国向来出口最大宗的国产品之一。南洋群岛处在热带，本为中国茶最好之销场。近年世界不景，中国内地匪乱不靖，因之产额顿减，求过于供，食利商人，遂以他国产品化装冒充，现在市上已满布冒充的中国茶，此诚国货前途之隐患，有心人不能不注意及之。

南洋经营中国茶的，以林金泰一家为翘楚，林金泰各种茶的中间，尤以“玉花茶”销路最旺，通所称“金泰茶”，即“玉花茶”也。该号经营茶业闻已将近百年，其出品纯为福建省武夷山及安溪县两处，分置有茶山数十所。关于采办、选种、焙制，以累世之经验，深具特长，故金泰茶在各家茶叶中，能以滋味称胜。在南洋群岛中，“金泰茶”三字早已深深地印入群众之脑筋，不论日间各大酒楼，或夜间各茶市，凡品茶之客一呼“金泰茶”之名，随处皆可立应。其他各家如“铁观音”“水仙”“龙井”“普洱”等则各家皆有，其销路殊不若金泰茶之伟大且专一云。

（二）林和泰茶庄汇兑信局

林和泰茶庄汇兑信局及其国产名茶广告信息

《中国茶业复兴计划》（1935年）

吴觉农、胡浩川

第六章　茶业发展前途有望

五、地方安定

从前地方不靖，阻碍茶业的事实有这种种。

（1）北洋军阀时代，例如津浦路线一有了军事行动，安徽北部的茶滞集蚌埠，每每经年累月，不得火车载运。有些茶商，交由军人包办所出比较正常的运费，动辄数倍。有的转由长江海运北方，破费亦复不少。因此，经营茶贩卖的少有不亏折累累。每当战机发动，茶商即相率折价，求成本的减轻，弥补前途不可捉摸的损失。战争既启，多数的茶商往往不肯着手。

（2）内地骚动茶的生产，多在山深地僻的所在，影响尤大。即如各地苏区，都是茶产要地。安徽六安一带以及福建北部，倘可有所述出，但也不及平常的盛况，就是那些能连出的，费用亦特别的繁多。入山收买，当地既有捐税，且需军队保护，苛索有所不免。转运的路上，为免意外又赖军队的押送。试以福建崇安的武夷山茶而论，平时购运厦门，每担茶叶所有费用，不过十五元左右就足够了。近年就地正常使用之外，不经之费即须五十六七元。起运到目的地后，一切又需四十四元之多。两项合计百元不止，就中运费以及必需费用，占百分之二十；苛捐陋索，竟占百分之八十。又安溪的茶运费向来不出两元一担，现在加上捐索要十五元了。为了这种关系，台湾的劣茶一切运输的费用不过二元七角左右，入口税四元以至五元，遂在厦门有了倾销的机会。

《调查福建北路茶业报告》（1936年）

福建省政府建设厅

绪言

福建茶叶之生产区，可分为三大路，南路、西路、北路是也。南路之茶以安溪附近所产制之乌龙茶代表之。此项之茶除闽南各地自用外，均售于南洋群岛。此前销路颇佳，近因世界不景气消费者购买力薄弱，且价格极昂，复受台湾、爪哇等茶之排斥，几无立足之地。查此种茶类及制造，系另辟一门，每年生产不多，只有数千担而已。西路之茶，以武夷山茶代表之，在国内外久负盛名，其质量之佳，罕有其匹；惜山岭崎岖，交通不便，转运维艰，成本昂贵，销路因之不畅，即就生产量而言，亦不如北路之多。北路之茶即福宁府属五县之茶也。其质量颇佳，惟因制造不得法与气候土质之关系，品虽稍逊于西路之茶，然倘加以整理及改良，亦可列之上选，且产量丰富，大力发展，交通亦较便，由三都、沙埕等口，直达福州，朝发而夕可至，故欲整理福建茶业应采取划区整理办法，先从量多质次之北路福宁茶着手，以次而及于南路西路等较优之茶，逐步推进，以期达到增加生产提高质量，减轻成本，对内足以救济农村，对外足以恢复国际固有之地位为目的。本厅此次调查本省茶业，亦由福宁属五县着手。兹将调查所得并改良及推进本省茶业计划，分别言之。

《福建财政史纲》（1936年）

王孝泉

茶叶，茶本为福建有名特产，产地分闽北、闽西、闽南三区。南路之茶以安溪附近所产制之乌龙茶为代表，向多售于南洋群岛，近亦渐衰。西路之茶以武夷山茶为代表，品质之佳，罕有其匹，惜成本昂贵销路不畅。北路之茶即福宁属五路之茶，质美产多制法亟宜改良。查闽茶销行最旺者，为一八八六年（华茶出口额达两万万磅，编者注：一磅=0.454千克）。自荷属东印度群岛，与日本继起力争，外茶行销之盛，已驾华茶之上，福建茶业亦日衰矣。

《福建茶产之研究》（1936年）

福建省政府建设厅

1. 第二节　产茶区域之分布

本省地处东南沿海之滨，土质肥沃，气候温和为茶树生长最适宜之区域也。闽江贯流其中，戴云山、太姥山及武夷山等，重峦叠嶂于东北，故山坡起伏之地，几占全省面积百分之四十，茶树栽培之普遍几无处无之。现就全省调查，其产区之分布及产地之所在，概述如下。

（甲）以县份为单位之分布情状

以县份为单位，茶之主要产区，大别分为闽东闽北及闽南三部。详细分为，则闽东茶区为福安、宁德、罗源、霞浦、福鼎、寿宁、古田及屏南等八县；闽北茶区为建瓯、建阳、崇安、邵武、政和、松溪及沙县等七县；而闽南茶区仅有五县，以安溪为中心，大田、永春、平和及南安各县均为产茶之地。以上二十县虽均产茶县份，然就全体比较而言，尤以福安、宁德、寿宁及安溪等县之产量及茶树之分布最多，如福安一县各区乡均有种植，为其他各县所未有也。

（乙）以销路及产茶种类为单位之分布情况

以销路方向为单位，本省茶区可以西东北南四路概括之。闽江上游南平以上各县为西路；以下为东路，由福州北岭达于福宁属之福鼎、宁德、霞浦、福安、寿宁、罗源、古田及屏南各县为北路；南路则安溪、大田等县属之。其中各县各路比较观察，红茶则西路佳于北路，绿茶则北路多于西路，乌龙则以南路为最；若就生产量而言，当以北路绿茶为最，南路最少，故为本省重要之茶区也。

（丙）以行政区域为单位之分布情状

以行政区域为单位，则本省第一区北部有罗源、宁德、福安及福鼎等县，以产茶为大宗。第二区东部有古田、屏南二县，以产茶为大宗。第三区中部有建瓯、建阳、松溪、政和、寿宁、邵武及崇安等七县，以产茶著名。第四区仅有安溪、永春二县，第五区仅有平和一县，第六第七二区则无茶叶生产，间亦有少数惟不重要耳！其中以各行政区比较观察，当推一三两区为最，其余各区仅有少量而已。

（丁）以河流为单位之分布情状

茶树之分布多依山靠溪，兹就本省溪河所经各县，其所占地面积之广狭，列述于下：

（1）闽江流域　所经之县，如建瓯古田及闽清邵武等县皆有种茶，惟其中以古田建瓯二县产区之分布最广；

（2）东溪流域　此流域所经有福安寿宁二县，产茶最丰；

（3）晋江流域　此流域所经之安溪永春南安等县亦为产茶区域，中以安溪一县产茶最著（如安溪武夷所产之色种、奇种、铁观音、白毛猴、水仙乌龙及雪梨等均为国内名茶）。兹为明了起见，特将河流所经各茶区图表如下。

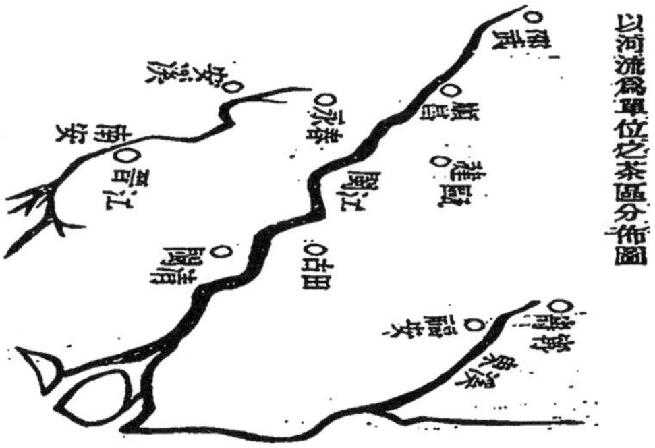

以河流为单位之茶区分布图

2. 东南路主要各县之产地及产额

安溪县峣阳、魁斗、高来隔、清水、留山等处均有产茶。

总之茶之种类颇多，名称亦不一致。如铁观音中之奇种，市上所谓白鸡冠、桃仁、大红袍者皆其别名。考其原因不外由当地习惯按照形状、色泽、品质、采期及产地等有种种之区别；然归纳而言，皆以制造后而得名。有红绿砖茶乌龙四种，余不过其别名而已。如安溪武夷所产之包种、奇种、铁观音、白毛猴，其次如水仙、乌龙、雪梨等。要皆红绿茶之别名；惟一般茶商美其名为铁观音，实则一种红茶而已。

3. 茶之命名法及其由来

吾人考查茶之名称及种类如此繁多，莫不有其理由在焉，盖茶之命名不同，或依据制造之方法，或因地而得名，或因采摘之时期不同而命名亦异。兹为明了起见特将各种命名法及其由来分述如次。

依制造命名者有：

（1）乌龙茶　乌龙始于安溪，清光绪初各县工夫茶就衰，逐渐发明一种非红非绿之半酸酵茶，因其来自乌龙树，故曰乌龙茶；

（2）水仙茶　水仙茶出于建瓯之禾义里，其地有岩义山，山上有祝桃仙洞，相传有一业茶者采樵于山，偶到洞前得一木似茶而香，逐移植园中及长采下制之，其味似水仙花，故曰水仙茶；

（3）红边　须日晒而制成者曰红边；

（4）青茶　凡茶不经筛簸，焙而揉过，装袋者曰青茶或曰原机；

（5）绿茶　凡摘而炒软以脚蹂过晒半干再微炒而成暗绿色者曰绿茶，夹栀子花入焙者曰“花香”；

（6）红茶　茶青晾干使发酵而后加火焙者因其发酵后色红故曰红茶。

名茶之品质及等级：

乌龙茶　此茶以铁观音为最，出自铁观音树，其制法与红茶异，叶厚色浓，味香而远，能除烦去腻，真者亦难得。

4. 当地学校常年经费捐

据作者调查在安溪每件（三十斤）抽大洋五角，其他各县亦有，每斤合摊大洋一分六厘。

5. 第八章　福建茶叶之运销状况

（1）第一节　福建茶叶之输出及其销途

本省茶叶输出可分两类：一部输出外洋之红绿茶曰洋庄；一部销行国内之茶叶曰苏庄香片等，绿茶销路一半售于国内，一半售于俄美琉球及南洋等处；但红茶销路以俄国居多，约占全球输出量十分之六，其余英、美、德、法各国合销十分之四，此外尚有砖茶之国外销场几全部在于俄国，白琳所产之白茶（亦名白毫）称为上品，多运销于国外。他如武夷岩茶，可称茶中之圣，每年出口六七万担，多运销于英、德、美、俄及波斯等国，一部分则运销广东，安溪铁观音之销场以南洋群岛、菲律宾及安南各地华侨为主，其余销于潮州厦门广州者仅属少数，且输出量不及闽北之洋庄也。

就茶上市之时期言约有四：四月下旬市有生茶即白毫银针之类，五月下旬绿茶入市；六月下旬红茶运欧洲，七月半粗茶运往俄国，通常以头帮茶、二帮茶、三帮茶、四帮茶呼之。故每年在六七月之交为茶输出最旺时期也。至于本省茶叶之输出。自民元前约三十余万担，盖就对外贸易言，清光绪初实为全省茶叶输出最盛时代。降至民国九年仅有十八万担，迄今仍复递减以，负有光荣历史之茶叶省份，销路状况尚且如此，其余后进省份概可想见矣。

（2）第四节　运输方法及其手续

（甲）运输方法及费用

福宁属红绿茶，除少数福安绿茶由赛岐运浙江瑞安而转入上海及宁德茉莉花茶由三都直运天津牛庄及福鼎运往温州发售外，其余红绿各茶之贸易多集中福州，闽南一带则集中厦门转运出口。因各县内地公路未筑，交通极感不便，其产地在沿溪一带者，则赖有溪流用小船装载出口，而在内地山僻之处无舟楫可通者均由茶农肩挑售于内地茶庄，此等茶庄多设于沿溪之集中地，如福安之社口东昆斜滩等处，藉便茶庄收集成数即运往出口埠头（如三都、赛岐、沙埕、厦门），其间或因船期相左或因潮水关系不能日装运来省，逐囤存于洋庄上，每遭风雨水湿及受偷窃之损失；且头春茶忙时因急于卸货返载，则先卸于洋舸中以待海关查验，其中偷窃之弊更甚，运输困难情形概可见矣。兹为明确本省各县集散运输出口路线及费用起见，特图示如次。

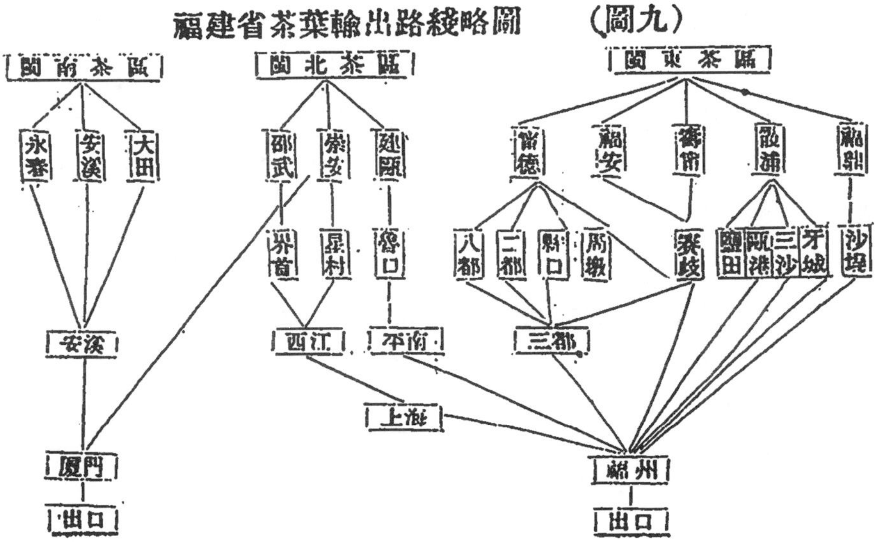

福建省茶叶输出路线图

6. 第十章 福建各县茶业衰落之经过

第七节 厦门及闽南茶业衰落之经过

（甲）厦门茶业衰落之经过

厦门与外国交通，远在十六世纪初叶，继与葡萄牙、西班牙、荷兰、英国发生贸易关系。自清道光二十二年（一八四二年）开为五口通商之一，国际贸易蒸蒸日上，茶叶之输出更是一日千里。

厦门茶叶之来源有三，即闽南各县，闽北崇安之武夷茶与隔岸之台湾茶。其间武夷茶业与厦门茶业有极密切关系，外销内销皆占重要位置，每年泉厦商往崇安武夷山采办运输，在极盛时代达二万担左右。民国十六年至十八年尚维持一万余担之谱，最近五年来一落千丈，仅剩一千余担，不及从前十分之一。

台湾人民除少数本地人及日人外，几乎全部由泉漳二府移入而繁衍者，而台湾茶亦于百余年前始由安溪移入台北州文山郡，初产量甚少，继渐能自给，而于一八五六年已由福州再制转运出口，厦门距台较近，故由厦转运出口者，当较此为早。台湾茶运厦再制后转为出口，于一九〇二年达一千五百余万磅，该年直接出口台茶仅一百七十余万磅，约当转出口六十分之一。一八九五年甲午一役将台湾割让，日本一面开拓基隆港与外国直接贸易；一面招雇安溪茶司到台设立再制工厂、组织茶公司、倡用机制等，故至一九〇七年由厦门出口仅剩一百五十余万磅而已！七年之间宾主易位，自此而后更是一落万丈，至一九二二年仅剩九千余磅。

厦门茶叶之输出从前主销美国及南洋各埠，惟至一九〇一年运往美国仅二十九担，是美国销场至此时已全为台茶所夺。至于输出南洋各埠茶叶全在本地茶帮之手，厦门十大郊，茶帮便是一郊。此帮之茶商性质甚为特殊，有为代配出口之茶栈，有茶店茶栈，有三者兼而有之者，故资本颇雄厚。其大者每年出口将近万担，但近年来各帮因茶叶无销路不得不停止采办，改营他业，向之盛况已不复有矣。

（乙）闽南茶业衰落之经过

厦门茶业与闽南茶业名异而实亦不同，盖闽南茶业仅是厦门茶业之一部，故厦门茶业兴闽南茶业未必兴，甚至反呈衰落者，反之；厦门茶业在衰落时期或为闽南茶业复兴之际，有海关统计为证。一八七四年茶叶出口（包括闽南与武夷二处）八万三千余担，复出口（台茶）二万四千余担；一八八四年出口降至四万三千余担，复出口更升至一十八万一千余担，厦门茶业在此时期为极盛时代，而闽南茶业则呈衰落时期，故台茶总出口与日俱增，使闽南茶业更陷于衰落之境：如一九一四年出口减至七千余担而复出口增至一万二千余担。兹为明了起见特分期说明如次。

（1）闽南茶业全盛时期　一八六八年茶出口之净数为三万五千七百二十一担，翌年增至八万五千九百六十七担，一八七〇年减至六万四千七百七十担，盖大量之茶叶已于上年装运出口。一八七一复增至六万八千零八十担，一八七二年达八万三千一百七十担，然此时因供过于求，结果茶价骤降，商人大受损失。一八七三年因水灾关系供给甚少，翌年复增，一八七五年之后，出口逐年递减，然至一八七七年达九万一千余担（安溪及武夷），为闽南出口最高纪录，一八八一年，出口之数量尚达七万余担，此时期为闽南茶业之全盛时代。

（2）闽南茶业衰落时期　自一八八二至一八九七年为闽南茶业之衰落时期，其原因为吾人所不可不知者：台地开始直接出口；台茶由厦门转口者占厦门出口净数一半以上；武夷被匪盘踞，茶商裹足不前。

由上种种关系，闽南茶叶出口逐年减少，一九〇〇年降剩六千余担，直至前年又减剩四千余担，较之往昔不知相差几许！

考闽南产茶之县如晋江之清源茶、南安之英山茶已名于唐宋，清初犹著，后因产量日减，逐渐趋于没落。曩者九龙江支流之北溪沿岸及漳平宁洋二县产茶甚丰。自厦门茶业衰落后，数十年来已绝迹于厦门市场上矣。现闽南茶业尚能维持一息者，全赖安溪之撑持。安溪与厦门仅百余里之距，为乌龙茶之发源地，而以“铁观音”驰名海外，近年来武夷茶一蹶不振，安溪在闽南茶业所居之地位更形重要。然就实际上言，闽南除安溪外几全为武夷茶，故闽南茶业之盛衰仅与茶商有多少影响，而于闽南之农村经济无补也。

《厦门市二十五年度国货展览会特刊》（1936年）

1. 中国惠苑宝茶社

本社特聘名师具数十年之经验，拣选武夷安溪各岩名茶精工制焙，气味清香喉韵甘滑，用机器之装包。力求大众普及，品质优良，装潢新颖。分别高低标式各异，种类分清价目定明，几所出品均用弓箭商标，另有牌名使购者易于认名焉。

2. 福胜春茶庄

本庄业茶已历六十余载矣。南北各埠均有设立分庄，特在武夷安溪选包各名岩设厂精工剔制乌龙、水仙、奇名色种，品色美口，装潢佳丽，家用送礼均称适宜，诸君惠顾，无任欢迎。

总行　福州台江路

总制茶厂　福州苍霞洲

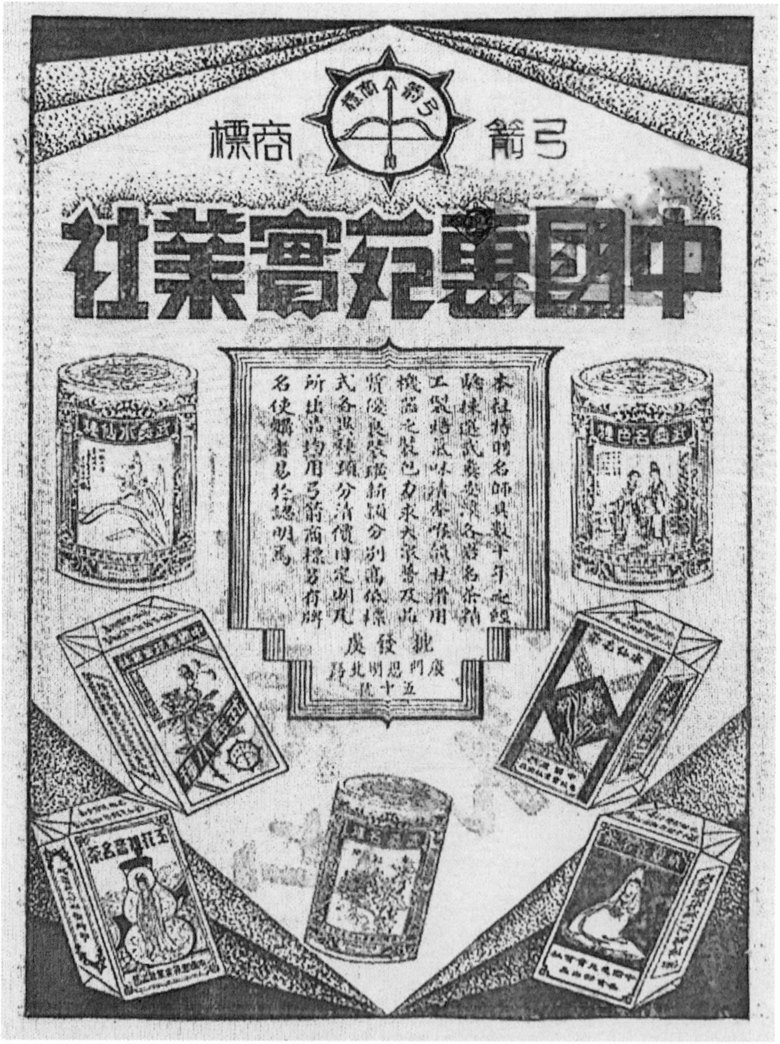

中国惠苑宝茶社广告图

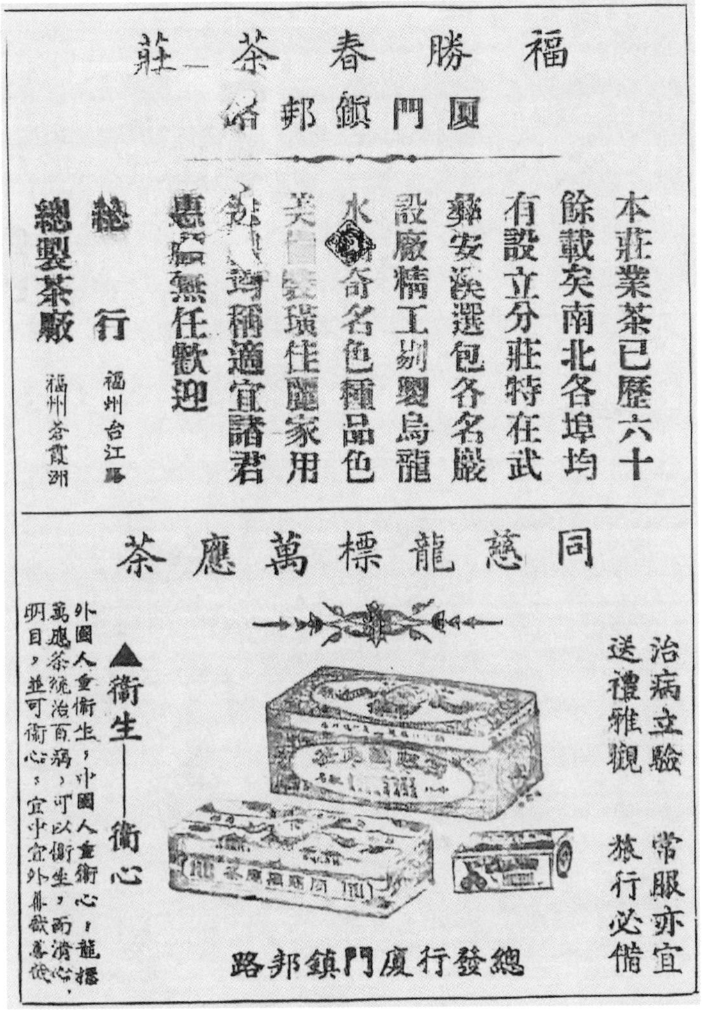

福胜春茶庄广告图

《新嘉坡中华总商会第二届国货展览特刊》（1936年）

（1）大红袍茶庄　各种茶业系狮球及花谧标两种。该庄展览室在汉口路一百四十九号，布置装丽甚为夺目，四周挂以各种杂色纸条，门前则置有绿叶，配以鲜花之花丛。与室中排列之大红袍、白毛猴、泡泡香、特别白毛猴等大罐小盒，互相辉映，甚为生色不少。据该号当事人称，各种大红袍茶叶，均运自祖国武夷、安溪等地。在马来亚、荷属暹罗及英法等国销数甚多，每年二十余万元。展览期间，对光顾者均有赠品云。

（2）高建发茶庄　高建发茶庄展览室在烟台路一三四号。四周布置均用图案装潢，中间则画该庄鸡球商标。各种茶莊，计有白毛猴、白玉兰、铁观音、正水仙、名色种、铁罗汉、金火桂、玉美人。据该庄经理高墀炼君称，该茶系来自祖国安溪，免税进口每年销路甚多。在展览期内，购货一元者赠以二角货品云。

（3）林和泰茶庄　总发行所本坡马车街二十号，制造厂厦门大元路，历年销量达万余件出品有武夷水仙、铁观音各种茶，为我国天然珍品，历年出产，运销中外，挽回权利不少。泰西各国，虽曾移植我国茶种专精制造，究其质量，终不能及我国之优良者，其故何哉？曰我国武夷安溪以名胜高山，吸天然之雾露，寒暑频

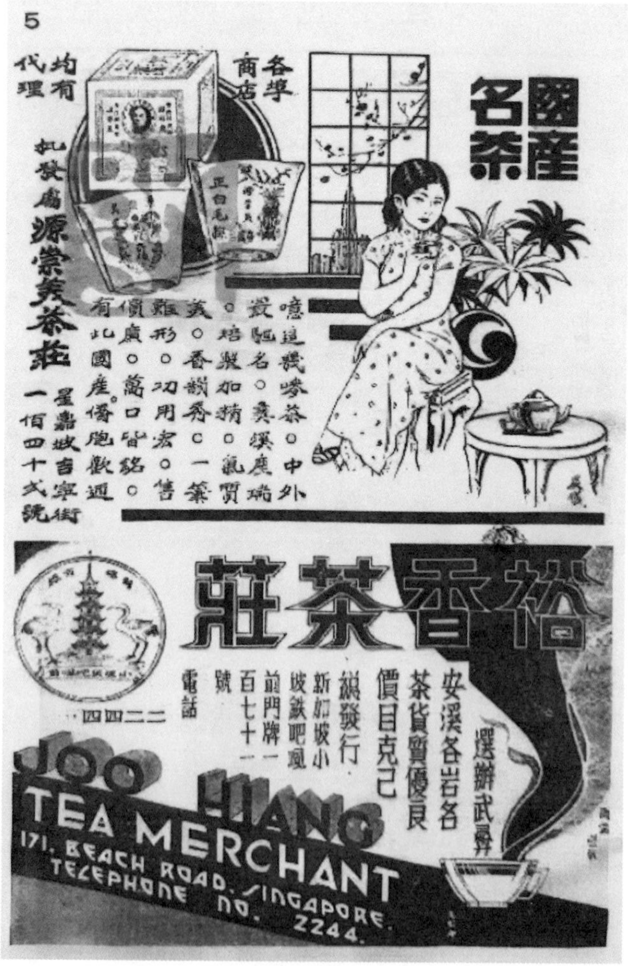

各茶庄广告

更，得四时之调和，且土壤肥美，远非他邦所可及。兼之名师，匠心焙制，故其产品能驾乎舶来之上也。林和泰主人，素具管陶之志，而寄情于茶业之中。自清同治年间，即在安溪罗岩故乡，辟地种植，兼搜罗采集，敦聘良师，设厂而制造之。销售以来，日益发达。其营业，初遍闽南潮汕而远达暹罗，历年销量不下数千余件。迨至光绪末叶，为提倡国货扩大营业起见，特再建置武夷茶林，岁收颇巨。综合大宗配运南洋，自置楼屋于新加坡福建街（马车街）二十号，为该庄总发行所焉。开张迄今三十余载，批发英荷暹罗缅甸各属，深得各界人士交相赞许。认为国货真品历年销量达万余件，然犹不因此而自满，仍再求精泽，力谋锐进。故能不惜巨资，尽量搜罗武夷安溪各名胜奇种应有尽有，供给侨胞任意采择，以符本来提倡主旨。闻其出品，有武夷水仙、铁观音、白毛猴、正岩名色种、金花、玉花、泰泉、黄葫芦、雪梨等。制造厂设在厦门大元路。

《安溪茶业调查》（1937 年）

庄灿彰

（十二）茶之贩卖

商家情形——厦门为安溪茶最大之集中市场，每年由该处转运国内外者，达全安溪茶百分之八十。茶庄茶栈之资本雄厚，南洋设有分行，可直接交易，操纵市面价格，不受洋行之支配（自闽西茶业失败，欧美茶市被夺后，厦门已无运茶之洋行矣）。

厦门茶商，安溪人居多，毛茶上市，派人返乡，直接向茶户收买，省却中间人之抽润。近年更有厦门茶商公会之组织，请求核免苛捐杂税，公约毛茶收买价格，毛茶折耗，故于贸易上，颇占优越地位。

开设于厦门之茶庄茶栈，计有三十余家，大者如下：

奇泰美　转运茶栈；

泰发　转运茶栈；

尧阳　外销英荷属；

以上三家年销七千件以上。

金泰　外销实叻；

和泰　外销实叻；

以上二家年销四千件以上。

奇苑　内销闽南各地（武夷茶居多）；

聊成　转运茶栈；

以上二家年销千件以上。

三阳　外销茶；

锦祥　外销新加坡；

以上二家年销五百件以上。

过去市面钱庄活跃，茶商向钱庄贷款转借茶贩或茶户容易；且茶庄印有“汇票”，持票买茶，可扩大营业，且与纸币同有坐收利息之利。近受南洋不景气影响，钱庄缩小营业，茶商贷款不易，汇票亦不敢多发，是故双方面皆受其苦。补救之法，应由政府就安溪各产茶区域，成立茶业信用合作社，直接对茶农放款，减少茶农贷款应负之义务。

除厦门外，漳州亦为安溪茶内销之重要集中市场，每年集中该地茶叶亦在六千件以上。茶庄大者，计有荣胜、莲圃、源春、武安、奇苑、瑞苑、裕美等十余家。

安溪另有一种茶商，专做南洋买卖，在山设茶庄，茶件托厦门茶栈代配出口，每件付栈费二角五分，由茶栈负保险责任。买卖手续由茶户将毛茶卖予茶贩茶庄，由茶贩茶庄改制精茶，卖予消费者。详细情形，作图表示如下（用“——”代表卖给）。

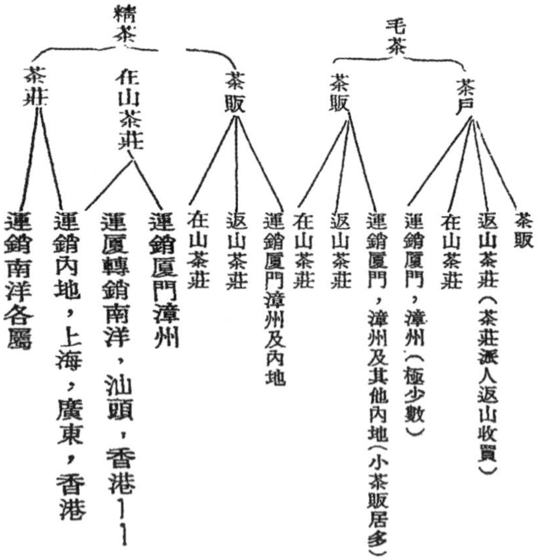

茶叶买卖手续图

以上凡运销国内各地，包括香港、汕头者，运费由卖方付（厦门至汕头每件付运费三角，至香港四角，至上海八角）；运销南洋及国外者，运费由买方付。

买卖价格——买卖价格，依时转变，民国十七年至二十二年，价格最高，目下已大不如前。兹将本年各种茶之毛茶价与精茶价；并就毛茶与精茶制造之成本，估计茶户与茶商各得之纯利如下。

安溪茶每斤之价格表

（单位：元）

	毛茶（山價）春秋茶	毛茶（山價）夏暑茶	精茶（市價）四幫茶粮平均
鐵觀音	一・五〇	〇・七〇	二・五〇
梅占	〇・六五	〇・五〇	一・〇〇
奇蘭	〇・六五	〇・五〇	一・〇〇
蘇龍	〇・五〇	〇・四〇	〇・七〇
水仙	〇・六五	〇・五〇	一・〇〇
香橼	一・六〇	〇・八〇	二・八〇
白毛猴	二・〇〇	一・〇〇	三・〇〇

注：此表毛茶价格，系指第四区尧阳附近出产者。其他各区，价格略低，约在六折至八折。

每亩毛茶纯利表

（单位：元）

	茶菁價格	製茶工資	柴炭	用具折損	合計成本	毛茶山價	純利
鐵觀音	一七・〇〇	五・〇〇	二・〇〇	〇・二五	二四・二五	三三・〇四	八・八一
蘇龍	六・九四	四・〇〇	二・〇〇	〇・二五	一三・一九	一二・八八	缺〇・三一
梅占	八・六七	四・〇〇	二・〇〇	〇・二五	一四・九二	一六・五二	一・六〇

注一：每亩以产茶菁（青）一百十三片，折毛茶二十八斤。每斤毛茶四帮平均，以铁观音一元一角八分；苏龙四角六分；梅占五角九分计。

注二：一百十三斤中，以春秋茶六十八斤（百分之六十）；夏暑茶四十五斤（百分之四十）计。

注三：茶菁（青）价格，依下列计算收买（摘工在内）：铁观音，春秋茶每元五斤，夏暑茶每元十二斤；苏龙，春秋茶每元十二斤半，夏暑茶每元三十斤；梅占，春秋茶每元十斤，夏暑茶每元二十四斤。

百斤精茶纯利表

（四帮茶平均市价，单位：元）

	毛茶百斤價格	運費	捐稅	雜工	火炭	包裝費	用具折損	精茶成本	百斤市價	純利
鐵觀音	一一八・〇	二・一五	一・三六	二・〇	一・二	六・三	〇・二五	一三一・二六	一五五・〇	二三・七四
蘇龍	四六・〇	二・一五	一・三六	二・〇	一・二	六・三	〇・二五	五九・二六	七〇・〇	一〇・七四
梅占	五九・〇	二・一五	一・三六	二・〇	一・二	六・三	〇・二五	七二・二六	一〇〇・〇	二七・七四

注一：毛茶价格，依四帮茶价比例求得。

注二：纯利中应除去店租及日常店内杂费，但上表所列精茶市价，系就最低市价计算。

观以上三表，铁观音一种价格最高，茶户与茶商概有厚利可得；苏龙一种，利益最微。

买卖用秤——安溪现用之秤，可分二种：俗称千六铊与千四铊，千六铊比千四铊重一两。每英百磅合千六铊六十四斤十两；合千四铊七十五斤。除铁观音毛茶按千四铊收买外（即旧称十六两），其他各种毛茶，概以千六铊计算。此外，毛茶尚须扣除消耗一成，即毛茶百斤应折为九十斤计算。故毛茶百斤，实合千四钱百二十五斤半之重量。少数商人，借故敲重，尚不在此列，故明定价格，划一用秤，实为必要。

精茶销路——安溪茶运销南洋群岛各属居多；潮汕、广东及闽南各地次之；中国北部销量极少。北方人非无安溪茶之嗜好，实安溪茶商少注意于向北推销也。此后南洋之销路，将有减无增，向北发展，亦属重要，兹列安溪茶之推销市场与数量如下。

南洋各属（槟叨万余件；槟城四千余件；仰光，菲律宾千余件；其他各地二千余件）二万三千九百件；

汕头，广东（少数），五千件；

台湾，七百件；

香港，四百件；

上海，三百件。

《茶墅小品》（1937 年）

吴秋山

茶的产量很多，在我国江淮以南诸省都有出产，印度、日本等处也有移植，所以很是普遍。它的别名也不少，据陆羽茶经云："一曰茶，二曰槚，三曰蔎，四曰茗，五曰荈。"这都是指采取的早晚而言的。它的种类不一，制法也异，然大别可以分为红茶与绿茶两种。大概如印度的红茶，福建的武夷茶、安溪茶和安徽的祁门茶、普洱茶等，都是属于红茶。而浙江的龙井茶与安徽的松萝茶等，则是属于绿茶，但这不过是颜色上的区别，其实味道各自不同，而各有其妙处。

《中国茶业》（1937 年）

朱美予

1. 第四章　中国茶叶之产销

第一节　中国茶叶之产地及其数量

福建省　以福鼎、宁德、福安、邵武、政和、建瓯、屏南、安溪、南安、平和等县为最丰。

第五节 福建省之茶业

福建产茶概况

闽省特产以茶为大宗，产茶区域以西北二路最为著名，南路次之。西路指关口上游各县而言；北路指福州北岭以北及福宁府属各县；南路则以安溪为中心，产量最少。产茶分红、绿、青、白四种，红茶以西路为佳，北路次之。绿茶以北路为多，西路较少。青茶即岩茶，以产于武夷者为优。白茶即白毫银针二种，以产于福宁府属者为上，南路则铁观音驰名，出于安溪者为佳品。此产茶之大概情形也。

2. 第六章 华茶之国际贸易

第六节 华茶与世界各国之贸易

华茶外贸不仅上述数国而已，盖其销路除英、美、俄而外，非洲、南洋均为华茶之好市场。年来红茶受印锡之压迫，绿茶又受日本之侵略。不恃英、俄、美等老主顾之丧失，连南洋侨胞向日采用祖国茶叶之心理，均被外洋各国征服以去此实深为痛心之事也。

近年来，华茶之输出按国别而言，英、美诸国跌落实巨，惟摩洛哥年销数值甚有进步尤其是绿茶销路之佳良，值得吾人之乐观也。

华茶外销失败之原因，虽由于各茶业国之压迫与外人限制入口，课以重税等障碍，然我国当局之未尽人事，实为其主要原因。如波斯每年进口黑茶数量约计一千二百万磅至一千五百万磅，在昔大部均由中国供给，惟自波斯采取高率之关税政策后，华波因无商约，华茶在波受课重税遭受排斥，市场乃为印度、爪哇、锡兰。台湾所垄断此一痛心事也尤有进者，即南洋市场丧失是也。查华茶在南洋之地位向颇优越就星洲一埠而言，畴昔华人经营大小之茶号多至六七十家，近年以不景气关系，竟尔递减至二三十家。茶之来源率自厦门、福州、温州等处运去。而大部分系自安溪及武夷山二地所采摘焙制者，其品质佳者，有名色种、奇种、铁观音、白毛猴；其次有水仙、乌龙、雪梨等。安溪一县，昔年全盛时代，每年茶叶销售于南洋等地值约二百万元之谱，近年来内受土匪之骚扰，外感茶业国之威胁，销路滞涩，前途已不堪设想矣。更如马来亚市场，亦一落千丈较之昔时，不及十分之二三，其原因在于日茶侵掠同时，锡兰与爪哇之西印茶亦有大宗之输入，而为华茶之致命伤！据二十三年夏季该地侨胞之报告，华茶在马来亚市场之售价每担为四十元，而台湾所产之茶，由日商自行由台湾运至该岛各地运费较廉，故成本减轻，每箱（一百包二十五斤装）只售二三元至四五元叨币。而华茶自厦门广州温州去者，均须在七元以上，彼时日金奇贱，在道虽一箱只售二三元或四五元，而在台湾即可获四五元至七八元以上，即日茶与华茶价格相比达一倍也。重利商人有利可图自多弃华茶而取台茶矣，查马来亚华茶之入口一九三〇年为四、七〇四、七八〇（编者注：4704780）磅，值一、五五六、六七六（编者注：1556676）元。一九三一年为五、五一〇、六〇一（编者注：5510601）磅，值一、〇六五、一四九（编者注：1065149）元。一九三二年为三、五九〇、九九〇（编者注：3590990）磅，值六八九、七四三（编者注：689743）元。华茶输入马来亚数字之统计亦减少多矣。当此惨败伊始如不趁此千钧一发之际，设法谋挽救对策恐来日更不堪设想也。望国人与我茶商其注意之！

《南洋华侨与闽粤社会》（1938年）

陈达

在厦门出口最佳的茶，产于闽南的安溪，俗称“铁观音”，大部分运往台湾。大量的茶亦由宁洋出，宁洋茶大致运往马来亚、暹罗及东印度群岛。漳州有龙井茶，但其量不大，乃数十年前由杭州移植者。泉州、厦门、漳州产乌龙茶，味清香，三十年前畅销于欧美，但近年渐为台湾的乌龙茶所夺。武夷山的红茶，味浓厚，称为上品，在欧美市场，至今尚占相当位置。

《战时闽政概要》（1940年）

福建省政府秘书处公报室

特种物产　通常外销较为大宗者：安溪铁观音，乌龙等茶，约七千担，外销每年约在六千担以上。往年均集中于漳州出口，上年则改由泉州出口。南安、永春约外销六百余担，均运集泉州，统计泉州出口总值五十余万元（此仅就市场调查，茶叶管理处当较精确）由上海香港转口，运销于南洋最多。

《福建之茶》（1941年）

唐永基、魏德瑞

1. 第一章　简史

第六节　清代福建之茶

考华茶之输出，早在十七世纪初年，一六零二年荷兰设立东印度公司，越四年荷人自爪哇来澳门运茶，转销欧洲，此为华茶西行最早纪录，于一六三八—一六四零年间（明崇祯十一——十三年），帝俄使臣墨索维（Mosorite）自华携茶四普特至莫斯科，为华茶入俄之始；惟自海通以还，华茶输出最早之国为英，在一六六四年（清康熙三年）即有东印度公司经理英人，携茶二磅赴英，供奉英皇，此后在一六六六年又有华茶二十二磅输英，一六六九年英东印度公司从爪哇万丹（Bantam）运华茶一百四十三磅，此为华茶第一批大量输入欧洲者。至一六七八年，该公司又运华茶四千七百一十七磅赴欧。华茶输美，以十九世纪最后二十年为最多，平均每年约计三十五万市担，占美国消费总额百分之七十以上，其中红茶占三分之二，绿茶占三分之一，自是销行日广，年盛一年。至一八八六年，华茶之出口额达三万万磅，占全世界茶类贸易量百分之九十六，此为华茶之黄金时代，惟为时未久，渐趋衰落。

福建茶叶在我国颇居主要地位，福州且为三大茶市之一，故华茶之盛衰，与福建之茶，均有极大之影响。但福建茶之有直接输出，始于一八四二年（清光绪二十二年），因五口通商，福州辟为商埠，即有英商用帆船抵福州之马江运输，其中有两艘航行最速者为Thermopylae号及Sir Laucelot号，从福州至英需时八十九日，当时已认为极速；往纽约者，有另一茶船名Cathy，需时一百零一日。一八七三年后，始有汽船运送至英仅需三四十日矣。

《闽小纪》载："道光甲辰（一八四四年）冬，英国始由城外入居乌石山之积翠寺，以后各郡伐木为茶秤，且废增田，种茶取利，闽中自此米薪倍贵，即木料杂植亦因之而缺。自北苑等而下之，皆市于夷，独武夷价翔，夷人恐耗气浸精，不敢捆载，武夷片石以此独全。宁、福两郡所产皆呼土茶，以别武夷、建安也。昔年茶运粤，粤之十三行逐春收贮，次第出洋，以此诸番皆缺，茶价常贵。今闽商赀薄，不能居货，茶贾反以急售荡产。"

可见当时茶叶贸易之盛及影响于福建之民生者。其时闽南之茶业，亦臻极盛，乌龙茶之发源地安溪，以铁观音驰誉海外。一八六八年仅厦门茶之出口净数为三万五千七百二十一担，翌年增至八万五千九百六十七担，至一八七零年，则以大量茶叶已于前年装运出口，减至六万四千七百七十担，一八七一年复增至六万八千零八十担，一八七二年达八万三千一百七十担。此时因供过于求，茶价骤降，商人大受损失。一八七三年因水灾关系，供给甚少，翌年虽有稍增，而继此之后，出口逐年递减；然至一八七七年突升九万一千余担，开闽南茶出口最高纪录。一八八一年之出口仍达七万余担。故清光绪初，实全省茶业最盛时期，以福州而言，据某英商统计，福州茶之运出，最多为一八七八年，值六四○○○○○○（编者注：64000000）英镑，马江在一八六零年间为著名之运茶商埠，世界有名之帆船于四月间来泊，候茶出口，惜繁荣不能持久，而踏上没落之途。

2. 第二章　生产概况

第二节　产茶种类

青茶　闽南青茶以安溪为中心，其种类除乌龙、水仙外，以铁观音为最优，相传五十年前松林头乡人魏姓信佛，长必以清茶奉观音，偶见岩上茶树一株，叶面发光，异之。遂移至盆中加以培植，采摘试制，香味极佳，喜为观音所赐，号曰铁观音，铁者以其叶重且厚，而色深乌也。

闽南青茶昔尚有包种茶，当即乌龙茶，据制茶者云，其制时发酵较乌龙为少。俗称乌龙茶为种茶，其销行南洋一带者，多为零装，以便携带，每包重量普通为四两或二两，其包装之纸亦称“种纸”，包种茶之得名或即以此。现本省制包种茶者，迨已绝迹，唯台湾自我国（编者注：中国内地）传入，产制转盛，多以熏花。

闽南青茶由于茶树品种新发现者甚多，制成茶又有毛猴、佛手、桃仁、梅占、水仙、奇兰、大红、奇桂等，其产量均不若乌龙、水仙、铁观音之多。

第三节　面积与产量

茶产趋势　安溪，清末时大盛，产量年计四千余担，值五十余万元，民国元年至十年增至五千余担，值六十余万元，民国十一年至十五年仍维持原状，民国十六年至二十年产量大增，年达八千余担，值百万元，后此虽见稍逊，而安溪茶业实方兴未艾也。

3. 第三章　生产组织

第二节　茶庄

茶叶之精制者为茶庄，亦称茶号或茶厂，除向茶农或茶贩收买毛茶外，亦有派人到山收买，或自置茶山者。往昔茶业盛时，各地茶庄林立，如福安前有茶号百余家，崇安在民国十九年以前，仅星村一地即已有红茶五六十家，而青茶号亦百余家，则皆已集于赤石街。惜茶景日非，迩来停闭者甚多，其幸存者亦产额锐减。二十八年核准

二十九年（编者注：1940 年）全省登記茶號數　（家）

合計	425	寧德	5
崇安	34	屏南	4
邵武	4	周墩	11
建陽	6	古田	1
政和	45	閩侯	88
松溪	1	福清	1
建甌	16	安溪	80
沙縣	1	永春	1
水吉	27	南安	2
福安	25	晉江	3
福鼎	32	龍溪	7
霞浦	28	同安	2

民国二十九年福建省登记茶号情况

登记之茶号计五百六十七家，内红茶号三百五十一家，青茶号一百三十八家，花香茶号七十八家。二十九年核准登记者更少，仅有四百二十四家，其中红茶号一百六十一家，青茶号一百六十五家，花香茶号及绿茶号共九十家，白茶号共八家，其分布如此。

4. 第六章　包装与运输

第一节　包装

安溪兼有二法，先用纸包，包装之纸称“种纸”，每包重二两、四两、八两、一斤等。以四两为多，成包后再行装箱，直接装入者每箱容量为三十斤。大抵箱装均系运往外洋各地，其直接装入者皆中等茶，而间接装入者常为上等茶，以便于运输计，故特加箱装也。

第二节　战前运输路线

安溪　安溪四面皆山，无较深溪港，故交通以陆路为主。前原有两大集散中心，一为龙门，一为湖头。湖头在县城之北，陆路通永春，水路经县城可达泉州，唯嗣后茶之由此出口者，已极少数。龙门与同安甚为接近，相距六十里，有车路相通，每担运费三元，或直接挑运往枫洋、岩溪至长泰县城，再起运至漳州，其挑力每担每十里平均需费二角。

《华茶的对外贸易》（1941年）

钱承绪

华茶的侨销情形

茶叶为吾国特产，系出口主要商品之一。战事以来，以其能换取外汇，在国际贸易上，愈显其重要的地位。输出的国茶，除供给英美俄非及近东诸国外，几遍及六大洲的侨胞。二十年前，供给侨胞的茶量，曾达六十万件之谱。近年来因我国茶叶，内以墨守成规、故步自封，外加印、锡、荷、印及中国台湾地区的茶叶勃兴，南洋各属的土著多自植茶树，国茶侨销，遂有逐渐衰落趋势，南洋侨胞集中各地，以马来亚销茶为最多，年约二十余万件，越南次之，约十余万件，泰国荷印缅甸及菲律宾亦各销万件至数万件，其由香港转口者，为数尤多。自战事起，因运输困难，华茶输出颇为不易。欧战继起，外销市场更觉狭窄。

按茶叶销售南洋各属，其属吾国所产的，大都来自闽粤滇三省及一部分的浙皖茶叶。此外亦有来自南洋本地及锡兰所产者，例如爪哇茶、锡兰茶及马来亚、缅甸、越南的土茶，以及日台（编者注：日占时期的中国台湾地区）所产的。侨销的华茶，以闽茶为主，粤茶次之，浙之温红及龙井，滇之普洱及土茶次之，如以茶类成产区言，则可分为下列三大类。

闽省青茶，产于闽南、闽东、闽北各县，而以闽南安溪为中心。市上素闻的铁观音、乌龙、水仙、铁罗汉、白毛猴等名茶属之。青茶为闽之特产，每年产额约十二万箱，除内销漳、泉、湖、汕各属约三万箱外，其余均系运往南洋各属华侨居留地带，尤以马来亚为最多。

华茶运销南洋各属，过去大都由侨商自行经营，战后茶叶经指定为四大统销物资之一，故已统制之例。惟南洋各属侨销茶叶，仍可结汇出口。抵以海上封锁，运输困难，向以福州厦门为输出枢纽的闽青茶不得不集中隐约地带抢运出口。经营闽茶之侨商，资本雄厚，规模宏大，在内地设有茶厂，在南洋设有茶庄，经办茶叶产制运销业务，其中以安溪帮为最多，势力亦大。

《一年来的福建示范茶厂》（1941 年）

销售概况

武夷岩茶半岩茶　武夷山范围内各岩茶厂所产茶叶，谓之武夷岩茶，在武夷岩邻近茶园，如黄柏一带所产者，谓之半岩茶。武夷岩茶及半岩茶制法相同，均属乌龙茶类，俗称青茶，因茶树品种不同，而有菜茶、水仙、桃仁、奇兰、乌龙等之分。武夷青茶之最大销场为闽南泉、漳、厦所属各县；潮州、汕头及南洋群岛，销量亦大。

厦门为福建乌龙茶唯一集散地，武夷青茶大部运至该地，即安溪乌龙茶亦大部运至厦门转口。据民国二十五年一月一日厦门《江声日报》统计，市计有茶庄三十四家，每家资本多者十五万元，少者亦在千元以上，全年营业总额计六四五〇〇〇（编者注：645000）元。厦门茶庄几全以乌龙茶为经营对象，或侧重于安溪茶，或侧重于武夷青茶，形成两地并重。厦门茶庄侧重武夷青茶之经营者，历年均派人至崇安采办，先后计有瑞苑、奇苑、锦祥、芳茂、泉馨、文圃、福美、泉圃、铁峯、锦春、崇茂、万发等数十家，所制箱额，多者如瑞苑、奇苑，年各达数千箱，少者如崇茂、万发，亦达数百箱。

武夷青茶除厦门为重要销场外，在泉漳所属各县销量亦大。泉州茶庄，计有泉苑、集泉、泉香、清源、信记、协记、玉泉、文苑、玉苑、芳苑等数十家。漳州茶庄较大者有荣胜、莲圃、源春、武安、奇苑、瑞苑、裕美等十余家。泉漳所属各县茶庄甚多，不胜枚举，均以经营乌龙茶为主。二十余年前，安溪乌龙茶尚少人赏识，故举凡武夷青茶之正茶副茶（茶梗茶末）均行运往销售，后因运费渐昂，生产成本渐高，于是南运数量日少。民国十九年后崇安地方多故，茶商裹足不前，从此江河日下，成本更高，南运数量更少矣。安溪乌龙茶乃得来机畅销。从前饮惯武夷茶者，均以安溪茶性质太凉，多饮败胃等口实贱视之，今则观念转移，咸喜饮用安溪茶，取其价廉，味香。抗战前数年，武夷茶途日蹙，安溪茶则日渐扩展。在本省如此，在潮汕亦然，南洋群岛更属显而易见。观此可知消费者饮茶观念并不难于转移，国人辄以华茶品质优异自负，此后如不设法减轻成本，改善外销方式，则武夷青茶旧有市场，被安溪茶所攘夺之情形，可为殷鉴焉。闽南及潮汕茶商来崇采办青茶，直接运销，获利颇厚，多有在崇安自置茶山，垦成茶园者。武夷岩茶厂迄今仍以该茶商握有所有权者居多，彼等历年亲来崇安将所产岩茶运往各茶庄所在地加工拣净改换装潢，巧立名目，向外推销。年来虽茶景不佳至于极点，而彼等仍循例来崇无稍间断，惟业每较为狭小，除自产岩茶外，不再向外收买，间亦有一部分茶商，无力管理茶园，而坐视荒芜者。

南洋群岛饮用乌龙茶者，多为侨胞，故外销该地之茶，亦称侨销茶。南洋侨胞饮乌龙茶之风较潮汕及闽南各县尤盛，侨销茶多由闽南茶商直接带往推销，历时既久，随往各重要商埠如新加坡、槟城、仰光、马尼拉等地分设茶叶店，或特约推销处，藉利推销，年销数量恒凌驾国内，先以销售武夷茶为多，后来安溪茶渐居上风。（自民国二十七年政府统筹茶业以后，武夷青茶运往闽南者甚少，运往南洋者，几告绝迹，安溪乌龙茶亦极少公开运往。自民国二十七年由晋江贸易公司办理乌龙茶结汇出口后，迄今三年，政府不予茶商续行结汇，又无法统购统销，乃激成闽南茶叶走私之风甚炽，最近方准许茶商续行绪结汇出口。）当福建乌龙茶无法外运时，南洋群岛消费者多被迫改饮台湾乌龙茶，只是福建乌龙茶在南洋之市场，将盖被敌人扶掖卜之台湾乌龙茶所席卷矣。

《外销物质增产推销特辑——茶叶》（1943年）

财务部贸易委员会　外销物资增产推销委员会

1．第三章　茶叶生产国家之产制与出口

至于台湾植茶的起源，已远不可考，但是最初为福建人移植，当无疑义，当一八一〇年左右，曾有我国商人携茶籽前往试种。在一八六八年以前，台湾毛茶大部分仍运往厦门复制。但自该时以后，即有外人在台湾设厂，由福州及厦门聘请茶师前往协助，自行制造。一八六九年，曾有少量乌龙茶运往纽约，大受欢迎，从此台湾茶业之发展，遂有一日千里之势。

2. 第四章　中国茶叶之生产与制造

第二节　生产区域

闽南茶区位于福建南部，主产外销及侨销茶，年产约二三万担，其中则以水仙、乌龙、铁观音、梅占、奇兰为多。经厦门输至南洋侨销，乌龙茶在六十年前，年输欧美十余万担，惜自台湾乌龙茶盛产以后，出口数量已逐渐减少。

《中国内幕　二集》（1943年）

欧阳宗

武夷山没有了茶叶

安溪茶叶，每担采制工资五十余元，而政府收买定价则不到五十元，致农民亏损不堪，多将久植的茶园忍痛掘除，改种粮食。同时武夷的茶园，亦因价贱任其荒芜，乃企业公司设模范茶业工厂于武夷山下，以数十人员开设办公处，进行开辟武夷茶园。假借改善为名，没收其他各工厂之事，不胜缕述。故此，企业公司亦以统制茶叶为名，由政府借某种的名义贱价收，再转由企业公司高价售出。

《武夷山的茶与风景：茶叶浅说第二号》（1944年）

陈舜年、俞庸器、徐锡坤

现在武夷岩茶最大的市场是在闽南和南洋，所以从多山的闽北运茶到海外，确实是极费力的。茶从赤石起运，用小民船装载，沿溪经建阳至建瓯，约需两三天。在建瓯改换大民船，沿溪至南平（延平），换装汽船，或直到福州，约需一星期。再由福州转运厦门、泉州等地。这条路虽然完全水路，俱因水流湍急，滩石很多，行船非常危险。过去闽北多匪，沿路要付买路钱，更不是一条好走的路。武夷茶因为运输上的困难自然不能和交通便利的闽南的安溪茶和台湾的乌龙相竞争了。

《日本统治下的台湾茶业》（1945年）

台湾行政干部训练班

（1）台湾茶叶原由中国（编者注：中国大陆地区）传入，但其历史无由稽考，在一六六一年郑成功光复台湾时，岛上已有植茶之事，至一八一〇年（清嘉庆十五年）我国（编者注：中国大陆地区）茶商以吾湾土质，颇宜栽植乌龙茶种，乃厦门运往福建优良茶种，在台北州文山都，从事繁殖。据一八六一年英国驻台湾领事罗伯脱史温浩氏调查，当时我国（编者注：中国大陆地区）向台湾输出茶叶、茶苗、茶籽为数颇巨。一八六五年（清同治四年）英人约翰德铎氏（John Dadd）讲台湾植茶籽，前途颇有厚望，乃一方面由我国（编者注：中国大陆地区）福建安溪县输往茶种，从事栽植，一方面对农民大放贷款，扶植生产，其影响于台湾茶将来之发展者，良非浅鲜。其时生产之毛茶大部运往福州厦门精制。迨一八六八年（清同治七年）氏感于毛茶之运往福州及厦门精制，来住不便，乃聘茶师在台试制乌龙茶，厥为成功，即在台北万华地方设立茶叶精制工，从事茶叶精制，为台湾本岛制造精茶之滥觞。翌年并以帆船两艘，载茶二千一百三十一担（每担合一百斤）直接输入美国，为该岛茶叶对外贸易之矢嚆。台湾乌龙茶运往纽约后，大受欢迎，从此台湾茶在海外颇负盛名，而岛内茶叶之发展，遂有一日千里之势。一八七二年（清同治十二年）台北市有五洋行争相经营台茶之输出，因此茶价腾贵，每百斤自十五元增至三十元。栽培面积亦日增，一八八八年（清光绪十四年）输出达一千三百六十七万斤。惟此期中（一八七三——一八八三年）亦曾一时衰落，茶商乃将滞销之茶运至福州，以制包种茶，其后经营包种茶者日众，遂奠台湾包种之基础。

（2）台湾现产各种茶叶之制造方法，除乌龙茶外，则传说不一。关于包种茶之起源，于七十余年前，据福建安溪县人王义程君谓："当时台湾各地茶业不振，茶商咸将粗茶运往福州改制包种茶"，以后又据厦门同安县茶商源隆号，吴福老君云："其时福建茶商多渡海来岛，从事制造包种茶"，大都属实。绿茶产制历史相后，大概在一九〇三—〇四年（清光绪二九—三〇年）左右，苗栗应农事试验场试制绿茶，成绩尚佳、惟数量极少，仅能供岛内消费而已。

《南侨回忆录》（1946年）

陈嘉庚

摧残实业

闽省建设厅厅长，系徐学禹委任之人，当然仰其鼻息。自抗战后，所产茶叶，销路既短，价值廉贱，虽中央统制局在香港设富华公司，以利运销，然声誉亦劣，收效甚少，故闽茶市价日降。余国之前年，闻安溪茶每百斤，摘茶工资及制造成本须五十余元，其他园主耕耘等费尚未加入，而中央统制局仅还价五十元。园主既无丝毫利益可，尚且亏去摘制工资不少。以粮食等物日贵，于是茶园主多有不得不削爱，将我培多年之成长茶树掘毁，改种食物。若武夷茶园，虽未如安溪掘毁，然多生草失耘，几于荒芜。闽省产茶区域，以武夷安溪为最，兹两地既如此荒废，而建设厅不但不能设法支持补救，尚更在武夷山下，辟可种粮食之园地许多亩种茶，名曰“示范茶厂”设办事处于近地，公务员卅余人，规模之大可以想见。此种举动真莫名其妙。农民辛苦栽培之茶园，成本廉宜，尚不能保存，而省府乃特设机关，耗巨费新事栽种，其存意莫非预料不久农民茶园荒芜消减，政府新园可以取利乎。若然，何不将此巨款，向农民收买旧茶，岂不两俱有益。盖彼等非有利民之心，凡所举动只见害民而已。

《新嘉坡华侨出入口商公会周年纪念特刊》（1946 年）

高铭发茶行　专营武夷安溪各岩名茶及西廊茶粉，兼营爪亚苏门答腊各港土特产出入口商。

新嘉（编者注：加）坡中国街八号

电话：四七〇〇 经理：高淇泽

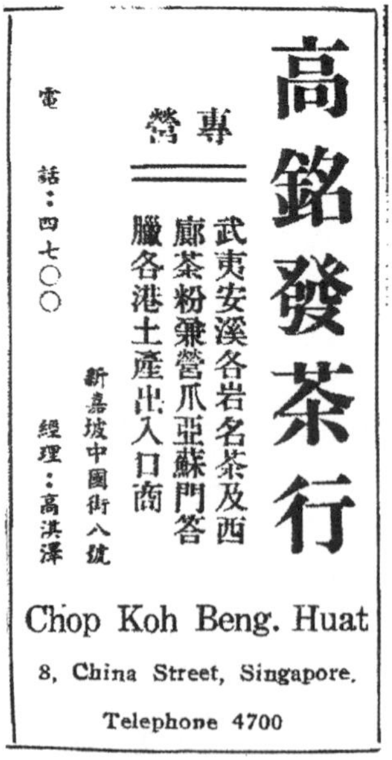

高铭发茶行广告图

《东印度与华侨经济发展史》（1947 年）

邱守愚

我国茶输入逐年递减

东印度境内茶之消费，年在一万三千公吨。为数甚少，以印度尼西亚人喜饮咖啡不惯于饮茶故也。在昔此种消费，皆系由我国输入，因该地华侨甚多，华侨均嗜祖国茶以其品质与香味均优于爪哇茶也。今虽有少数祖国茶输入，但与年俱减。一九二八年尚有九百万磅之输入，一九三八年则减至二十五万磅。

国茶入东印度者，以闽茶为最多，粤茶次之。其余浙茶、徽茶、滇茶、赣茶则为数甚微。以华侨多闽粤籍，习惯上极嗜其家乡之风味也。

闽茶产于福建全省，产地约三十万公亩。有南路茶、西路茶及北路茶之分。盖以地方而区别也。南路茶多产于闽南安溪等县；西路茶多产于武夷山一带；北路茶多产于闽北各县，大抵西路茶北路茶多运销于欧美亦有运销于南洋者；而南路茶则多运销于南洋。若以茶之制法而区别则有青茶、白茶、红茶、绿茶四种。青茶产于南路及北路，年产三万公担，为输入南洋最主要之茶。青茶系半发酵茶以乌龙、水仙、铁观音为主。乌龙西北南三路皆产之，水仙则产于西北两路，铁观音则只产于南路，以产于安溪一带为最多。白茶多产于政和福鼎等县，产量甚少，以白毛猴及白毫为主，白毛猴专销南洋，而白毫则专销欧美。红茶多产于闽东、闽北各县，年产约四万公担。绿茶多产于闽东各县，产量亦不多，以莲芯、淮山为主，多运销于东印度。南路茶以厦门为市场中心，西路北路茶则以闽侯为中心，亦有由饶平转汕头而输出者。在昔年盛时，闽茶输出海外常达八十万箱值四千万元。今因印度锡兰茶之崛起已减至一千万元，其销售于欧美者多由外商转手，其销售于东印度与其他南洋各邦者多由侨商直接经营。故侨商在内地产茶区域多设有茶厂，在南洋则设有茶庄。因之闽南之茶厂，大半为华侨所经营。抗战军兴，海运困难，闽茶出口大受打击。政府为挽救茶业生计，实行统购统销政策。但闽南茶商囿于私利坚持结汇出口办法，致未有良好成绩。结果闽南青茶囤积者甚多，而南洋则无国产茶以应市，致有茶荒之虞。因之茶商以有利可图，遂多由厦门走私。其后政府乃贷款购收，并颁布华侨茶商结汇办法以图补救。惜不久太平洋大战爆发，我国与东印度之贸易因以中断。

《国货工业》（1947 年）

中华国产厂商联合会

（丙）茶叶，原产我国，亦为重要特产之一，产区分布颇广。红茶产区，包括安徽之祁门、至德、贵池，江西之浮梁、武宁、修水、铜鼓，福建之政和，云南之洱海、顺宁，湖南之安化、桃源、宁乡、益阳，湖北之五峯、恩施、鹤峯、长阳，浙江之温州以及闽东各县属之；绿茶产区，计有安徽徽州之府属各县，浙江之遂安、淳安、开化以及江西之婺源、德兴、乐平等县，均以专制珍眉绿茶著名。浙江绍兴、上虞、嵊县、新昌、诸暨等县则以专制珠茶称著。福建建瓯、崇安、安溪、南安、永春等县则多产乌龙茶。汉口、上海、福州各地设有砖茶厂，收集各茶区副茶原料，以压制砖茶。福建福安、宁德、寿宁及浙江永嘉、平阳等县专制熏花毛茶原料，运至福州而熏制花茶。浙江杭湖，安徽六安，云南顺宁等地则多产内销茶叶。全国茶叶生产数量，据统计战前年产量约一百七十万市担，以一八八六年出口量最高，达二、二一七、二九五（编者注：2217295）担；自一八八七年至一九一七年输出数量逐渐减少，每年出口约为八九十万担，六十年以前华茶出口恒在一百万担以上，乃近二三十年来不及五十万担，去年输出仅十三万市担，衰退情形诚属可怕！考其没落原因，外由印度、锡兰、爪哇、日本、荷印等产茶区之竞争，华茶在国际市场上相对衰退。内由技术落后与制造运销等方法未改进，以致一蹶不振。且战时茶区惨遭破坏，出口港相继沦陷，输出更加困难。抗战胜利后茶出口略有复苏气象，茶价渐渐上升。去年三四月间市场呆滞甚久，至九月份始趋俏秀。据上海商品检验局报告，去年九月份上海华茶出口共一二、三七二（编者注：12372）担，其中绿茶较八月份增加百分之二十，红茶增加百分之四十以上。迄至去年年底茶叶外销忽陷于困境，其主要原因，乃以法定汇率过低，未能与牵制成本平衡，茶商因不堪赔累，遂告停顿。

《厦门大观》（1947 年）

1. 漳州青年路　厦门水仙路四九号　林奇苑茶行

专售武夷安溪各色名茶，价格极外，克己从廉。

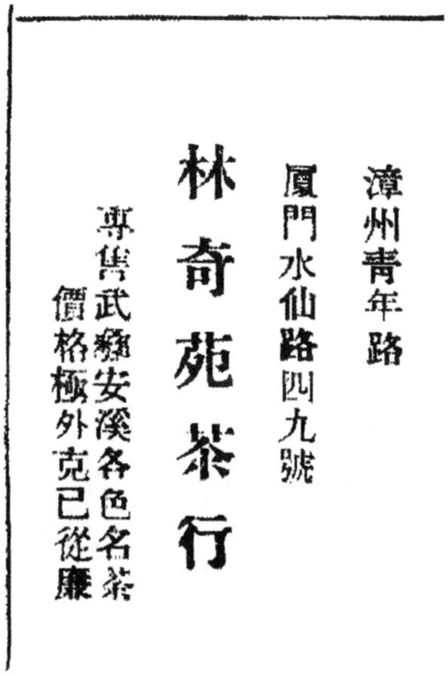

林奇苑茶行广告图

2．王尧阳茶行

专售安溪武夷名茶，价格极外，克己从廉，分行香港文咸东街十八号。

住址：开禾路一二三号

电话：一四五三号

3．高德美茶庄

专售武夷安溪各色名茶，厦门大中路十号。

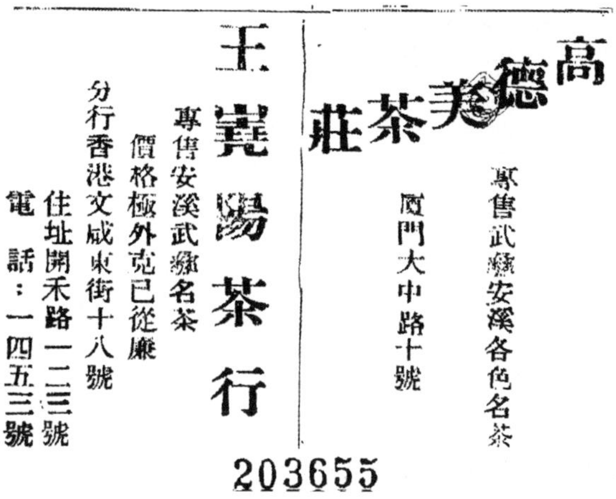

王尧阳茶行、高德美茶庄广告图

《香港闽侨商号名人录》（1947 年）

本行开设历有余年，各处均有分行。所出品武夷安溪诸名岩、各式、名茶久矣，脍炙人口，零沽批发，一律欢迎惠顾。诸君请认本行商标，庶不致悮误。本行兼营各埠出入口商，代客买卖，转驳一切敏捷快便，价格公平，如蒙赐顾，无任欢迎。

张源美茶行广告图

《青年节纪念册（新加坡：华侨庆祝第五届青年节）》（1948 年）

1. 林和泰茶行汇兑信局

茶业部：督办武夷安溪各岩奇名色种。

汇兑部：专收福建各属银信。

汇率公平，回文快捷，手续简便，欢迎惠顾。

总行：厦门横竹路十八号；电话：六七九号。

分行：星洲福建街二十号；电话：四二六九；电报挂号：二二二二。

林和泰茶行汇兑信局广告图

2. 林隆泰茶行

本行专办武夷安溪顶上茶叶，焙制得法，茶味芳香，功能杀菌去□，止渴提神，常饮之可消除一切毒患，滋助健康。诚运□□，不可失之珍品也。

总行：星嘉坡福建街八十号；电话：四七三八。

分行：吉隆坡苏丹街四十五号；电话：二九一九。

《台湾史》（1948 年）

李震明

茶　据清初黄叔璥之《台海使槎录》有茶之记载，可见本岛产茶，由来已久。其初供自家用及本岛用，其后运往福州。开港后四年（一八六五年）有英人杜德（James Dodd）来本岛调查茶业，自福建安溪输入种苗，奖励淡水附近之农民栽植。于艋舺设工场，招厦门之熟练茶工，将土产再制。一八六九年以帆船二艘，载茶二十八万三千磅（二一三一担）（编者注：2131担），运往纽约。是后茶业极发达，外商来经营者日多。一八七〇年以降，输出超过百万斤，一八七二年达一百九十五万斤，有外商五洋行，在大稻埕开设。因竞争者多，市场多滞货，市价暴落。外商乃输往福州，再制为包种茶，以救危机。光绪七年（一八八一年），厦门同安县茶商源隆号吴福老来台，闻始制包种茶，该年输出额达九百六十四万斤，至十一年增至一千二百万斤，至十九年达一千六百三十九万斤。刘铭传巡抚台湾时，设茶郊永和兴，以番挽回权利，但因外商势力之牢固，终无济于事。

《新嘉坡工商业全貌》（1948年）

1. 源崇美茶庄汇兑信局

星洲吉宁街一四二号；

电话：三一四四；

茶叶：武夷安溪各种名茶，零售批发一律欢迎；

汇兑：汇价公平，信用稳固，手续简便，迅速达到。

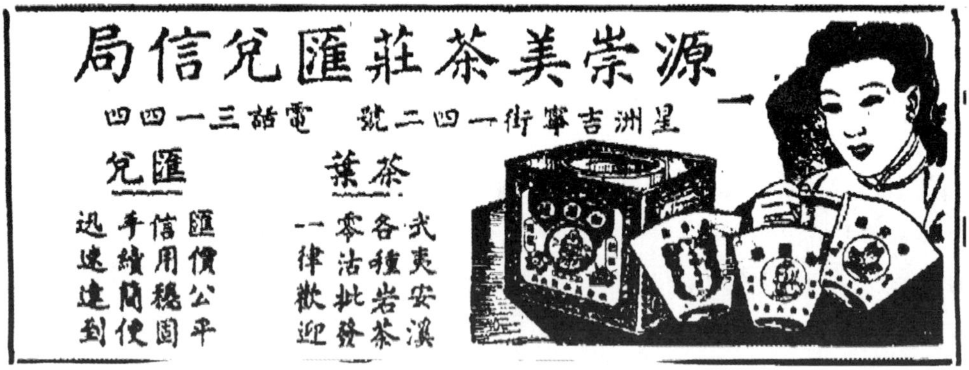

源崇美茶庄汇兑信局广告图

2. 金龙泰茶行汇兑信局

茶行部：灯塔标西郎茶粉，金龙标西郎茶粉，安溪武夷名茶，台湾各色名茶。

汇兑部：通汇全国，回文快捷，同业委驳，特别优待。

总行：星洲吉宁街一五八号；电话：七六七三。

分行：香港十干诺道西六七A；电报挂号：六七一七。

茶厂：台湾台北市永乐街一厂四十七；电报挂号：〇二〇七。

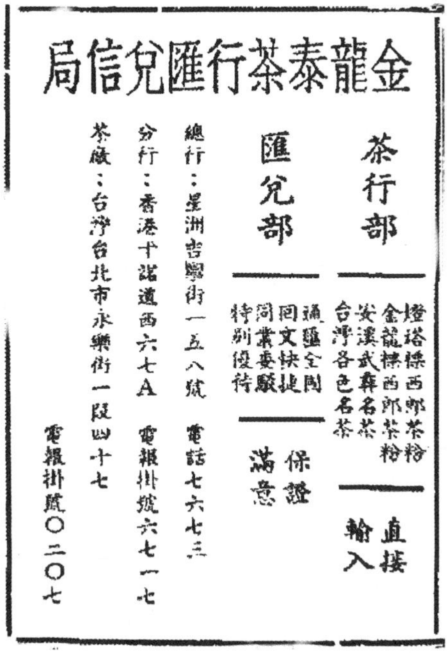

金龙泰茶行汇兑信局广告图

《新嘉坡厦门公会十周年纪念特刊》（1948年）

1．高建发茶庄

新加坡吉宁街门牌一五四号。

电话：六一七三。

本号亲自督选正地道武夷安溪各岩奇种名茶，惠顾诸君请认明各唛，无任感盼。

兹将本庄出品列下：香蕉标白毛猴、鸡球标白毛猴、凤球标金肉桂、雀球标金天桂、状元红标第一名贵。

主人：高云平启

2．源崇美茶庄汇兑信局

新加坡吉宁街一四二号。

电话：三一四四。

三大名茶：白猩猩每泡二角；香黄种每泡半角；双龙奇种每泡一角。

五十泡精装一盒气味芬芳，历久不变，最合社团商店，家庭之需，惠顾一盒，价同批发。

3. 林和泰茶行汇兑信局

信箱：一零零五；电报挂号：二二二二。

新加坡福建街二十号；电话：四二六九。

总行：厦门横竹路八十号；电话：六七九。

汇兑部：航空运送，回文迅速，汇价公平，手续简便，惠顾欢迎。

茶业部：督办武夷、安溪各岩奇名色种，制造厂设安溪罗岩。

4. 林金泰茶行兼理侨汇民信局

祖国原庄（金泰茶）遍销全南洋群岛。

接收全国侨汇民信，回文保证快捷，汇价公平！

总行：新加坡源顺街三十六号；电话：四四八六。

分行：吉隆坡谐街四十一号；电话：三五五四。

各茶行广告图

《乡村工业示范处业务概况》（1949 年）

乡村示范工作处

本处为欲在华南各省开展乡工业务，乃决定对素称工业资源丰富之福建地区加以调查。华中分处主任罗孝全，工程师王毓麟率命于上年十二月初由沪出发，经福州、江口、厦门、龙溪等处，实地考察，特别着重于福建全省工业资源之产区、产量及目下乡工现状之调查。罗等费时数旬，于年底返沪。兹将调查报告摘述于后。

工业方面

制茶工业　福建向以产茶著称，在民国十八年全盛时期，输出量达三十余万担，据二十八年福建省政府调查全省总产量为二十万担左右，战后仅产十六万担有奇，目前更呈衰象。产区可分东南西北四区：闽西以崇安邵武为主，品种青红绿各种均有，产量最丰；闽北以福安福鼎为主，多红茶及少量白茶；闽东连江、罗源等县盛产绿茶（即加工后之香花茶）；闽南以安溪、宁洋等县著称，仅产青茶（即铁观音之类）。各区茶树经人工采摘后就地粗制，运至福州及厦门加工，然后包装运销国内外各地。福州福电铁工厂制造之克虏伯式揉茶机、筛分机、干燥机及九一八式揉茶机，已为一般制茶业所使用。

《我看台湾经济》（1949 年）

黄铭、陈霞洲

台湾茶业什么时候为外人所“赏识”？

台湾茶树之栽培方法，茶叶之焙制方法，何时自我国（编者注：中国大陆地区）输入，历史已乏记载可考。惟在十九世纪中叶欧洲人东来台湾贸易之初，茶叶与樟脑，被称为贸易商品之主要对象。按一八六六年英人John Dodd 氏首先来台收购粗茶，并自福建安溪携来茶苗（安溪所产铁观音，古已驰名欧美），为求大量生产起见，英人乃不惜贷与茶农生产资金，并予奖励，因之栽培日广。一八六七年彼乃将此茶叶运往福州加工精制，销售澳门，结果颇受欢迎，因之更加强英人经营之信心，乃自福州延聘技师，在台北市艋舺（今万华），设立茶厂，自行精制乌龙茶，一八六九年彼乃以帆船二只，装茶二一三一（编者注：2131）担往美国纽约销售，亦获好评。自是台茶之外销乃与日俱增，一八八一年又有包种茶之外销，至一八八五年输出总额高达一千七百余万磅，较之一八六五年输出额一百七十余万磅左右，已增加了十倍，迄日本殖民统治台湾之前一年，即一八九四年，台湾包种茶与乌龙茶输出总数达两千二百余万磅，昔当时台湾对外贸易为外商洋行所独占，经营茶叶外销的有下列六家洋行：Dodd＆Co.（宝顺洋行）、Tait＆Co.（德记洋行）、Brown＆Co.（水陆洋行）、Boyd＆Co.（和记洋行）、Jardine Matheson＆Co.（义和洋行）、Case＆Co.（嘉士洋行）。台湾茶业在短短三十年间，有了前述外销数字之膨胀，完全要归功于这六家洋行。另一方面，我们也可以看其外销数字之逐年“胀大”，而了解外商洋行对于台湾同胞经济剥削程度与日俱增。一八九五年日本占领了台湾，乃极力谋取茶业之发展，组织茶业公司，倡用机器制茶，设立茶业共同贩卖所、茶业试验所、茶业传习所、模范茶叶检查所等，拟独占台湾茶业之经营，而驱逐外商之势力。不过，我们从茶叶栽培面积及粗制茶之数量，外商洋行实在给台湾茶业奠下了巩固的基础。按日本占领台之第三年，即一八九八年，台湾茶园面积共四四,九七八、七（编者注：44978.7）公顷，粗制茶叶一〇九〇一九（编者注：109019）公担。一九〇一年乃茶园降至二五,三〇八、八（编者注：25308.8）公顷。粗生产量茶降至六二二七七（编者注：62277）公担，造成空前之低纪录，此后年有增加。至一九一七年茶园面积高达四五,一五一、二（编者注：45152.1）公顷，粗茶产量一七一六四七（编者注：171647）公担。这一年茶园面积仅略大于一八九八年，而粗茶之产量增加了百分之七十左右，我们从粗茶之产量看于一九〇五年，已达一三三三九〇（编者注：133390）公担，而超过一八九八年百分之三十左右，而是年茶园之面积仅三二,〇〇六、七（编者注：32006.7）公顷，可看日人占领之后对于茶园单位面积粗茶之生产量大有增加，照一九一七年之生产量看足足增加了百分之七十，至于茶园之面积以一九一九年之四六四〇六（编者注：46406）公顷最大。之后二十余年，在四二〇〇〇（编者注：42000）至四六〇〇〇（编者注：46000）公顷之间，而以四四〇〇〇（编者注：44000）余公顷者为多，及至民国三十一年太平洋战争发生之后，茶园面积逐年几减少了十分之一，至民国三十四年，即日本无条件投降之年，茶园面积仅余三三,一八二、四（编者注：33182.4）公顷，而粗茶之产量更低降的惊人，仅为一四三〇三（编者注：14303）公担，只有最盛期间产量十二分之一左右，无疑这是受战争之影响而致茶荒芜，不但栽植面积达低落，即单位面积之生产量低落之程度，更属可怕。

《新嘉坡安溪会馆三十周年纪念特刊》（1952年）

（一）《漫谈本邑名产——茶业》

陈怀璧

茶为我国大宗主要产品，在输出品中占重要地位，且为世界各国人士嗜好品。中国茶树之发现远在纪元前二千七百年，自我国和各国通商以来，茶与丝一直是国际贸易两大输出品。而我国六大产茶省份中，福建向居重要地位，福建产茶区域分为东西南北四路，其实产区几遍全省各县，在最盛时期，年可输出三十余万担。产茶虽以闽西北崇安武夷山所产之大红袍及单丛奇种世称名贵，气味醇香当以安溪之“铁观音”著称。安溪除出产铁观音名闻中外，尚有梅占、奇兰、乌龙、水仙种、香黄种、白毛猴等。南路单独安溪一县，根据一九三一年厦门海关统计就有一万三千六百八十五担，一九三六年降为一万二千五百九十四担。及至抗日军兴，交通受阻，安溪茶叶之生产，一落千丈，抗战后期，粮价腾贵，茶叶无人问津，本邑多山，粮食缺乏，茶农不得不挖掘茶树，改种杂粮，往昔碧绿苍翠之茶园，变成一片枯蒿，荒凉景象，不忍目睹。战后交通阻塞，内战频仍，国际贸易未入正轨，输出数量，亦甚有限。近年来安溪种茶之地，已逐渐恢复，约占全县土地三分之一，虽交通尚未能畅通，然因国外销路重新打开，滞销已近十年之闽茶，于一九五零年全年输出总数已有九万八千多担，安溪一县约出产五千三百二十八担，比一九四六年之输出额，增加两倍半。由此而观，闽茶占全国茶叶输出，并不亚其他产茶省份。安溪茶叶在闽茶中之地位，亦居重要地位之一，且铁观音在国内远销至赣、粤、川、湘各省，在国外早已驰名于南洋群岛，次及欧美各国，是以战后安溪铁观音之名为一班嗜茶者所称誉。

安溪茶叶之输出，约在清末光绪年间，较前不过种植少许，采为自用，溯自开始种植至今，约在百年前后，大部茶苗由武夷山移来，因本邑万山环绕，土壤有石灰质及腐殖质，适宜种茶之用。而铁观音成为本邑之特产，自有其奇特之历史，相传光绪年间（约在一八七五年），本邑松林头乡人魏饮君，精于舆地术（俗称风水仙），因崇拜观音菩萨，供奉铁铸观音一座，奉祀甚虔。一日入山察看地形，至该乡之山巅，在石隙缝中无意发现一茶丛，因其茶叶与枝干生来颇为怪异，立采数十叶，焙制后先供拜观音佛像，然后煮水冲泡，因有特殊浓郁醇厚之香味，入口由淡而浓，及至喉间，甜香更甚，知为珍品。急入山采摘移植，自后繁殖日多，苦无美其名，因思此茶或为观音佛所赐，特名为“铁观音”，至今已有七八十年之历史。

梅占茶亦有一段历史，邑之三阳乡人杨挑君，由武夷名山拣选三株，装于竹筒中，带返种植，只活其一，后逐年繁殖，至今亦有四十余年之历史。铁观音与梅占之种植史，虽近神话，然因安溪土质与气候，焙制三大特色，早在光绪末年，即由政府赐为“安溪一等铁观音”颁给金牌奖状，宣统年间与民国初年，政府工商部，迭赐奖状金牌，以为鼓励，闽南各县之铁观音，实不能望其项背。

安溪茶叶，采摘年可分春夏暑秋冬五季。每年于清明节左右，采摘茶丛嫩叶，以后每隔四十日采摘一次。惟铁观音茶叶，采摘嫩叶须在早上日出露水清干以后，幼芽采时，摘捏至三叶，超过三叶，茶叶粗陋，气味亦因之而异。每日采得之茶叶，大多墨守旧法散开于阳光中稍晒软，入晚翻筛数次，使茶叶边沿有银朱红色，天明即将茶叶放下大鼎炒熟，茶叶起跳，必卜必卜之声四起时，乃取出以双手同时反复搓捏，使叶缩，甚至用茶巾压，再用文火焙制，就成“毛茶”。用女工拣选分别粗嫩，再经焙制，装箱付运外地，言之虽似简单容易，然各家各有祖传巧妙焙制工夫。本邑全年所产之茶叶以在白露前后所采之茶叶，制成之“秋露茶”，质量最佳，气味亦最芬芳，惟所产无多。一般茶农，墨守成规，不注意气候之冷暖、水味之浓淡，更少采用科学方法，开辟温室，用气管调节温度，故如遇恶劣天气，制成之茶叶，则气味较差。

安溪得天独厚，茶圃遍及大小乡村，尤以松林头、峣阳、蓝田、大宝山脚各乡，三峯岩前后白叶，龙地等乡出产最多。一般乡人自种自制，开设茶庄鼓吹自己茶山之出产，未能作联合组织生产运销机构及改善装潢与研究种植焙制方法，以增加产量，提高品质，至为可惜！所幸邑人在厦门、汕头、新加坡等地所设茶行，均善于经营，使邑产茶叶打开了销售途径。以目前本坡茶叶进出口商公会，会员与赞助会员一共四十商号，邑侨所经营者就有三十商号，计有林金泰、源崇美、高铭发、林和泰、高建发、林隆泰、茂圃、林金山、白新春、白三春、振盛、林龙苑、王三阳、国民茶庄、远东茶行、王芳成、魏新记、张馨泰、天元、王梅芳、鸿泰、光华、振福泰、荣泰、廖铭泰、建昌行、仁记、高芳发、颜清泉、王增源等。有者经营至今已历数代，牌号既老，销路畅通，获利不少。厦门之峣阳茶庄、金泰茶行、林奇苑，本坡之林金泰茶行、源崇美、林和泰、高铭发、高建发、白三春、茂圃等均为祖传数代，销售安溪名岩之佳品，各拥有其不同销售地域，且年来溪茶在马来亚市场畅销，溪茶一到，抢售一空，皆为各商号推销得法有以致之。茶在国人生活中，为日常必需品之一。在我国古已有饮茶之习惯，至西汉三国时更加普遍，社交应酬，莫不以茶代酒。至唐时有陆羽嗜茶如命，且著有《茶经》一书，南唐毛文胜作《茶谱》，宋蔡襄作《茶录》，苏东坡曾云："每食已，辄浓茶漱口，烦腻既去，而脾胃自清，凡肉之在齿间者茶涤之，乃尽消缩，不觉脱去，不烦刺挑也……"至清张廷灿作《续茶经》，可见古时文人学士，饮宴以后，必用佳茗，代有专家着论宣扬，证明饮茶自古已有，非自今始。唐书："大中时东都进一僧，年一百三十岁，宣宗问服何药？对曰臣少也贱，素不药，唯嗜茶，因赐茶五十斤，命居保寿寺，名饮茶所曰'茶寮'"。

又据德国倍芝凯尔氏所研究结果，茶素能使食物中最重要之东西，如"蛋白质之类"缓缓消化，茶叶中茶精，能使血管活动，又可使血液更加活泼，可助排泄作用，且茶叶中还含有一种"推阿芬"的成分，利尿作用，比茶精更强，茶叶含碱性，能分解脂肪，且含有维他命丙，对人身益处甚多，饮茶还有恢复（编者注：消除）疲劳之功能，饮了之后，使身心舒适。

茶叶中含有"茶儿""单宁"的成分，有沉淀之特效。茶叶还杀灭传染病菌的效能，医学界之试验，用赤痢菌、伤寒菌、虎列拉等，放在茶汁中数分钟之时间，即失去活动之能力，我们时常饮茶，为预防传染病之一种良法。

茶叶在我国出品中，既占重要地位，为换取外汇，关系国家经济地位重大，自应利用科学方法改良种植、焙制、装潢方法，恢复过去在国际上国茶占销路首位之地位。祖国政府近亦感觉茶叶之输出，足以吸收外汇，一般茶农亦正采用新型之焙制机，根据农林专家叶道渊先生在《蓝天月刊》复刊第一期第一卷《安溪农林业计划纲要草案》一文，指出驰名已久之溪茶，应作如下五点之改良，兹特录出以供茶山主人及茶商之参考。一，组织茶叶生产制炒运销各合作社以期产、制、销均能合理化。二，组织茶叶考察团，到爪哇、台湾等地去考察，以期制炒包装之改良。三，选择合于种植茶叶之山地，鼓励人民合作栽植。四，县政应设筹款项，鼓励人民使用制炒茶机，俾得减轻成本，容易与外茶竞争市场。五，本邑名产铁观音，宜由合作社多用广告费，并严分标准，注意装潢，联合向国内外各地推销。如各茶山主人与茶商密切注意改进各点，切实推诚合作，安溪名产——茶叶前途是无可限量也。

（二）《故乡概谈》

陶苑

曾有"大乱无忧，大旱半收"美誉的故乡，虽然幽居僻处，但是自宋代开治以来，曾受到先儒朱文公（朱熹）的教化，民风淳厚，名宦乡贤辈出，可以说是个礼义之乡，同时又因为她的特产“铁观音”茶叶遍销中外，所以一谈起她的芳名来，即使不是本地人也都不会感觉陌生了，不过，有些自幼外出或者生长在异域的乡亲，对这可爱的家乡难免有点模糊！

1．林和泰茶行营业发刊辞

鄙人手创林和泰茶行历四十有八载矣。对于甄选武夷名岩之茶产品，如极品名色、幔陀水仙、奇种等莫不释心研究，焙制咸宜香醇适口，堪称善美。至于本邑安溪所产名茶，如南岩铁观音、化谷白毛猴及南岩软枝乌龙种亦早驰名海外，有口皆碑。凡经仕商评饮，莫不交口赞许。毋待鄙人哓哓费辞。本行兼营汇兑信局素主汇价公平，待客务期，克己从廉，以答各界商翁爱护敝行，赐予交易之雅意。凡寄本行之银信，传递祖国，派送敏捷不取佣资，回文简快，犹属余事。恐未周知，爰弁数言。刊登于此，以广招徕云耳。

林和泰茶行主人本道敬布

林和泰茶行滙莊
總發行新嘉坡福建馬車街門牌廿號
製造廠廈門橫竹路十八號　電話四二六九
LIM HOE THYE TEA MERCHANTS
No. 20, HOKIEN STREET, SINGAPORE. TEL: No. 4269
本莊督辦二斗連金花茶四斗連八斗連五花茶五十庄鐵觀奇虎標茶富貴牌白毛猴正白毛猴等四兩庄特別白毛猴貢品鐵觀音玉美人泰泉黄葫蘆雪梨鐵金特別白毛猴鐵觀音及各色錫罐奇名等種餘不能盡錄諸君光顧無論大宗零沽一律歡迎

營業發刊辭

鄙人手創林和泰茶行歷四十有八載矣。對于甄選武彝名岩之茶欉產品。如極品名色幔陀水仙奇種等莫不釋心研究。焙製咸宜香純適口。堪稱善美。至于本邑安溪所產名茶。如南岩鐵觀音。化谷白毛猴及南岩軟枝烏龍種。亦早馳名海外。有口皆碑。凡經仕商評飲。莫不交口贊許。毋待鄙人嘵嘵費辭。本行兼營匯兌信局。素主匯價公平。待客務期克己從廉。以答各界商翁愛護敝行。賜予交易之雅意。凡寄本行之銀信。傳遞祖國。派送敏捷。不取傭資。回文簡快。猶屬餘事。恐未周知。爰弁數言。刊登于此。以廣招徠云耳。

林和泰茶行主人本道敬佈

林和泰茶行营业发刊辞

2．白三春茶庄

新加坡市大坡必麒麟街（即玻璃后）门牌四十四号。

电话：二〇六七二。

本号专办祖国武夷安溪各岩名茶，发售鹿标盖露香小种及白毛猴茶、正庄雪梨奇种、正庄鹿标红茶。

3．魏新记茶行

本号创设安溪茶厂兼办武夷台湾各色名茶批发销售马来亚各坡数十载，顾客爱护无任欢迎。

白三春茶庄广告图

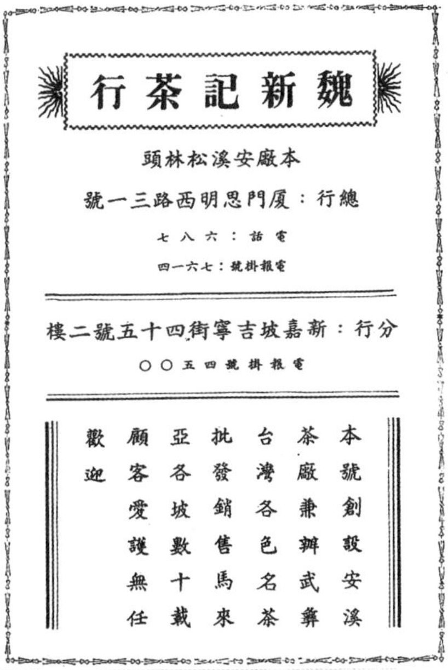

魏新记茶行广告图

4．新加坡安溪会馆同乡商业调查介绍（一九五二年）

新加坡安溪会馆同乡商业调查表（仅茶行）（1952年）

商号	店东或代表人	营业种类	地址	电话
林金泰茶庄	林庆年	汇兑茶业	直落亚逸街三十六号	八九三四〇
白三春茶庄	白天福	茶业	必麒麟街四十四号	二〇六七三
振盛茶庄	翁仁等	茶业杂货	中国街二十八号	—
林南泰茶庄	林金万	茶业	福建街三十八号—A	—
天元茶庄	张逸民	茶业土产	勿基三十九号	二二三七四
源崇美茶庄	颜惠芸	汇兑茶业	吉能街一四二号	三一四四

续表

商号	店东或代表人	营业种类	地址	电话
林龙苑茶庄	林龙水	茶业	任美街一十号	—
茂圃茶庄	陈文城	茶业	北京街五十一号	—
林和泰茶庄	林本道	茶业汇兑	福建街二十号	四二九六
张馨泰茶庄	张石渠	茶业	福建街三十七号—A	—
王三阳茶庄	王潭友	茶业	南京街十六号	二一八八七
白新春茶庄	白金讴	茶业	纽马吉律五十三号	八〇〇九四
鸿泰茶庄	林玉质	茶业	任美街二十号—A	—
国民茶庄	萧宗升	茶业	福建街三十三号—A	八三九二九
林金山茶庄	林宝石	茶业	直落亚逸街一一〇号	五〇二二
林隆泰茶庄	林敬华	茶业	福建街十八号	四七三八 七九九二
高建发茶庄	高云平	茶业	吉能街一五四号	六一三七
高铭发茶庄	高淇泽	茶业	中国街八号	四七〇〇
魏新记茶庄	魏宜转	茶业	吉能街四十五号—A	—
侨通分行	林田岸	汇兑茶业	美芝律一五七号	二二八二二
荣泰茶庄	林国治	茶业	丝丝街八十六号	—
荣华有限公司	李华春	茶叶茶粉	桭城新街一一六号	一六七二
侨通企业有限公司	—	侨汇 茶业等	直落亚逸街五十三号	二二五八八*三六一四

编者注：表格为编者整理绘制，信息来源于《新嘉坡安溪会馆三十周年纪念特刊》P179—225。

《雪兰莪（编者注：新加坡）安溪会馆报本》（1954年）

（一）《故乡名产（食品）琐谈》

静子

安溪铁观音茶为我国特产，各地产茶，以地质、气候、制法和茶本身植物素关系，气味不同，名称亦异。如安徽之红茶，江浙及两广之龙井，福建武夷之名茶，安溪之铁观音茶等为有名之茶叶。安溪铁观音茶历史，相传于清末叶，本是松林头乡有堪舆家魏饮君者，笃信观音佛祖，奉祀甚虔，一日入山戡地，研究来龙去脉，冀得风水真穴，因迷于山水形势，不计辛苦，深入林中，几忘归途，及至山巅，竚立四领，偶然发现巨石缝隙间，产出茶树一株，摘幼叶数片，送进口中细嚼，顿时嘴里生津，芳郁气味，洋溢胸际，心旷神怡，飘然欲仙，于是将全部茶叶采归，洗手揉捻，加工焙制，供奉佛祖，然后冲泡自饮，细研气味，与细嚼幼叶一比，相去奚啻天渊，敬为奇品，后将该株茶树，移植家园，次第分苗，繁殖为多，乡人知之，莫不争相尝试，魏饮君即宣布该茶之发现，实托庇观音佛祖灵感有以致之，故名斯茶曰："安溪一等铁观音茶"。之后分布各地，逐使铁观音茶一跃为安溪特产。

（二）《故乡之安溪》

吴吟世

安溪之物产茶叶：安溪茶叶，除铁观音名闻中外外，尚有梅占、奇兰、乌龙、水仙种、香黄种、白毛猴等数量亦多，出产地尧阳、西坪、金榜、蓝田、罗岩、山坪、由义等地，根据一九三一年厦门海关统计，吾安茶叶有一万三千六百八十五担，销售南洋各埠，殊为吾安惟一之输出品，争取外汇，有益于国，有利于民。不过因抗战与匪乱，则未免荒废减少，对于茶农茶商之损失，自不待言。

（三）《忆故乡，怀侨胞》

林泗水

茶叶与铁矿

吾安物产，木材及纸，实具有可以发展之价值，内地山岭重叠，畜牧种植亦具有天然优越之条件，但最大特产，当以茶叶为第一，未来富源，当以铁矿为第一。

茶叶之饮用，始于汉代，盛于唐宋，唐陆羽有《茶经》，唐人又有《煎茶水记》，宋蔡襄有《茶录》，云及泉州府各县均有茶之出产。福建茶叶，西路年产五二一五〇（编者注：52150）担，以建瓯、崇安（武夷山）为多，北路年产一六二〇〇〇（编者注：162000）担，以福安、福鼎、宁德为多，东路年产一五四三〇（编者注：15430）担，以古田为多，南路年产一五四三〇（编者注：15430）担，以安溪为最多。吾安年产青茶六七三〇（编者注：6730）担，乌龙二〇五〇（编者注：2050）担，计约八七八〇（编者注：8780）担，其中一部分为世界驰名之“铁观音”，以全省比例言之，不能称多。但据海关统计，福建茶叶输往外国者占百分之二十一强，输往外省者占百分之七十八强。安溪茶叶，全部营销于南洋各地及外国，均系外销。故在国际贸易方面价值极大，过去我们政府曾再三派员研究，拟设立茶业学校，从事推广种植，其产区以尧阳、蓝田、珊屏、宝溪等地为最著。尧阳栽培之铁观音，据称有“垄头春”者，最为名贵。惟产量甚少，类似武夷之“大红袍”。至铁观音之栽培，始于魏饮，所闻如是，姑为志之。

（四）《邑侨南迁与雪兰莪州初期发展摘略》

刘永建

当六十年前，台湾被占据之时，与福建省往来隔绝，而连年输给之白米供应亦告中断。至此福建缺粮更甚，影响所及，各处米价暴涨，民食不继，生活极度困难。尤以安溪地处山区，耕地狭少，惟盛产杉松茶竹，虽有名产岩茶，驰名国内外，但非直接粮食品，更须依靠运输贸易，方合外销。而五矿蕴藏量虽富，亦因未开发，无从维持人民生计。

而在穷乡僻壤，交通不便，乡人相率以肩挑运茶直下泉州、厦门等通商口岸贩卖，甚至汇集大宗名茶，由乡人交托戚友配运，连人带货远渡南洋，尤以马来亚、新加坡更多。

雪兰莪安溪会馆同乡商业调查介绍一览表（仅茶行）（1954年）

商号	店东或代理人	营业种类	地址	电话号码
林金泰茶行	林崇年	茶兼汇兑信行	吉隆坡谐街门牌四十一号	四三八八
高泉发茶行	高惠超	茶商	吉隆坡谐街门牌四号	五六〇四
刘元泰茶庄	刘文路	茶商	吉隆坡谐街门牌三十四号	七八一七
高芳发茶行	高铁汉	茶商	吉隆坡谐街门牌十九号	五六四三
建源茶庄（公司）	苏石麟	茶商	吉隆坡茨厂街门牌一五七号	五三〇六
温圃茶庄	温瑞明	茶商	吉隆坡思士街门牌四号	四八三一
张源美茶庄	张元吉	茶商	吉隆坡秋杰律	—
林隆泰茶庄	林秀山	茶商	吉隆坡希律同丰园门牌四十一号	三五二七
合春	林清节	咖啡茶室	吉隆坡暗邦路三支半门牌六二二号	—

续表

商号	店东或代理人	营业种类	地址	电话号码
沈源成	沈卿丑	茶商	吉隆坡峇都律门牌四号	—
林泉山茶庄	林清怀	茶商	吉隆坡峇都律门牌四五三号	四八七〇
福泉美茶庄	李明德	茶商	吉隆坡峇都律四条街二号	—
侨兴行茶庄	白文荐	茶商	吉隆坡峇都律金光士马林	二〇八〇
瑞泰茶庄	李太平	茶商	吉隆坡秋杰律门牌四五至四六号	五三一七
大有茶室	林炯才	咖啡茶室	吉隆坡峇都律门牌二五六号	—
华峯茶行	李统溪	茶行	吉隆坡怡保律门牌一一五号	六五七三
林峯茶庄	林金龙	茶商	吉隆坡怡保律门牌二九二号	四六九四
长泰茶庄	李长古	茶商	吉隆坡怡保律门牌三二八号	—
国泰茶庄	王福成	茶商	吉隆坡怡保律门牌二九四号	—
刘隆发茶庄	刘连裕	茶商	吉隆坡怡保律美聊园第一路二七号	—
陈万泰茶庄	陈开瑞	茶商	吉隆坡惹兰阘丹门牌七十二号 B	—
福瑞祥茶庄	李长安	茶商	吉隆坡文良港热水湖四十九号	—
泉发	黄银春	咖啡茶室	吉隆坡鹅唛五支	—
南发	陈兵	咖啡茶室	吉隆坡鹅唛五支	—
聊邦茶室	胡春发	咖啡茶室	吉隆坡鹅唛四支	—
锦芳茶庄	陈文坚	茶商	吉隆坡先都巴沙门牌四十一号	—
日新	黄九瑞	咖啡茶室	吉隆坡曾江新村南区门牌四七七号	—
益成茶庄	刘碧海	茶兼汇兑	巴生坡马来街门牌三十四号	二〇六
杨瑞香茶庄	杨荣獭	茶商	巴生坡林茂街门牌八十一号	一九八
瑞珍茶庄	李金水	茶商	怡保邦里马街门牌十六街	一六六八
腾泰茶庄	李清彪	茶商	怡保休罗街门牌八十号	—
苑泰茶庄	李家书	茶商	怡保马结街门牌四十九号	八〇三
金峯茶庄	李金树	茶商	怡保国民街门牌五号	—
高铭发茶庄	高铭壬	茶商	马六甲板底街门牌二十七号	五九四
美化贸易	白保仁	茶庄	吉隆坡谐街门牌一十六号	八一六二五

编者注：表格为编者整理绘制，信息来源于《雪兰莪安溪会馆报本》P141—189。

《新加坡安溪会馆钻禧纪念特刊》（1982年）

（一）安溪风貌

（1）安邑同乡一百多年来在新加坡的筚路蓝缕，艰苦奋斗的精神并没有白费，安邑同乡在五金业、建筑业、茶业、金融业及食品业各方面的成就，都是非常卓越的。

（2）本县境内多山，地势自西向东倾斜，东部多丘陵，地势比较低缓，适宜茶树生长。中部多低山，可以发展果树。西北部多高山，地势比较高峻。除个别峭壁陡崖外，尤宜植树造林，加以“土沃而民稠”，雨量充沛，气候温和，阳光充足，自然条件得天独厚，所以我们的祖先早在五代末即已“春山几焙茗旗香”（黄夷简诗）了。号称七绝的柿果，引自台湾的芒果，种植历史悠久。内安天然林更是漫山遍野，充分利用这些山地资源，“曰富曰庶又何如焉”（开先县令詹敦仁语）。

茶叶方面　本县种茶历史悠久，为乌龙茶主产地。主要品种有铁观音、黄金桂、本山、茗花等。其中尤以铁观音驰名中外。现在从内安溪到外安溪都有茶园，堪称“凤城无处不茗香”。全县茶园面积比以前增加5.7倍，产量增加近5倍。其中二十世纪七十年代以来新开茶园五万多亩。

去年底，在虎邱开办茶叶分校，新近又设立茶叶科学研究所。加强茶叶生产的科研，提高科学种茶水平，促进了全县茶叶生产连年丰收。全县现有官桥、福前、芦田三个茶叶精制厂，还有初制所五百多座。

安溪山地適宜植茶者甚多，依山傍崙，拾級開闢，遠觀如碧海綠波，茶香陣陣，景色宜人。

圖爲安溪茶廠位於官橋五里埔鄉，爲安溪名產烏龍茶精製廠之一。近十年來，設備逐步完備，操作基本實現機械化，加工能力大有提高。

安溪茶山采摘、茶厂生产图

（3）全县工业产值占工农业总产值的三分之一以上，年加工量四万多担茶叶的安溪茶厂，是全省闻名的乌龙茶精制厂。厂区高楼耸立，机器设备齐全，每年经这里精制的铁观音、本山、黄金桂、茗花等名茶，销往五大洲三十多个国家。以色、香、味、形俱佳的独特品质，享有盛誉。凤山牌铁观音荣获一九八二年度全国“质量月”金质奖。

（二）《安溪人经营之茶业》——仲明笔录

安溪、清溪，溪溪水甘洌；
仙苑、茗苑，苑苑茶浓香。

——林文治撰

1. 溪茶培育出新品种

“铁观音”与“黄棪”引起日本人大感兴趣。医药界则加以深入研究。于是发现乌龙茶（原名青荣）有多种医药疗效，可清血、减肥、助消化、治风湿、防癌症等等。有位日本医生名亚山本，于1980年在电视台上公开宣布其研究所得，于是引起日本全国抢购乌龙茶的热潮。不但茶商大批抢购；即出国旅行之旅客，在中国及东南亚各地，也纷纷抢购，带回日本。搞到乌龙茶在八零年供不应求，价格飞涨。现在全世界，包括美国、加拿大及西欧各国，都知道中国乌龙茶的医药疗效，大量销售，为中国吸收外汇一个重要来源。

中国农耕制度自八零年打破公社束缚之后，实行“包产到户”政策，茶农可以自耕发展。现在安溪茶农，大量开发山地为茶园。同时建宁与南靖二县，也开始大量种茶。安溪茶苗，每株八占。栽种之后，四年即可以有收获。相信再过两年，将有更大量生产，可供应全世界。

1959年中国实行公社制度，安溪茶产最主要地区之松岩头，即划入西坪公社松岩大队。在这期间，松岩山头培养出许多奇种。据报告：除“铁观音”之外，又多五样奇种。兹录于下。

安溪茶树品种记录表

序号	茶名	产区	产地
1	铁观音	松岩头	打石坑
2	奇兰茶	松岩头	杉林坑
3	黄棪茶	松岩头	大树墘

续表

序号	茶名	产区	产地
4	陆桂茶	松岩头	观音石
5	无特茶	松岩头	石鼓岩
6	红英茶	松岩头	大树堷

这六样奇种为溪茶中最特出之品种。相信不断栽培，一定会有更新、更清、更香之新品种出现。

2. 茶业出入口商公会

新加坡茶业界于1928年9月发起成立茶业出入口商公会。现全体会员30家，安溪同乡经营的，占17家。其名录如下（有“Δ”者为安溪同乡所经营的）。

黃春生	△福美茶莊	△林南泰茶莊
△南苑茶莊	德泰茶莊	△顏金泉金記茶莊
△魏新記茶行	△集源貿易	△顏裕峰茶莊
△王三陽茶莊	裕香茶莊	△新高建發茶行
岩溪茶行	△源崇美茶莊	源　興茶莊
△全貿易	△高建發茶行	德　發
△林金泰茶行	△白新春	Brooke Bond Liebig
△張天元茶莊	郭福成	M.Jumabhoy
△王三美茶莊	怡香茶莊	Gulf E.International
天香茶莊	△三和茶莊	Tecof.

安溪同乡经营之茶庄茶行

现任会长为南苑茶庄之魏运榜先生，总务王三阳，执委源崇美、魏新记、高建发，均为安溪同乡。

3. 合组岩溪茶行公司

中国于1955年对茶叶出口，收归国营；原来在厦门之私人茶业出口公司均收盘。新加坡亦于是年成立“岩溪茶行私人有限公司”，实行集体采购。武夷岩茶、安溪溪茶，为福建省主要产品，用“岩溪”二字为公司名称。岩溪茶行（私人）有限公司股东如下：南苑茶庄私人有限公司、裕香茶庄私人有限公司、源崇美茶庄私人有限公司、高建发茶行私人有限公司、魏新记茶行私人有限公司、黄春生私人有限公司、王三阳茶庄有限公司、白新春茶庄私人有限公司、白三春茶庄、林金泰茶行、福美茶庄、天香茶庄、颜长金、颜其伟、岩溪茶行（马）有限公司。

现任董事长为源崇美之颜辉崇先生，董事财政南苑茶庄，董事魏新记，均为安溪同乡。

4. 近年茶业销售统计

中国茶叶出口，其全国总公司设于北京，福建分公司设于福州市，厦门是出口支公司。唯厦门的支公司，却成为中国茶叶出口的总汇。这由于厦门为最接近溪茶产地的安溪；厦门为海外茶商直接往来的转口港。

岩溪茶行，即直接与厦门来往。据该行董事魏新记东主魏忠有先生谓：近七八年来，乌龙茶销量激增一倍以上。过去，在二十世纪七十年代二十世纪早期，每年星马销售，只两万多箱而已。每箱重量有十六公斤，十八公斤或二十公斤不等，平均以十八公斤为多。因此，每年销量三十多万公斤。但近二十世纪七十年代中期以后星马销量大增，二十世纪八十年代以来，每年达四万多箱，约七十多万公斤。

虽然现在许多咖啡店不买唐茶，但华人以及其他民族的家庭，则普遍饮用乌龙茶大家把它当作日常保健良药看待。

大家有了这种看法，随着人口的增加以及其他民族也懂得饮用，茶叶的供应需要量，也就会跟着增加。

5. 用茶还需要宣传

咖啡店，尤其是华人经营的咖啡店，应该要普遍供应唐茶才是。对那些只习惯饮用唐茶的顾客，而不能在咖啡店获得唐茶供应，实在是一件难堪的事。如何使咖啡店普遍供应唐茶；许多人希望茶商公会与咖啡商公会，应研究一些鼓励办法。否则，不但使顾客难堪，亦有损大众健康，有损民族文化。

安溪著名茶庄“林金泰”之第四代传人林文治先生，于1982年在南洋商报连续发表《中国茶与功夫品艺》一文，后又编印为单行本，发行书坊，读者大感兴趣。此书就其茶叶世家所得之经验，就茶史、种类、功效、品饮功夫及用具等，有详细叙述。像这类书刊，应多多发行，可提高市民对乌龙茶之认识。

宣传工作可多方进行，希望产茶区之中国，与海外茶庄、茶叶公会，能联合策划推行，则茶叶当能普遍为全世界人民所饮用。

6. 新加坡安溪会馆邑侨商业调查表

新加坡安溪会馆邑侨商业调查表（仅茶行）（1982年）

商号	店东或代表人	英文地址／电话	营业种类
王三阳茶庄（星）有限公司 ONG SAM YONG TEA MERCHANTS（S）PTE LTD	王辉川、王辉明、王辉星	01-61 Blk 531 Upper Cross St. S’pore 0105 Tel：5331096，2233597，3449195，3455455	专营中国茶叶茶粉进出口商

续表

商号	店东或代表人	英文地址 / 电话	营业种类
白新春私人有限公司 PEK SIN CHOON PTE LTD	白海福	53/55 New Market Road S'pore 0105 Tel: 5336866	中国茶叶、香极极、不知香、铁罗汉、铁观音新春水仙、武夷老丛、水仙、超级老丛水仙及茶粉
金贸易私人有限公司 KIMTRACO（PTE）LTD	李奇伟、蔡辉源	81-B Boat Quay S'pore 0104 Tel: 919930	茶庄进出口商
林荣泰（金燕）茶庄 LIM ENG THYE（KIM YAN）TEA MERCHANT	林国治	23-C Lorong 40 Geyland S'pore 1439 Tel: 3455539, 4446628	专营中国名茶及锡兰茶粉茶角等
南苑茶庄有限公司 NAM WAN TEA CO. PTE. LTD.	魏宜转、魏连枝	Head Office 64 Kim Yam Rd. S'pore 0923 Tel: 7370970, 7372794 Branch Office 445 Ipoh K. Lumpur Tel: 981981	专营武夷安溪出产名茶兼制各唛头等茶叶茶粉等
张天元茶庄 TEO THIAN GUAN TEA MERCHANT	张渊龙、张渊泉	76Tanjong Pagar Road S'pore 0208 Tel: 2213776, 2247205	专营中西名茶土产什货出进口商
集源贸易公司 CHIARGOON TRADING COMPANY	李昭民	01-534 Blk 88 Redhill Close S'pore 0315 Tel: 4745138	专营茶粉、羔坯粉食油等出进口商
源崇美茶庄私人有限公司 GUAN CHONG BEE TEA CO.（PTE）LTD.	颜辉宗	Blk 531 - No 34A Upper Cross Street Tel: 93162，5333144	中国茶叶超等，咖啡粉、民信汇兑等
魏新记茶行私人有限公司 GUAN SIN KEE TEA MERCHANT PTE LTD	魏忠有	03-116 Blk 531 Upper Cross St. S'pore 0105 Tel: 5331091, 984489	中国茶叶出入口商

编者注：表格为编者整理绘制，信息来源于《新加坡安溪会馆钻禧纪念特刊》P359—425。

《倪郑重茶业论集》（1990 年）

中国民主建国会泉州市委会

（一）安溪茶的制法仿武夷岩茶

明末清初，闽北乌龙茶以武夷岩茶作为名牌，由闽南沿海和粤东畅销西方国家。闽南的安溪茶，仿武夷岩茶制法，参与外销行列。这可在1670年前后，同安人阮文锡所写的《安溪茶歌》得到印证："安溪之山郁嵯峨，其阴长湿生丛茶。居人清明采嫩叶，为价甚贱供万家。迩来武夷漳人制，紫白二毫粟粒芽。西洋番舶岁来买，王钱不论凭官牙。溪茶遂仿岩茶样，先炒后焙不争差。"诗歌准确地描述西方国家需求我国茶叶，经常派遣洋船驶入泉州港采购，由官方贸易机构办理茶叶外销业务，购方需茶殷切，价格由卖方结算，并无还价的余地。武夷岩茶开拓外销市场后，更是身价百倍，供不应求。原属绿茶制法的安溪茶，为了适应外销需要，仿照武夷制法是理所当然的。

安溪茶师承武夷茶之后，在培育适制品种和改进采制工艺等方面，发挥了独特的优势。安溪茶目前在福建省乌龙茶产区的品质名列前茅，其产量和建瓯相若。生产与品质有所发展提高的原因是安溪劳动人民在生产实践中，创造性地用短穗扦插培育了适制乌龙茶的优良茶树品种，如铁观音、黄棪、本山、毛蟹、梅占等，实现了产区品种良种化；乌龙茶传统的采制工艺为产区的广大群众所掌握，且能世代相传，精益求精，制茶技术队伍随着产量增长而不断扩大；长期以来，安溪县就是乌龙茶主产区，接近闽南和粤东乌龙茶销区，由于产销全面，减少中间环节，从而鼓励了生产积极性，有利于提高产品质量，增强竞争能力。

（二）台湾乌龙茶与包种茶

《台湾通史》记载："嘉庆（1796—1820年）有柯朝者，归自福建，始以武夷之茶，植于（鱼桀）鱼坑，发育甚佳，遂互相传植。"同治四年（1865年）英商杜德洋行来台收购茶叶运至厦门精制，转销美国。1872年经营台茶出口的洋行有五家，在台北市竞购乌龙茶，促进了茶叶生产的发展。1895年日本侵占台湾初期，台茶仍运至厦门加工和包装。嗣后，日本人锐意经营茶叶，不再从厦门转口，探索美国市场的需要，改变了台湾乌龙茶的采制工艺。鲜叶原料提倡幼嫩，以顶芽未开展为贵；发酵程度较重，炒锅后静置闷热15～20分钟，促使后发酵。这就是1935年乌克斯《茶叶全书》所谓"发酵四分之三的台湾茶，专销美国"。1911年台湾乌龙茶产量创纪录达到十八万市担，外销美国占91.5%。

台湾包种茶的采制工艺，师承武夷岩茶和安溪铁观音。据说1881年同安县茶商吴福源在台北设隆源号从事经营台湾包种茶，同时安溪县茶商王安定及张古魁合设建成号将包种茶从台湾运至厦门加工销往东南亚各国。1885年安溪人王水锦及魏静在台北七星区从事研究提高包种茶采制工艺，并将心得传授给茶农。日本占领台湾后，利用王魏二人担任教师，在该地举办包种茶讲习会，这项工作，持续进行十余年，七星区成为台湾包种茶研究中心。1930年前后，台湾包种茶产量逐年增多，输出量凌驾于乌龙茶之上。当日入侵我东北后，窨花的包种茶运往倾销。1944年前后，台湾包种茶（包括包种花茶）年产量十五万担。

（三）日本掀起乌龙茶热

1977年日本慈惠医科大学中村治雄博士经过临床试验，发现经常饮用福建乌龙茶，能有效地降低肥胖患者的胆固醇和体重，因而引起人们的极大兴趣，开始把乌龙茶称为减肥茶或美容茶，用以防治肥胖病。1979年日本电视台播出一位著名女歌星答记者问，由于她经常品饮福建乌龙茶，因而得以保持青春，长得比前更加健美。这句话像一股飓风吹遍了日本全国，立即掀起乌龙茶热。这股热潮波及其他国家，导致中国乌龙茶在国际市场供不应求。冒牌货充斥市场，有的甚至将越南和泰国土茶也冒充中国乌龙茶，有的将普通乌龙茶冒充铁观音或武夷岩茶，高价出售，牟取暴利，既使消费者受骗，也损害了中国乌龙茶的信誉。日本国际贸易促进会想方设法和福建外贸部门挂钩，直接向厦门口岸订购福建乌龙茶，1984年输入量超过一千吨，占厦门口岸输出量三分之一左右。另外还在日本生产乌龙茶汽水、乌龙茶酒、乌龙茶棒冰等饮料。这些产品都是日本掀起乌龙茶热以后，为了迎合市场需要所创新的。

（四）闽南乌龙茶区的兴起

闽南地区包括泉州、漳州和厦门三地区19个市县，1979年生产干茶超过十万担。泉州地区除南安、永春生产少量绿茶外，99%以上都是乌龙茶。漳州地区除云霄、龙海少数几个农场生产红茶外，90%左右是乌龙茶。泉州7个市县，1982年生产干茶八万担以上，其中安溪县占五万担，仍然居全省茶叶产量的首位。安溪铁观音是中外驰名的乌龙茶，还有黄棪、本山、毛蟹、奇兰、大红、梅占等（统称色种），都是安溪人民培育的优良茶树品种。成茶具有特殊“品种香”，其中尤以黄旦的天然桂花香，逗人喜爱，脍炙人口。近年来各产茶区竞相引种。

安溪县是铁观音的原产地，是闻名全国优良茶树品种的宝库，是先进的育苗技术短穗扦插的摇篮。目前乌龙产区包括广东潮汕所需茶苗，常向安溪引种；所需制茶工具，常由安溪提供；制茶技术也由安溪传授。安溪县生产的乌龙茶，不论产量和品质都居全省第一，是福建省茶叶出口的重要基地。

安溪县长期以来对发展新乌龙茶区做了有益的贡献，今后仍将继续发挥优势，做出更大的贡献。

安溪铁观音的来历，据1937年庄灿彰《安溪茶业之调查》载：“相传五十年前（1887年以前），有姓魏名饮者，松林头乡人，信佛，每早必送茶一杯上山，侍奉观音。一日，忽见山岩之上有一茶树，日光照射，叶面闪出银光，奇之，移植盆中，加以管理采制，香味特浓，喜为观音所赐因号铁观音。铁者以其叶重且厚，色深如铁之谓也。”另据安溪西坪流传的王士让《峣阳乡南岩小引》说：“让于乾隆元年（1736年）春，见层石荒园茶树一株，异于其他茶种，故移植南轩之旁，朝夕灌溉，枝叶茂盛，圆叶红心，摘制成品，其气味芳香超凡。辛酉（1741年），让赴京师，晋谒方望溪相国，携此茶品奉赠，方相国转进内廷，恩赐南岩铁观音之名。”上面两则记述，多数人认为魏饮发现之说较可靠。

安溪制茶工艺引自武夷，却有所改进和提高，它的生产关系和武夷大不一样，因而青出于蓝而胜于蓝。

过去采制武夷岩茶是手工业作坊的经营方式，安溪茶则是家庭手工业生产。前者岩厂多数为茶商控制，雇用季节工采制。茶商为了加重剥削，采茶制茶只用一套茶工，当日采的鲜叶，当晚必须加班制好。新中国成立前安溪茶都是一家一户单独生产，自采自制自销。两地生产关系不同，劳动条件不同，制茶工序也有所不同。安溪茶农如在傍晚采进的鲜叶不必赶在当晚炒制完毕，首先就改变了武夷那种不合理的做法。其次，改变了武夷强制劳动的紧迫感。安溪制法对鲜叶日光萎凋程度较轻，“做青”时间可以拉长一些，用以控制杀青时间，便于分期分批进行，这在劳动力少的情况下很合适，比较有把握制出高香茶。由于安溪自产自销，提高了茶农生产好茶的积极性，同时对工艺改革及工具改革的自觉性也会相应提高。例如改变武夷二炒二揉为一炒一揉，增加布巾包揉等工序。改革制茶工具方面，如改水筛为吊筛，提高工效十多倍。由于厦门、漳州、泉州等销区和安溪产区近在咫尺，新中国成立前的茶农，有不少人确能做到产销全面，有利于提高产品质量，达到精益求精的目的，同时也造就了大批制茶能手。又因生产者熟悉销区情况，有些人脱离生产，成为茶商。国内外乌龙茶销区的茶商，安溪人特别多，是有其历史渊源的。例如铁观音发源地的峣阳乡，在东南亚各国和中国香港、台湾地区经营茶叶历数代人的就有数十家。

永春县直接引进武夷茶种和制茶工艺，已有百余年历史。笔者1957年到永春仙溪鼎仙岩调查老农郑德铬（当年69岁），据说其堂叔郑世报于1857年前，由武夷山携回水仙苗100株，种在鼎仙岩，成活40株，得以繁殖推广。光绪年间每株水仙苗售白银四元。1914年永春华兴种茶公司所需水仙茶树也是由该处供应。1957年在鼎仙岩看到的制茶工具还沿用摇青水筛，室内萎凋设备也宛若武夷。新中国成立前永春水仙无多，近年来产量激增，特别是由华兴种茶公司发展壮大起来的北硿华侨茶果场，年产干茶超过五千担，绝大部分水仙茶树制成的乌龙茶，品质另立一格，名叫“闽南水仙”。闽南茶区新发展的水仙茶树，多向永春引种，唯独安溪县栽种水仙较少。

（五）福建侨销茶史话

1. 侨销茶名称的由来

侨销茶，顾名思义就是我国在海外华侨聚居地销售的茶叶。民国期间直至新中国成立初，福建省茶叶界泛称乌龙茶为侨销茶。后来认为这一名称不够准确，目前都不称为侨销茶，而代之以福建特种茶。事实上福建茶叶侨销不只乌龙茶一类，也有白茶和茉莉花茶。附带提一下，台湾省的乌龙茶和包种茶，广东省潮州凤凰单丛和水仙，以及石古坪乌龙、饶平色种等都属乌龙茶类，早年就参与侨销行列。另外云南省的普洱茶，历来就有较大数量侨销。

福建乌龙茶分闽北和闽南两大产区。闽北以武夷岩茶为代表，闽南以安溪茶为代表。武夷岩茶中的武夷水仙和安溪茶中的铁观音，被誉为福建乌龙茶的两颗明珠，驰名中外。

清末民初，闽南乌龙茶产量不多，产区局限于安溪县，其他县只在名胜古迹或寺庙佛门偶或种植，零星分散，不具规模。闽北乌龙茶以武夷岩茶最为著名，产区遍及建瓯、建阳（包括水吉），产量较多，销区也较广阔。民国中期的所谓侨销茶，几乎全为闽北乌龙茶所独占。

福建乌龙茶是我省主要出口茶类之一，但是近几年来出口的侨销茶比重日益下降。原因是多方面的，很有必要回顾历史总结经验教训，分析市场变化的新情况，以便采取对策，争取恢复固有的侨销市场。

2. 安溪铁观音是后起之秀

民国前后，安溪的铁观音，以及适制乌龙茶的茶树品种如黄棪、本山、毛蟹、梅占等渐露头角，逐步打破武夷茶垄断的局面。同时，在侨销市场上，安溪茶也部分取代了武夷茶。

1670年前后，同安人阮文锡在《安溪茶歌》中写道：“安溪之山郁嵯峨，其阴长湿生丛茶。居人清明采嫩叶，为价甚贱供万家。迩来武夷漳人制，紫白二毫粟粒芽。西洋番舶岁来买，王钱不论凭官牙。溪茶遂仿岩茶样，先炒后焙不争差。”诗歌反映了西方国家经常派船来泉州采购茶叶，由官方贸易机构办理茶叶外销业务。武夷茶开拓外销市场后，更加供应不求，安溪茶为了适应外销需要，仿武夷制法是理所当然的。

安溪茶在培育适制品种和改进采制工艺方面，发挥了独特的优势，做出了成绩。安溪县目前成为福建乌龙茶品质最好、产量最多的产区，又是外贸的重要基地。安溪茶生产有所发展的原因是：

（1）安溪劳动人民在生产实践中，创造性地培育了适制乌龙茶的优良茶树品种，如铁观音、黄棪、本山、毛蟹、梅占等；为保持母树特征，还创造发明了短穗扦插育苗法、实现了产区品种良种化；

（2）乌龙茶传统的采制工艺为广大群众所掌握，且能世代相传，精益求精，制茶技术队伍随着产量增长而不断扩大；

（3）安溪县接近泉漳厦和潮汕主销区，由于产销直接见面，减少中间环节，从而激励了生产积极性，有利于提高产品质量，增强竞争能力。

武夷岩茶和安溪铁观音是福建乌龙茶的两颗明珠，可是近年来武夷岩茶品质有所下降，而安溪铁观音却能焕发青春，更加灿烂光辉。

3. 几家侨销名牌茶盛衰史

五十年前，笔者亲眼看到闽南、粤东地区大部分城镇，茶店林立，多数以“转售武夷岩茶”“本号亲赴武夷督制岩茶”等广告招徕顾客。由于武夷岩茶驰名中外，供不应求，到处出现赝品，顾客唯恐上当受骗，宁愿付出较高价格，购到真正的武夷岩茶。闽南城镇的名牌商品茶，就是在这种形势下应运而生的。福建经营侨销茶的商号及其经营的品种甚多，现列举其较著名者分述如下。

（1）漳州林奇苑“三印水仙” 安溪人林燕尔1796年（嘉庆初年）流落在武夷山岩厂当雇工，兼编织竹器为生。据传，偶在山中掘得白银一大瓮，就在武夷山购置幔陀峰、霞宾岩、宝国岩等岩厂，积极开荒种茶，所产岩茶运闽南销售。林尔燕长子林秉琛，世居武夷山继续开荒种茶。其子孙繁衍在武夷山的，有林细弟、林葛奴、林培槐、林培济等人，繁衍在安溪县的有林挺、林孝钦等人。林燕尔的次子林秉献世居安溪，其后代林心博于1862—1874年（同治年间）创设林奇苑茶店于漳州，专营武夷岩茶。清末，在厦门设立茶栈（批发机构），将岩茶运至新加坡、马来亚、泰国、缅甸等地销售。民国初年，再在云霄县设立茶栈，就近供应漳浦、诏安、东山等地所需岩茶。1920—1930年是林奇苑茶店全盛时期，每年从武夷山运销武夷岩茶和中低档闽北乌龙茶3000箱左右（约1000担）。期间，林奇苑在厦门、漳州、云霄等处的营业额每年达银元30万元。漳州批发和零售约占70%；厦门和云霄占30%。它创立商品茶的名称和售价如下。

茶名	单价（斤、元）	茶名	单价（斤、元）	备注
大红袍	64.00元	三印水仙	8.00元	①1920——1930年市上流通的银元和中国银行发行少量纸币，币值稳定。②重量当时叫司马秤（旧称）每斤约合一市斤二两。③其茶名和售价都说明属于武夷岩茶和闽北乌龙茶。
铁罗汉	48.00元	双印水仙	6.40元	
名色种	16.00元	宝国水仙	4.00元	
特别水仙	16.00元	流香水仙	2.80元	
一等水仙	12.00元	竹窠水仙	2.40元	

林奇苑茶店商品记售价情况

1932年林奇苑扩大厦门茶栈的经营范围，设立门市部于厦门水仙路。三印水仙的销路比以前更广，已是脍炙人口、老少皆知的名牌货。抗战前的林奇苑，以经营武夷岩茶为主。抗战后，厦门和潮汕相继沦陷，沿海被封锁，外销中断，武夷岩厂管理失常，茶园荒芜。抗战期间及战后，林奇苑转入以经营安溪乌龙茶为主。世居武夷山的林细弟垦植水帘洞岩厂，大量发展水仙茶树。1930年前后又将安溪铁观音、黄旦（在武夷称黄龙）等优良茶树品种，移植于水帘洞，进行观察比较，类似今日的品种园。世居安溪的林孝钦、林挺等人，在武夷山垦植宝国、霞宾等岩厂，他们所产岩茶大部分售给漳厦林奇苑茶店。林燕尔子孙为纪念其祖先创业艰难，早年就在武夷山的幔陀峰修祠堂。辛亥革命前后至新中国成立前夕这段时间，林奇苑茶店业务由林心博的孙辈林孝秀、林孝桢、林孝悦、林孝珠等人相继主持，他们对畅销国内外的三印水仙，尚能保持名牌声誉，不使茶叶品质下降。

（2）林瑞苑与林金泰　1851—1861年（咸丰年间），安溪罗岩乡人林宏德，贩运茶叶在漳州开设林瑞苑茶店。传至其长孙林书国，时值清末民初，武夷岩茶在闽南、粤东销区比安溪茶更吃香，因而在武夷山经营霞宾岩和珠帘洞等初制厂，在武夷山麓的赤石街设立精制厂。除收购岩茶外，也收购半岩茶。它开拓外销业务的第一步，是委托新加坡荣泰行代理。1917年由林书国之弟林诗国在厦门设立林金泰茶行，用以扩大外销业务。林诗国蓄意培养林书国之子林庆年（后来成为国民党政府的参政员）。1924年林庆年毕业于北京大学，被林诗国派往吉隆坡设立林金泰茶行，1925年再在新加坡设立总行。“金泰茶”从此在星马各地遐迩驰名。初期以武夷岩茶作为名牌，标榜霞宾岩老丛水仙。其经营的金花、玉花中档乌龙茶，大量在工矿区推销，深受消费者欢迎。后期以安溪茶逐步取代武夷岩茶及闽北乌龙茶，由于讲究质量，故能风靡一时。林金泰茶店在星马一带具有百年悠久历史，一般茶楼酒家常把“金泰茶”作为福建乌龙茶的代名词。

1926年前后，林金泰在星马处于全盛时期。林诗国派其堂兄弟林英国和林敦国至武夷山加强收购茶叶业务，除岩茶外，大量收购半岩小种（乌龙茶类）窨制禅薄花，年产量达400余担，运至星马外销。林诗国又派其胞侄林少周（林庆年之兄），至建瓯收购南雅水仙和建瓯乌龙。1928年林少周在建瓯通济门购置地皮，修建宽敞的精制茶厂，准备扩大收购业务。它在武夷山的牌号叫林瑞苑，在建瓯则叫林元圃，实际上都属厦门林金泰的分支机构。

林英国还参加建瓯地方史料的编修工作，他与南安人李梦庚等合写《茶务改良传真》，记载在1928年《建瓯县志》。

1930年军阀卢兴邦割据闽北地盘，在建瓯扣留了广东潮汕和闽南茶商的茶叶，勒索赎金，以箱数论价，每箱茶叶35市斤左右，索价银元10元。经过讨价还价，最后每箱以银元3元赎取。闽南茶商以林瑞苑箱数最多，被卢兴邦勒索去银元1万余元，茶叶和人质均延至1930年冬才被赎回。广东、潮汕和闽南茶商受此打击，视闽北山区为畏途，收购茶叶的正常业务遭受很大影响。此后，林瑞苑在闽北的业务日益缩减，转而扩大安溪茶的经营。

《近代厦门社会经济概况》（1990 年）

厦门海关志编委会

1866年海关报告

但是，福建省最重要的、最有价值的产品是红茶。它主要包括以下品种：工夫茶、乌北茶、小种和安溪茶。这些茶种植于厦门附近地区。安溪县位于厦门岛的北面，属泉州府。安溪县种植的茶叶便以其地名命名。这种茶叶由民船运到厦门岛。

1868年厦门海关报告

（1）普通的安溪茶由于成本较高，产量略有所下降，但较优质的安溪茶则仍供应充裕。在茶季初期可以以满意的价格大量购得。

1868 年厦门港茶叶出口情况 单位：担

运往	工夫茶和小种茶	乌龙茶	合计
伦敦	1088452	388886	1477338
殖民地	290766	4848	295614
欧洲大陆	163567	—	163567

（2）这一地区生产的茶叶称“安溪茶”。茶区中心地带离泉州约一天的水路。从茶区中心到泉州运费大约平均每担25分。而同样这些茶叶运往厦门，每担不少于1元。大量的普通安溪茶种植于地图上标明为“水沙”（Tui-sua）的山地。离泉州约7哩路。

1872年厦门海关报告

茶是本口岸最重要的出口货物，本地区最好的茶叶产于安溪。它属于泉州府的一个县，正好处于纬度（编者注：北纬）25度、东经118 度和119度之间。茶树高度从几寸到4尺不等。有着灌木式的树干和众多的分枝，叶子十分茂盛。叶子是互生的、常青的。叶柄短而粗，带有凹槽，叶子的形状为稍长的椭圆形，带着钝的凹口。除了底部，叶子的边呈锯齿状。花为白色，有着黄色的花茎和花药，像野生蔷薇的花。最适于茶树生长的气候条件，是在纬度（编者注：北纬）23～25度、东经115～122度。

1872 年厦门出口美国茶叶的统计表 **单位：磅**

<table>
<tr><th>年份</th><th>1871</th><th>1872</th><th>1873</th><td rowspan="5">1872 年统计扣除了“太平号”和“新加拉号”运载的茶叶，这两艘船在海上失事了</td></tr>
<tr><td>厦门乌龙茶</td><td>5063726</td><td>6672084</td><td>8751643</td></tr>
<tr><td>淡水乌龙茶</td><td>778000</td><td>1502000</td><td>2032220</td></tr>
<tr><td>厦门功夫茶</td><td>441459</td><td>297916</td><td>83406</td></tr>
<tr><td>合计</td><td>6283185</td><td>8472000</td><td>10867269</td></tr>
</table>

1872 年厦门出口欧洲和英国殖民地茶叶统计表 **单位：磅**

年份	1871	1872	1873
乌龙茶	443727	362584	345301
功夫茶	932251	71843	75315
总计	1375978	434427	420616

1880年厦门海关报告

（1）至于陆路运输，在同安线路上可以见到来往于同安和安溪间的驮畜。但其他各处可以确信运输是靠搬运工，当地没有装配轮子的运输工具，旅行者靠步行或坐轿子。一些航海民船仍苟延于沿海贸易中。有8艘载重为100～200吨的民船，每年一趟航行于本口岸与牛庄或其他非通商口岸间，运去糖、纸、茶、烟草和麻袋等，运回豌豆、酒、药材和丝等。

（2）这些地方多得不能提及，我们只能提一些重要的。从泉州城，许多货物运往该城所在的晋江县各地。主要的贸易中心是安海、永宁和深沪。通过同一渠道，货物也运往泉州府内的惠安县和南安县，它们位于晋江县南面。从同安城，货物被运往同安全县和附近的县（北面的安溪），并经过安溪运往永春州内的3个县永春、德化和大田。以上各处的县城都成了货物集散中心。

（3）每年运抵本口岸的茶叶大约是210000半箱，而安溪县经由同安线路供应了大约25000半箱（安溪茶）。

（4）除了茶叶外，安溪县还经由同安线路，向厦门运来瓷器、茶籽、茶油、柿子干、红米、木梳、棕绳以及铁器。

1912—1921年厦门海关十年报告

从厦门出口的最好的茶叶来自安溪地区。最早的茶种来自安溪，它曾创造出繁盛的台湾茶叶贸易，但安溪茶却大量来自宁洋地区，经包装后运往海峡殖民地等地。这10年里，厦门茶叶贸易状况几乎没有什么变化可言，没有任何迹象可以预示她将恢复那失去了的光辉。

《马六甲安溪会馆成立二十五周年纪念特刊》（1990年）

（一）闲话家乡茶

海隅一士

茶叶为吾邑安溪故乡特产，清香可口，有解渴生津之功，久已成为大众日常饮料。每年运销国内外为数至多，据统计不下十余万箱，称誉南洋群岛，独占海外市场，关系邑民经济至深且巨。

厂区分布：出产地区以本邑之西部为最，其分布情形约如下述：柏叶、龙地、峣阳、松林头、大坪、林东、蓝田、罗岩、举溪、产地、留山、三洋。西坪墟为集散中心，中国茶叶出口公司在此有茶叶收购站及加工厂之设立，旧安溪汽车公司客货运输亦以此为出发点，东连北石，溪运可以衔接晋江（泉州），南通同安，海道可经由厦门直接配运出口。

茶山景色：种茶区域多系依山辟圃，状类梯田，层峦叠嶂，一望无际，青山翠谷，景色迷人。吾邑以山多闻名，由于山地水源缺乏，不宜耕稼，故山地居民皆以植茶为生。谁为开山鼻祖？虽史乘无可稽考，但相传系毗邻峣阳乡之松林头村魏氏族人种植最早，而且因地质及气候关系，所产品类亦远优于他处。其次为峣阳，再次为龙地，产量最丰则推蓝田。茶人或以“南岩”（属峣阳）特产相标榜，或以“福岩”（属龙地福筹村）名种相号召，见仁见智，各有千秋。出产者常引以为自豪，而索值之高低，更无一定之标准，恒以地质为衡量，老于此道者均不难鉴别而出。有谓“单丛”，有谓“奇种”者，每年产量有限，茶农往往视若至宝，不屑轻易展示。在专制统治时代，常用来献赠豪门权贵，借以表示崇敬，此与野人献芹殆属同一原理，贡品之称是其由来。

出产时期：茶叶在农历每年清明后谷雨前为开始采摘时期，分“春”“夏”“暑”“秋”四季，论喉韵以春为胜，言气味则以秋为佳。

季节一告来临，采茶女郎，粉黛红妆，负篋背篓，往来穿梭于绿树之间，犹如花间蝴蝶。山歌民谣清脆悦耳，花香鸟语随处可闻，真不知人间何世。中国盛行之“采茶扑蝶”舞，即系反映茶山姑娘之生活，闻系源于闽南，其后逐渐流行于闽东北，现已成为中国家喻户晓之民间舞蹈矣。

制造过程：种茶与种田虽有所不同，但照样要锄草、要施肥，同时可以兼种杂粮，如地瓜之类是。采茶方法，系摘集树上嫩叶，携回室内，分批放置于以竹编制之特大茶筛，使之自然萎凋，并不时加以翻动，以防硬化。迨发现茶叶之边沿微有焦痕，即为发酵成熟之征象，应即放进镬中稍微炒制，然后取出揉捻，不断用力搓拌，使苦汁尽出，并用布包裹些时，继即倾入焙笼用火烘焙，毛茶即成。如要销出远洋，尚须以大火加工，以根除其青味，并加长其泡水，倘封装得法，可以历久不变。

茶叶种类：中国茶叶，有红茶、绿茶、青茶之分，销路各异，吾邑所产乃属青茶一类。大别之，可分为“铁观音”“乌龙”“色种”三大类及少数“奇种”。其中以“铁观音”为特色，气味芬芳，远近驰名。茶商所编名目，如白毛猴、佛手种、铁罗汉、金花、玉花、雪梨等，虽不一而足，要皆出上述三大类，不过标新立异而已。

市场状况：销售地域可分为内销与外销两方面。

内销：除本省外，主要出路在潮汕。潮人最讲究饮茶，而又特别嗜爱安溪茶。抗战时期，沿海被敌封锁，茶叶无法出口，吾邑茶商皆改营内销，以潮汕为对象，固会活跃一时，解救茶农重大危机。

外销：以南洋群岛为最大市场，包括缅甸、泰、越、星、马、印度尼西亚、菲律宾、婆罗洲等地。各埠业茶行号几尽操于邑侨手中，致巨富者比比皆是。五颜六色，绘满广告之茶车风驰电掣，随处可见。

谈谈茶具：茶叶虽产自吾邑，而品茗则以潮人为独得其法，值得借鉴。一具陶制的小茶壶，配以几只白色的小瓷杯，你看多清雅，又多秀气。据云：水以石泉为佳，炉以炭火为妙，更考究的，有以甘蔗渣滓作燃料。至于茶煲（或称茶古），亦以陶器为最上，余皆不及。一杯在手，无话不投机，清谈阔论，随心所欲，身当其局，真有士夫之遗风。回忆此情景，犹令人神往。

（二）安溪县的历史发展

安溪县位于福建省的南部，为晋江上流清溪的流域，距海约有一百华里，是晋江专区山区县份之一，是全省著名的铁、茶产地，潘田铁矿和安溪铁观音名茶，有名于海内外。安溪又是闽南的侨乡，华侨分布在新、马、印尼和缅、泰、菲、越、北婆等地的很多。华侨曾投资祖国，如安溪民办汽车公司。厦门几十家的茶庄，在省内都有一定的声誉。

（三）海外移民

安溪是一个侨乡，华侨最多是在新马，其次是印度尼西亚。（注：本会馆于一九五二年调查全星同乡人口，约五万二千余人。新加坡人口近二十年增加一倍，一九七二年全星同乡当为十万零四千人）缅甸共有四百一四人（一九六二年），安溪到底什么时候才有华侨出国呢？根据蓬莱乡刘姓族谱，说是康熙时代（一七一七年）才有人出洋，恐怕还有比这个时期更早的。近代以来，有的因科举制度废了，就出洋去经商（如蓬莱柯氏族谱载）。有的是自己卖做劳工，到南洋去服役的（如蓬莱刘氏族谱载）。也有因经营国际贸易而去的，如柯氏有人由宁波往文莱去做生意。近代出国的华侨，大都是贫苦的劳动人民，如刘氏族谱说："祖要少年，家资淡薄，壮岁无业营谋，往新加坡开锡磨垄，巨资大利。"便是一个例子。

华侨出国以后，由于辛勤劳动，慢慢有了积蓄。他们热爱祖国，常把资金投入国内，帮助家乡生产建设，如安溪民办汽车公司，在一九二八年起投资七十多万元，开辟了一百八十华里的公路。还有投资在厦门，开了四十五家的茶庄，一九三六年时，资本大的有多至十五万元的，他们经常把安溪的茶叶运销到南洋去，每年营业达到六十万元。这些事实都可证明安溪华侨是热爱家乡的。

（四）安溪居民向外移殖经过

庄惠泉

（乙）移居厦门组同乡会

邑人移居厦门者可能比移居其他地区者为早。厦门为赴台湾与南洋之出口乃南渡必经之地。邑人在厦不仅经销茶叶，亦经营其他各种商业，五十年前人数近万人。在厦住宅户口，均注明原籍安溪。民初期间即组设安溪公会，先严有才公，六十年前，担任会长多年。其后复组安溪旅厦同乡会。

厦门沦陷于日军统治时，邑人纷纷返回乡下，从事耕作。厦门在战后，并未恢复繁荣。在厦邑人，则反不如前。

至于迁至温州、福鼎、福安、尤溪等地，仅见林泗水先生所编之《安溪县志》提及，但未见有详细资料，则有待调查。

据林文治先生听游客谈及在闽北崇安县之武夷山，有整个乡村住民，操闽南语，据称系来自安溪。移居武夷山者，可能为种植茶园关系。以林金泰来说，即于武夷置有霞宾岩及珠帘洞之茶园。加上其他茶庄也在武夷购有茶园，而派人前往种植焙制，乃必然之事。惟在武夷山岩之间，到底有多少安溪人移居，仍有待查访。

（丙）迁台湾藩衍百余万人

林泗水先生估计，依台湾人口增长率推算，到一九六四年在台湾安邑同乡人数，达一百三十七万三千余人。那就超过现在仍居于安邑故乡的人数了。邑人移居台湾，始于何时，现在仍无法找到确实的资料。据推测，当比移殖南洋群岛为早。其中有几个点，被视为迁居台湾最大原因。

（1）一六六一年（清顺治十八年）郑成功攻台湾，赶走荷军。当年郑成功将军据守金门与厦门，抵抗清兵，其义兵大都为泉属人民。我安邑义勇人士参加得一定不少。尤其是我安邑乡贤李光龙，为崇祯癸未科进士，他曾奉明主唐王抵抗清朝。最后失败，其属下义民可能投奔郑成功麾下，参加进攻荷军，收复台湾。至今已三百多年。

（2）一六八三年（康熙二十二年）施琅带兵平定台湾。施琅之被用，乃得力于李光地之保荐。这可能影响邑人参加施琅之部队，而移殖至台湾。至今也近三百年。

（3）台湾适合种植茶叶。种茶乃我邑特长之常识。因此，为种茶、贩茶而赴台湾者，人数亦众。台北有座清水祖师庙。据林泗水先生在《清水岩散记》文中的附记谓：艋舺祖师庙，是台北最大寺庙之一，系安溪县蓬莱乡分炉而来，位于台北市长沙街口康定路口，此庙系住于艋舺（即万华）之安溪人所建。清乾隆五十二年（一七八七年）泉人共推翁来为董事，募捐三万元，于乾隆五十二年元月七日兴工，至五十五年九月竣工。由是清水庙之建立，至今已有一百八十六年之久了。

（五）安溪物产丛谈——萧百济

安溪地大物博，除粮食五谷外，地上资源以茶为最特出，地下资源以铁为最丰富，这是尽人皆知的。铁观音茶叶销售国内外，已经闻名遐迩；将来潘田铁矿开发，必定在省内工矿业占重要地位（本刊已有专文论述），毋庸多谈，现在且就其他特色产品，提要介绍。

高铭发茶行广告

《南安县志》（1993年）

卷二十三

第五章　水运

第一节　内河运输

唐代，古南安江（晋江）就有舟楫运输。宋、元时期，南安东溪船运是永春、德化至泉州的重要通道，西溪船运是安溪至泉州的重要水路。宋开宝年间，安溪经常有茶叶陆运至仑苍英溪口，德化经常有瓷器陆运至九都大力村，然后装船运往泉州。时有溪船300多艘，每艘载重3000～4000公斤。船民大多是南安丰州、洪濑、梅山、码头、九都、溪美、仑苍和永春东关、桃城、安溪凤城、湖头等地居民，也有部分船工以船为家。这些溪船主要是运货，少数搭客。明清时代，东西溪船仍是本县境内及通往安溪、永春、泉州的重要运输线。

《南洋年鉴》（1993年）

林和泰国产名茶

本庄出品各唛名茶，大红名色，集武夷之名胜；观音美人，采安溪之精华。毛猴芸金花、玉花天然韵。国产奇珍。客来当酒，却病延年，诚卫生之珍品，居旅之宝丹也。零售批发一律欢迎。此布！

总批发新加坡福建马车街

林和泰茶行汇兑信局广告图

《安溪县志》（1994年）

序（一）

新编《安溪县志》即将付梓，县志总编室约我作序，作为家乡人，我为修成县志而欣慰；作为一方之公仆，我倍感义不容辞。

盛世修志，是我国一项有悠久历史的优良文化传统，早在周朝即有“内史掌八柄之法，外史掌四方之志”之记载。安溪修志始于宋，明、清六度续修，最后一部旧志成书于清乾隆二十二年（1757年），此后县志失修230多年。民国期间虽曾成立机构，准备续修，却因种种原因而未果，断修时间之长为全省之最。

昔人曾言，作史之难，莫过于志。然而，知难而进、迎难而上方显事业者本色。时值1985年仲春，中共安溪县委、安溪县人民政府作出编修新县志决定，随后遴选人员，部署工作，虽人事更迭，历任领导仍紧抓不辍，经八度春秋、数易寒暑，上上下下、方方面面同心协力，终于编成新志。新志时经事纬，万象纷呈，集古今之大成，汇百科之精华，为安溪有史以来内容最丰富、最系统、最完整的志书。它凝集着全体修志人员的心血和汗水，是全县群众集体智慧的结晶，是我县两个文明建设的一项重大成果，可喜可贺！我谨借此向关心、支持和参加编修的全体同志致以敬意和感谢！

安溪为千年古县，虽地处一隅而毓秀钟灵。千百年来，这里孕育出无数的优秀儿女，他们在各个时代的许多领域为我国多民族国家的统一、富强，为抵御外侵、建设家园作出了独特的贡献，其业绩历来为史家所重视；安溪是全国主要侨乡和台湾同胞的主要祖籍地之一，旅居台、港、澳和海外的安溪籍乡亲近三百万人，他们为开发台湾宝岛和发展侨居地作出卓越的贡献；安溪是举世闻名的铁观音茶的故乡，茶香飘四海，友谊播天涯。新编《安溪县志》正是一部安溪人开拓进取、勤劳奋斗的辉煌史诗。

新编县志坚持辩证唯物主义和历史唯物主义的观点，详今略古，统合古今，体例完备，资料翔实。一卷在握，安溪县情前有所稽，后有所鉴，便于鉴古规今，善今垂后，其存史资政等重大意义不言而喻。

当前，神州大地深化改革、扩大开放春潮正涌。安溪县沐浴改革开放的春风，在交通、能源、通讯等基础设施建设方面陆续推出一系列重大举措并取得突破性进展，城乡经济日益昌盛繁荣，社会各项事业蒸蒸日上，美好的前景催人奋进，勤劳勇敢的安溪人民必将在新的历史时期大显身手，再创辉煌！

中共安溪县委书记　陈昭扬

1993年10月1日

序（二）

新编《安溪县志》在第二届世界安溪乡亲联谊会召开之际出版问世了。这是新中国成立41年来第一部系统记载安溪县自然、社会的历史与现状的“百科全书”，堪称安溪的“资治通鉴”。八度寒暑，数易其稿，成书出版，诚非易事，实在可庆可贺！

安溪，历史悠久，早在新石器时代，就有人类繁衍生息。安溪是驰名中外的铁观音茶乡、全国著名侨乡和台湾同胞主要祖籍地。这里不仅山清水秀，物华天宝；而且地灵人杰，人文荟萃。仅清代就有名相李光地及其家族“四世十进士七翰林”彪炳史册。千百年沧海桑田，勤劳淳朴的人民用汗水浇灌了安溪大地；众多仁人志士为开创历史伟业浴血奋战，推动社会发展，谱写了许多可歌可泣的壮丽诗篇。新中国成立后，在中国共产党的领导下，安溪人民努力拼搏、重整乾坤，使安溪发生了翻天覆地的变化。中共十一届三中全会的春风吹拂大地，全县人民以经济建设为中心，坚持四项基本原则和改革开放的方针，励精图治、发挥优势、开拓进取，呈现政通人和、百业俱兴、欣欣向荣的景象，为史志增辉添彩。古往今来，人民创造历史的宏伟业绩，理当永载史册，传颂后代。

编纂志书，重在资治。安溪自后周显德二年（955年）建县至今，曾于宋、明、清三朝编修过七部县志，但经历沧桑，大都失散，仅存三部，最后一部系清乾隆二十二年（1757年）知县庄成主修的，虽有借鉴、稽考的史料价值，但未免受历史的局限，存在不少缺陷。新编《安溪县志》坚持辩证唯物主义和历史唯物主义的观点，尊重史实、广征博采，去伪存真，资料翔实，体例得当、结构严谨，图文并茂，熔时代特点、地方特色于一炉，集思想性、科学性、资料性于一体，富有鲜明的时代性、地方性和人民性。

“治天下者以史为鉴，治郡国者以志为鉴。”新编《安溪县志》的出版，将有助于我们了解安溪的历史，研究其发展规律，“辩证施治”，起到“资政、教化、存史”的作用；也有助于国内外朋友进一步认识安溪，扩大友好合作，增强开发力度。愿全县人民在新的历史时期，同心同德、振奋精神、锐意改革、再展宏图，谱写出更加壮丽的社会主义新篇章。

安溪县人民政府县长　陈长昭

1993年10月1日

1. 安溪是全国乌龙茶主产县，名茶铁观音的故乡

乌龙茶是安溪重要特产，香高味醇，品质优良，独具一格，驰名中外，是全国

六大茶类中的佼佼者，也是我国茶叶宝库中一颗璀璨明珠。唐末安溪就已产茶。至明代茶叶盛产，并有了名气。明末清初创制出乌龙茶，首先推广到闽北，后传入台湾。清末安溪乌龙茶已有很大发展。清光绪三十年（1904年）产量达1250吨，并大量外销。抗日战争全面爆发后，外销中断，大片茶园荒芜，不少茶厂倒闭，产量连年下降，至1949年全县茶叶产量下降为419.6吨。新中国成立后，县人民政府从资金、技术等大力扶持，一边垦复旧茶园，一边发展新茶园，实行科学种茶，改进产制技术，茶叶产量质量不断提高。1974年安溪被列入全国一百个年产茶叶五万担基地县。1982年被列为福建省茶叶出口基地县。同年，“凤山牌”特级铁观音荣获国家金质奖，蝉联“八连冠”。1985年特级黄金桂被评为全国名茶。到1990年全县茶园面积14.2万亩，茶叶产量7023吨，分别比1949年增长6倍和15.6倍，居全省首位，为全县的支柱产业；年向国家提供出口乌龙茶30000多吨，是畅销世界五大洲39个国家和地区的拳头商品，年创汇10000多万美元，成为全省农业创汇大户。

2. 乾隆五年（1740年）

是年起，尧阳茶商开始出洋到东南亚、日本和中国台湾、港澳等地经销茶叶。

3. 同治五年（1866年）

安溪茶苗由乡民携带输入台湾，台湾乌龙茶由此发展。

4. 民国五年（1916年）

台湾督署（编者注：“台湾总督府”）举行茶赛，尧阳王西配制的“万寿桃”铁观音被评为一等奖，获一块金牌及奖状。

5. 民国三十四年（1945年）

是年，新加坡举行茶叶评奖，尧阳王连丹配制的“泰山峰”铁观音获金质奖牌。

6. 1952年

是年，在西坪创办安溪茶厂，后迁址官桥，发展成为全国最大的乌龙茶精制厂家，生产“凤山牌”铁观音等国优名茶系列产品畅销世界各地。1990年产值2816万元，为县内最大的工业企业。

7. 1986年5月26日至6月2日

国家商业部在福州茶厂举办全国花茶、乌龙茶优质产品及全国名茶评比会，安溪茶厂生产的“特级铁观音”“特级黄金桂”被会议推荐为部优产品；安溪茶叶公司选送的“安溪铁观音”和“安溪黄金桂”被评为全国名茶。7月5 日，福建农学院与县科委共同研制的茶叶新产品花乌龙茶在县内投产，次年改称乌龙茉莉花茶。

是年，安溪“新芽牌铁观音”茶在法国巴黎举行的国际名茶评比中被评为十大名茶之一。

8. 茶业

安溪山多泉甘土赤，气候温和湿润，茶树良种繁多，制茶技艺精湛，茶叶品质优良构成得天独厚的“天、地、人”三者兼备的古老茶区。

安溪产茶历史悠久，始于唐末，当时翰林学士韩偓有诗曰，“石崖采芝叟，乡俗摘茶歌。”开先县令詹敦仁在五代时受“龙安岩（今龙门乡溪内村）悟长老惠茶，作此代简，泼乳浮花满盏倾，余香烧齿袭人清。宿醒未解惊窗午，战退降魔不用兵。”宋代，清水岩有“……鬼空口宋植二三株（茶树），其味更香，其功益大。”（《清水岩志》）至明代，茶叶盛产，并有名气。明嘉靖《安溪县志》载：“茶名于清水，又名于圣泉。”“茶，龙涓、崇信（今龙涓、西坪、芦田）出者多。”“茶产常乐、崇善等里（今剑斗、白濑、蓬莱、金谷）货卖甚多。”明末清初创制了乌龙茶。清雍正三年（1725年）前后发现铁观音。《制茶学》（安徽农学院编）载：“青茶（即乌龙茶）起源：福建安溪劳动人民在清朝世宗胤禛雍正三年至十三年（1725—1735年）创制发明青茶，首先传入闽北，后传入台湾省。”民国《建瓯县志》载：“乌龙茶叶厚而色浓，味重而远，凡高旷之地，种植皆宜，其种传自泉州安溪县。”《福建之茶》载：“崇安之乌龙于清道光年间由安溪人詹金圃先移建瓯而再移往者。”《崇安县新志》载：“至于乌龙、水仙虽亦出于本山，然近代始由建瓯移植，非原种也。”《乌龙茶及包种茶制造学》（台湾出版）载：“包种茶是清嘉庆（1798年）年间由福建泉州府安溪人士王义程所创制。并由其在台北县茶区倡导及传授制法。”清光绪三十年（1904年）安溪乌龙茶产量达1250吨，并大量外销。民国25年（1936年）安溪乌龙茶产量降为550吨，抗日战争全面爆发后，外销中断，茶叶生产受到破坏，至1949年全县茶园面积20920亩，产量降到419.6吨。

新中国成立后，安溪乌龙茶生产较大发展，1953年对民国时期创造出先进的“茶树短穗扦插育苗法”进行总结、推广1966年创造出“三改一补”的改造低产茶园先进技术；乌龙茶初、精制工艺不断完善；收购网点、队伍日益扩大，内外销市场逐步扩展。特别是1978年以后，安溪乌龙茶进入一个新的发展时期，生产获得连续12年丰收，质量提高，购销两旺，效益增加，成为县内的支柱产业。1982年铁观音被评为全国名茶，同年，“凤山牌”特级铁观音荣获国家金质奖——“凤山牌”特级黄金桂获商业部优质产品称号。是年，安溪被列入福建省出口茶叶基地县。1985年黄金桂被评为全国名茶。1988年，安溪承担制定福建省地方标准《乌龙茶标准综合体》，使全省乌龙茶生产、采制、审检走上标准化的轨道，至1990年全县茶园面积14.2万亩，产量7023吨，分别比1949年增长6倍和15.6倍，居福建省首位；茶叶产值6000万元，占全县农业总产值1/3；茶叶税收1600万元，占全县财政收入近1/2；年提供国家出口乌龙茶3000吨，系国家出口的拳头商品，畅销世界5大洲39个国家和地区，每年为国家创汇1000多万美元，成为福建省农业创汇大户。

产量：清光绪以前，安溪茶叶产量失考。光绪三十年（1904年）安溪乌龙茶产量达1250吨，呈逐渐振兴之势。

民国25年（1936年），安溪乌龙茶逐渐走下坡路，全县茶叶产量降为550吨。民国26年，抗日战争全面爆发后，茶政失理，官吏营私，加上乌龙茶主要口岸——厦门、汕头相继沦陷，外销中断，安溪乌龙茶受到严重破坏，茶叶销路阻塞，大片茶园荒芜，不少茶厂倒闭，生产濒临绝境，产量一落千丈，至1949年全县茶园只剩下20920亩，茶叶产量降为419.6吨。当时县内流传着这样一首民谣："金枝玉叶何足惜，'观音'不如菜豆叶；茶叶上市没人叫，砍下茶树当柴烧。"

新中国成立后，1949—1952年，县委、县人民政府提出垦复荒芜茶园，大力恢复发展茶叶生产的号召，推广茶叶生产新技术，使茶叶生产迅速得到恢复。1952年全县茶园面积达25860亩，茶叶产量达548吨，分别比1949年增长23.61%和30.64%。

1953—1957年，县人民政府贯彻1954年全国茶叶会议精神，领导全县人民垦复荒芜茶园，开辟新茶园，推广初制新机具，改进采制技术，提高茶叶品质，发放预购定金，三次调整毛茶收购价格，调动了广大茶农生产积极性，使茶叶生产迅速得到恢复和发展。1957年全县茶园面积扩大到32533亩，茶叶产量增加到959.4吨，超过1935年551吨的74.11%。1957年12月25日，全县茶叶先进典型的萍州高级农业社（现萍州村）由张荣杰（当时该社社长）为代表，出席在北京召开的全国农业社会主义建设先进单位代表会议。

1958—1962年，由于在"大跃进"运动中，片面追求茶园面积、产量，大采粗老叶，产量一度上去，但因采摘过度，严重影响茶树生机，1962年虽然全县茶园面积比1957年扩大1.6万亩，但产量反比1957年减少94吨。

1963—1965年，县人委会采取发放茶叶预购款、茶苗补助款、无利贷款、无偿补助款、优待粮、奖售粮、奖售化肥等一系列经济扶持政策和措施，对茶叶生产加强领导，恢复县茶业科，乡乡村村建立茶场或茶叶队，实行科学种茶，开展低产茶园改造，建立大面积丰产园，大搞乌龙茶初制机械化，使茶树恢复了"元气"，茶叶生产迅速回升。1965年，全县茶园面积发展到51548亩，茶叶产量增加到921.5

吨，分别比1962年增长5.79%和6.77%。

1966—1976年，……产生了毁茶种粮和茶园套种地瓜等现象，茶叶生产再次受到挫折。尽管如此，由于原来茶园基本建设搞得好，茶叶生产仍然在逆境中发展。1974年安溪县被列入全国100个产茶五万担基地县之一，国家投资近20万元，建立镇东村、文坪村、赤片村、岐阳村、新茂茶场、尚山坑茶场、九龙岩茶场7个茶叶基地。1976年全县茶园面积上升到76640亩，茶叶产量增加到1553.65吨，分别比1965年增长48.67%和68.6%。

1978年，中共十一届三中全会后，拨乱反正。县委落实农村各项政策，落实茶叶生产联产承包责任制（其形式有专业队、组承包，专业户承包，联户承包和茶园按人口或劳力平包到户），提出“一手抓千斤粮，一手抓万宝山”的号召，把发展茶叶生产列入重要议事日程，突出解决茶区缺粮问题，并采取减税让利、调整收购价格、下拨专用资金、粮食、化肥等一系列扶持鼓励的有力措施。同年，福建省茶叶生产现场会在安溪召开，有力地推动茶叶生产的发展。1982年，福建省人民政府将安溪列入省出口茶叶基地县。县茶业局在同美农场搞丰产试验园，其中2.04亩丰产园，亩产干毛茶366.5公斤，起了示范作用。1985年，全国茶叶经营体制改革，实行议购议销和多渠道经营，市场活跃，产销两旺，全县毛茶收购平均价格每公斤从4.18元提高到8元，茶农得到实惠，进一步加强茶园管理，精耕细作，茶园面貌很大改观，茶叶单产、总产、质量、效益迅速同步增长。县人民政府因势利导，引导广大茶农发展名优特品种，如铁观音、本山、黄旦等，使名茶迅速发展，铁观音产量从1949年5吨增加到1990年1000多吨。1988年全县平均亩产首次突破50公斤大关，西坪、长坑、大坪三个乡产茶万担（500吨）以上。1990年全县茶园面积142270亩，其中采摘面积127490亩，茶叶产量7023.2吨，平均亩产55公斤，分别比1949年增长5.8倍、15.7倍和1.75倍，实现了全县乡乡村村产茶，总产、单产跃居福建省首位。

9. 国家级良种

安溪茶树良种资源丰富，共有44个，被誉为茶树良种宝库。1984年11月，全国茶树良种审定委员会首批认定的30个国家级良种中，安溪县占了6个。

（1）铁观音（又名红心观音、红样观音） 原产于安溪县西坪尧阳，无性系品种。其由来有两种传说，一是“魏说”。相传，清雍正三年（1725年）年前后，西坪尧阳松林头（今西坪乡松岩村）老茶农魏荫（1703—1775年），勤于种茶，又信奉观音，每日晨昏必在观音佛前敬献清茶一杯，数十年不辍。一夜，魏荫在熟睡中梦见自己荷锄出门，行至一溪涧边，在石缝中发现一株茶树，枝壮叶茂，芬芳诱人。魏荫好生奇怪，正想探身采摘，突然传来一阵狗吠声，把一场好梦扰醒。翌晨，魏荫循梦中途径寻觅，果然在观音仑打石坑的石隙间，发现一株如梦中所见的茶树，细加观察，叶形椭圆，叶肉肥厚，嫩芽紫红，青翠欲滴，异于他种。他喜出望外，遂将茶树移植在家中的一口破铁鼎里，悉心培育，经数年压枝繁殖，株株茁壮，叶叶油绿。便适时采制，果然茶质特异，香韵非凡，视为家珍，密藏罐中。每逢贵客嘉宾临门，冲泡品评，凡饮过此茶的人，均赞不绝口。一天，有位塾师饮了此茶，便惊奇地问："这是何好茶?"魏荫便把梦中所遇和移植经过，详告塾师，并说此茶是在崖石中发现，崖石威武胜似罗汉，移植后又种在铁鼎中，想称它为"铁罗汉"。塾师摇头道："有的罗汉狰狞可怖，好茶岂可俗称。此茶乃观音托梦所获，还是称'铁观音'才雅!"魏荫听后，连声叫好。

二是"王说"。相传，安溪西坪尧阳南岩（今西坪乡南岩村）仕人王士让，清雍正十年（1732年）中副贡，乾隆十年（1745年）出任湖广（今湖北）黄州府蕲州通判，曾筑书房于南山之麓，名为"南轩"。清乾隆元年（1736年）春，王与诸友经常会文于南轩，每于夕阳西坠，徘徊于南轩之旁。一日，见层石荒园间有株茶树异于他种，遂移植南轩之圃，朝夕管理，精心培育，年年繁殖，枝叶茂盛，圆叶红心；采制成品，乌润肥壮，气味超凡；泡饮之后，香馥味醇，沁人肺腑。乾隆六年，王奉召赴京，晋谒礼部侍郎方望溪，以此茶馈赠。方侍郎品其味非凡，便转献内廷。乾隆帝饮后，甚喜，召见士让询问尧阳茶史，以其茶乌润结实，沉重似"铁"，味香形美，犹如"观音"，赐名为"铁观音"。

铁观音植株灌木型，中叶类，迟芽种。树姿开张，枝条斜生，稀疏不齐；叶形椭圆，叶色浓绿，叶厚质脆，叶缘波状，略向后翻，锯齿疏钝，嫩芽紫红。开花多，结实率高。萌芽期在春分前后，停止生长期在霜降前后，一年生长期7个月。天性娇弱，抗逆性较差，有"好喝不好栽"之说。制乌龙茶品质特优，滋味醇厚甘鲜，香气清芳高雅，水色清澈金黄，叶底肥厚软亮，常以天然的兰花香和特殊的"观音韵"而区别于其他乌龙茶。制红、绿茶则品质中等。

铁观音主要分布于感德、剑斗、西坪、虎邱、祥华等乡镇。1990年栽培面积达2万多亩，居全县第二位，为县内四大当家良种之一。清光绪二十二年（1896年），安溪福美张乃妙、张乃干兄弟将铁观音传至台湾木栅区，并先后传到福建省的永春、南安、华安、平和、福安、崇安、莆田、仙游等县和广东等省。

（2）黄旦（又名黄棪、黄金桂） 原产于安溪县罗岩，无性系品种。黄旦的由来有两种传说：其一，相传，清咸丰十年（1860年）安溪罗岩灶坑村（今虎邱乡美庄村），有个青年叫林梓琴，娶西坪珠洋村女子王淡为妻。当地风俗，结婚一个月，新娘回娘家“对月换花”，返回婆家时，新娘带回的礼物中要有一种东西“带青”（即植物幼苗），以象征世代相传，子孙兴旺。王氏“带青”之物，即为两株小茶苗，种在祖祠旁园地里。经夫妻双双培育，长得枝繁叶茂。采制成茶，色如“黄金”，奇香似“桂”，左邻右舍争相品尝，啧啧称赞，特以王淡名字谐音命名为黄旦。后来，茶商林金泰将黄旦运销东南亚各国，供不应求。为进一步提高黄旦的身价，并根据黄旦的特征，又名黄金桂。

其二，19世纪中叶，安溪罗岩村茶农魏珍，外出路过北溪天边岭，见一株茶树呈金黄色，因好奇心驱使而将它移植家中盆里。后经压枝繁殖，精心培育，茁壮成长。采制成茶，冲泡之时，未揭杯盖，茶香扑鼻；揭开杯盖，芬芳迷人，因而传扬。后人根据其叶色、汤色特征，取名黄旦。

黄旦植株小乔木型，中叶类，早芽种。树姿半开展，分枝较密，节间较短；叶片较薄，叶面略卷，叶齿深而较锐，叶色黄绿具光泽，发芽率高；能开花，结实少。一年生长期8个月。适应性广，抗病虫能力较强，单产较高。适制乌龙茶，也适制红、绿茶。制乌龙茶，香奇味佳，水色金黄，叶底黄亮，独具一格。

黄旦主要分布于罗岩、大坪、金谷、剑斗、城厢等地。1990年栽培面积一万多亩，居全县第五位，为县内四大当家良种之一。并先后传到福建省永安、三明等县、市。

（3）本山　原产于安溪西坪尧阳，无性系品种。其由来据《安溪茶业调查》（1937年，庄灿彰著，第39页）载：“此种茶发现于60年前（约1870年），发现者名圆醒，今号其种曰圆醒种，另名本山种，盖尧阳人指为尧阳山所产者。”

本山植株灌木型，中叶类，中芽种。树姿开张，枝条斜生，分枝细密；叶形椭圆，叶薄质脆，叶面稍内卷，叶缘波浪明显，叶齿大小不匀，芽密且梗细长，花果颇多。一年生长期8个月左右。与铁观音“近亲”，但长势与适应性均比铁观音强，制乌龙茶品质优良，香高味醇，品质好的与铁观音相近似。制红、绿茶则品质中等。

本山主要分布于西坪、虎邱、蓬莱、尚卿、长坑、芦田等乡、镇、场。1990年栽培面积达1.6万亩，居全县第三位，为县内四大当家良种之一。并先后传到闽南、闽中等部分乌龙茶区。

（4）毛蟹　原产于安溪福美大丘仑，无性系品种。其由来据《茶树品种志》

（1979年出版，福建省农业科学院茶叶研究所编著，第74页）载："据萍州村张加协（1957年，71岁）云：'清光绪三十三年（1907年）我外出买布，路过福美村大丘仑高响家，他说有一种茶，生长极为迅速，栽后二年即可采摘。我遂顺便带回100多株，栽于自己茶园'。由于产量高，品质好，于是毛蟹就在萍州附近传开。"

毛蟹植株灌木型，中叶类，中芽种。树姿半开展，分枝稠密；叶形椭圆，尖端突尖，叶片平展；叶色深绿，叶厚质脆，锯齿锐利；芽梢肥壮，茎粗节短，叶背白色茸毛多，开花尚多，但基本不结实。一年生长期8个月。育芽能力强，但持嫩性较差，发芽密而齐，采摘批次较多，树冠形成迅速，成园较快，适应性广，抗逆性强，易于栽培，产量较高。适制乌龙茶，为高级"色种"的原料；制红、绿茶，毫色显露，外形美观，品质尚佳。

毛蟹分布较广。县内各乡、镇、场均有栽培，主要有大坪、虎邱、城厢、蓬莱、魁斗、金谷、湖头、官桥、龙门、芦田等乡、镇、场。1990年栽培面积4万余亩，系全县栽培面积最多的一个品种，也是县内四大当家良种之一。并先后传到福建、广东、浙江、安徽、湖南、湖北等省。

（5）梅占　原产安溪芦田，无性系品种。其由来有两种传说：一种是清道光元年（1821年）前后，芦田有一株茶树，树高叶长，但不知其名。有一天，西坪尧阳王氏前往芦田拜祖，芦田人特意考问王氏那株茶叫何名，王氏不知，一时答不上来，抬头偶见门上有"梅占百花魁"联句，遂巧取"梅占"为其茶名。另一种是清嘉庆十五年（1810年）前后，安溪三洋农民杨奕糖在百丈坪田里干活，有位挑茶苗的老人路过此地，向杨讨饭，杨尽情款待，老人以三株茶苗赠送。杨把它种在"玉树厝"旁，精心培育，长得十分茂盛。采制成茶，香气浓郁，滋味醇厚，甘香可口。消息一传开，大家争相品评，甚为赞赏，但叫不出茶名来。村里有个举人根据该茶开花似腊梅的特征，将其命名为梅占。此后三村五里广植扩种，就逐渐驰名各地。

梅占植株小乔木型，大叶类，中芽种。树姿直立，主干明显，分枝较稀，节间甚长；叶长椭圆形，叶色深绿，叶面平滑内折，叶肉厚而质脆，叶缘平锯齿疏浅。开花多，结实少。育芽能力强，芽梢生长迅速，但易于硬化。一年生长期7个月左右。适应性广，抗逆性强，产量较高，在不同产地能适应制各种茶类。制乌龙茶香味独特，品质较佳；制红、绿茶，香高味醇，具兰花香。

梅占主要分布在龙涓、虎邱、西坪等乡，1990年栽培面积达1.5万余亩，居全县第四位。闽南、闽中与闽北一带大量引种，浙江、江苏等省也有少量引种。

（6）大叶乌龙（又名大叶乌）　原产安溪长坑珊屏，无性系品种。其由来：相传清雍正九年（1731年），安溪长坑人氏苏龙，将安溪一种茶苗移栽于建宁府（今南平市），产量高，品质好，当地茶农认定为优良品种，竞相繁殖栽培。没过几年，苏龙辞世，当地茶农以苏龙姓名谐音命名为“乌龙”。后又根据其品种特征，称为“大叶乌龙”，而区别于其他乌龙品种。

大叶乌龙植株灌木型，中叶类，中芽种。树姿半开展，分枝较密，节间尚长；叶椭圆形或近倒卵形，尖端钝而略突，叶面略呈弧状内卷，叶色暗绿，叶厚质脆，锯齿较细。开花结实率尚高。适应性广，抗逆性强，根系发达，耐旱又耐寒，少受病虫为害，育芽能力强，产量较高。制乌龙茶品质尚佳，制绿茶品质尚好，制红茶品质次之。

大叶乌龙分布较广，原以县内长坑、西坪为多，现已在省内外茶区广泛引种，1990年栽培面积达5万亩，其中县内栽培面积达1万亩，居全县第六位。

10．省级良种

佛手（又名香橼） 原产安溪虎邱金榜骑虎岩。无性系品种。1986年定为福建省茶树良种。其由来：相传，清康熙二十九年（1690年）前后，安溪金榜骑虎岩的一位老和尚，用茶树枝条嫁接在香橼上而得。

佛手植株灌木型，大叶类，中芽种。树姿开张，枝疏细软；叶大如掌，卵圆形，叶面扭曲不平，主脉弯曲，叶齿稀钝，叶色黄绿富光泽，叶肉肥厚，叶质柔软；芽梢稀疏肥壮；花少，也少结实。适应性广，抗逆性强，病虫较少，产量高。制乌龙茶，条索粗壮，香高味浓，独具风格；制红茶，汤色红浓，叶底红亮，品质甚佳。

佛手在县内有少量栽培，永春县大量引种，闽中的莆田、仙游，闽北的崇安，闽东的福安等县也有少量引种。1990年栽培面积达2万亩以上。

11．茶叶销售

（一）外销

安溪乌龙茶外销始于清初，盛于清末民初。清乾隆五年（1740年），安溪西坪、大坪、罗岩等地茶商纷纷出洋到东南亚各国经营茶叶。民国九年至三十六年（1920—1947年），安溪人开设在东南亚各国的茶号有100多家，其中新加坡有林金泰、源崇美、高铭发、林和泰等30多家；马来西亚有王友法的三阳茶行、王宗亮的梅记茶行、王长水的兴记茶行等10多家；印度尼西亚有王炳炎的王梅记茶行、王金彩开办的茶厂等10多家；泰国有白锡碧的义和发茶行和三九茶行、王清时的集友茶行、白金凤的炳记茶行等20多家；越南有冬记茶行、锦芳茶行、泰山茶行等10多家。此外，还有香港的尧阳茶行、福记茶行、谦记茶行、泉芳茶行等10多家；台湾有张协兴茶行、王瑞珍茶行、宝记茶行、王有记茶业公司、正达茶业公司、祥兴茶业公司、龙泉茶庄、峰圃茶庄等20多家。

民国十年至三十四年（1921—1945年），安溪人开设在县内的茶号有王尧阳、张源美、林金泰、王有记、高源苑等60多家；开设在泉州的茶号有玉泉（周耿灿）、玉苑（周植彬）、芳苑（王国祥）等10多家；开设在厦门的茶号有泰美、泰发、尧阳、金泰、和泰、奇苑、联成、三阳、锦祥等40多家；开设在漳州的茶号有荣胜、连圃、源春、武安、奇苑、瑞苑、裕美等10多家。这样，从安溪至泉州、厦门，从泉州、厦门至海外，联成一个完整的乌龙茶产、购、销体系，构成一条通往海外市场的乌龙茶产、购、销渠道。销售的国家和地区主要有新加坡、菲律宾、泰国、缅甸、越南、印度尼西亚、美国旧金山，以及中国香港、澳门、台湾等。销售的对象主要是华侨，所以长期以来外销安溪乌龙茶又称“侨销茶”，年销新加坡800多吨，马来西亚200多吨，暹罗160多吨，菲律宾100多吨。如张源美茶行的“白毛猴牌”乌龙茶独霸缅甸；林金泰茶行的“金花”“玉花”牌乌龙茶风靡新加坡、马来西亚；尧阳茶行的铁观音畅销海内外。

抗日战争全面爆发后，厦门沦陷，水路断绝，安溪外销茶无法出口，茶叶大量积压，茶号纷纷倒闭，外销市场萧条。

新中国成立后，安溪外销茶叶逐渐恢复了生机。1952年中茶公司在西坪设立安溪茶厂，进行收购加工，调供厦门茶叶进出口支公司出口，逐渐恢复东南亚各国乌龙茶市场。1956年以后，随着对外贸易的发展，安溪乌龙茶外销市场不断拓展扩大，跳出了东南亚“侨销茶”的圈子，向日本、欧美等国家扩展。1979年，由于有关科研部门研究报道，乌龙茶具有降脂、减肥、保健等功效，曾一度在日本市场刮起“乌龙茶热”，使安溪乌龙茶声誉更高，外销数量不断增加。1986—1990年日本学者、茶商先后有45批293人次参观访问安溪茶厂和金谷渊港茶场等地。

1985年茶叶流通体制改革后，实行多渠道、多口岸出口（1985年以前只限于国营渠道和厦门口岸），有些茶厂的茶叶则通过泉州、福州、广州、汕头、深圳等茶叶进出口公司出口。外销市场不断扩大，数量逐年增加。1988年3月福建省对外经济贸易委员会批准安溪县成立“中国土畜产进出口公司福建省茶叶分公司安溪支公司”，当年自营出口安溪乌龙茶20多吨，创外汇7万美元；1989年自营出口泰国1吨多。这是安溪有史以来首次设立的对外茶叶贸易机构。后来由于中国土畜产进出口公司不予确认，故失去出口经营权，只作为组织出口货源机构存在。

1990年安溪乌龙茶已销往世界五大洲39个国家和地区。亚洲有中国香港、澳门以及日本、缅甸、泰国、文莱、柬埔寨、菲律宾、新加坡、马来西亚、巴基斯坦；非洲有刚果、留尼汪、尼日利亚、毛里求斯、马达加斯加；欧洲有德国、法国、英国、荷兰、丹麦、瑞典、芬兰、瑞士、挪威、比利时、意大利、葡萄牙、匈牙利；拉丁美洲有古巴、智利、阿鲁巴、苏里南、委内瑞拉、特立尼达和多巴哥；北美洲有美国、加拿大；太平洋及太平洋岛有新西兰、澳大利亚。并在各地设立经销商，建立销售网，如香港有林品珍茶行、信行茶庄、信成茶行、万源茶行等五家乌龙茶经销商。全县出口乌龙茶（精茶）2160吨（其中铁观音约占15%），为国家创外汇864万美元。

1956—1990年全县乌龙茶出口创汇情况表　　单位：吨／万美元

年份	出口量	创外汇	年份	出口量	创外汇	年份	出口量	创外汇
1956	927.5	371	1968	1014.30	405	1980	1475.60	590
1957	912.00	364	1969	1244.60	497	1981	1541.20	616
1958	1007.00	402	1970	968.25	387	1982	1484.30	593
1959	913.30	372	1971	1055.95	422	1983	1652.10	660
1960	1024.65	409	1972	951.85	380	1984	1650.45	660
1961	687.30	275	1973	995.30	398	1985	2175.55	870
1962	812.50	325	1974	1083.95	433	1986	2479.30	991
1963	846.30	338	1975	1000.40	400	1987	2450.25	980
1964	934.00	373	1976	1045.60	418	1988	2387.45	955
1965	893.06	357	1977	1139.00	455	1989	1835.97	721
1966	931.58	373	1978	1150.20	460	1990	2160.00	864
1967	1125.39	450	1979	1278.65	511			

注：① 1985 年后出口量不包括集体、个体企业自找门路出口数量；
②创外汇系按出口每吨乌龙茶平均价格四千美元计算。

（二）内销

安溪茶叶以外销为主，内销为辅；内销以精茶为主，毛茶为辅；小包装为主，大包装为辅。清末民初开设在县内和泉州、漳州、厦门一百多家茶号既经营外销又经营内销，主销闽南和粤东一带。潮州、汕头人最讲究饮茶，而又最嗜好安溪乌龙茶。1937—1945年，沿海沦陷，武夷茶货源被切断，而安溪茶无法出口，县内茶号皆改营内销，以潮州、汕头人为对象，源源运抵销区供应，大有取代武夷茶之势，备受消费者的欢迎。

新中国成立后，安溪茶叶仍以外销为主，外销占80%，内销占20%。1952—1984年内销系采取计划调拨，供应省内的泉州、厦门、福州和省外北京、上海等几个主要大城市。1985年茶叶放开经营后，茶叶产量增加，内外销比例逐渐趋向平衡，内销市场日益兴旺和扩大，如广东的汕头、潮州市，基本被安溪茶占领。内销除保持老市场外，南方市场增加了广州、深圳、珠海、海南、桂林等，并逐步打开北方市场，如北京、西安、沈阳、新疆等，改变了安溪乌龙茶“只销南不销北”的局面。1990年内销市场销售量分布是广东市场2200吨，闽南市场800吨，北方市场500吨。

12．国际优质产品

民国五年（1916年），日本侵台总署在台湾举行茶叶评奖，王西茶庄配制，天馨茶行经销的“万寿桃牌”铁观音，获一等奖，奖日本金牌一枚。

民国三十四年，王联丹茶庄配制，高建发茶行经销的“泰山峰牌”铁观音，在新加坡茶叶评奖活动中，获金牌一枚，金杯一对。

1950年，王登记茶庄配制，王炳记茶行经销的“碧天峰牌”铁观音，在泰国茶叶评奖活动中，获特等奖，奖金1000元（港币）。

1986年，“新芽牌”铁观音，在法国巴黎举行的国际美食博览会，被评为世界十大名茶之一，荣获“金桂奖”。

1989年7月，安溪茶厂“凤山牌”特、一级铁观音和一级色种，分别获首届北京国际博览会金奖两枚和银奖一枚。

1986年7月，黄国光（历任中国茶叶进出口公司副经理，第五届中国人民政治协商会议委员）题词：“充分发挥安溪乌龙茶优势，确保传统品质，提高产量，积极扩大出口，为社会主义四化多作贡献。”

13．名人名家题词

1987年，陈椽（中国茶叶学会常务理事，安徽农学院教授，列入世界农业名人录）题词：

“青茶原产地，流传达四方，东渡传乌龙，西移藏佛手，

南下播水仙，北上创奇种，愈来愈兴旺，香味溢九州。”

又题：“铁观音称王，黄金桂称霸，毛蟹将继起，千秋永葆红。”

1985年，庄晚芳（中国茶叶学会副理事长、浙江农业大学教授）题诗：“安溪奇茗铁观音，敬饮一杯情意深；心性修身养俭德，侨乡茶地结良缘。乌龙品色比优美，珍贵名种齐振兴；莫忘传经植艺者，神香禅味留人间。”

1987年，王泽农（中国茶叶学会理事长、安徽农学院教授）题诗：

“安溪金桂铁观音，齿隙留香味悠悠。碧叶镶缘红扑扑，质重如铁金汤稠。潮汕烘炉玉书碨，孟臣罐酌若琛瓯。瓯瓯好茶联侨谊，健神健骨暖心胸。童颜鹤发百岁翁，明眸皓齿丽姿容。窈窕腰身随风舞，怀珍脱颖经典穷。外洋环流家乡水，闽南奇茗具奇功。”

行家名论

陈椽在《中国名茶》（132～133页）论道：“提到黄金桂，有幸品尝过的人即刻会想起那独特醉人的高香和清醇甘爽的滋味。”“黄金桂是有益于身体健康的良好饮料。香高味美，品质独特，畅销国内外，以东南亚侨销为主，目前已扩销到日、法、美和德等五大洲的30多个国家，深受喜爱。”

张天福在《福建乌龙茶》（211～213页）论道：“安溪铁观音是闽南乌龙茶中的极品。”“历史上，在乌龙茶的海外主要消费市场——中国港澳及东南亚地区，铁观音被客商视为奇货。一些经营茶叶的华侨商行都将精选的铁观音，作为镇行之宝，用以显示茶行的身价。20世纪70年代末、80年代初在日本掀起的乌龙茶热潮中，铁观音几乎成为乌龙茶的代名词，备受推崇。”

张天福在《福建乌龙茶》（214～215页）论道：“近年来，黄旦以其奇异的‘透天香’品质特点和上市早的市场优势，备受消费者的喜爱。目前有各种包装形式的黄金桂出口，在中国香港、澳门以及新加坡等地享有很高的声誉。”

陈彬藩（茶叶专家、湖南省副省长）在《茶经新篇》（1980年香港出版，52页、63页、65页）论道：“安溪县翠岗起伏、气候温和，为闽南乌龙茶的著名茶区，铁观音就是这里的地道产品。”“它香高味醇，品格超凡；多年来在闽南、粤东、港澳地区和东南亚各国中，声誉很高，不论客来敬茶或馈赠礼品，都以安溪铁观音为珍贵。”“铁观音的香气，有如空谷幽兰，清高隽永，灵妙鲜爽，达到超凡入圣的境界，使人雅兴悠远，诗意盎然。铁观音的滋味十分浓郁，但浓而不涩，郁而不腻，余味回甘，有如陆游诗句‘舌根常留甘尽日’的感受。这种风味，来自良种本身的优异品质，所以具有天真纯朴的情趣，名茶鉴评家认为安溪铁观音才有这种‘天真味’和‘圣妙香’，所以称之为‘音韵’，意即铁观音的独特韵味。”

由陕西省西部音像出版社出版2盒获奖歌曲录音带。兹摘录一首于下（《飘香的歌》73页，《香满天下都是情》，倪维德词）："从纽约到东京，从开罗到柏林，安溪茶乡铁观音，世界都闻名。铁观音味道醇，铁观音润喉韵，铁观音提精神，铁观音香透心。饮上一盅乌龙茶，浓茶比酒更醉人，一曲茶歌飘四海，香满天下都是情。"

14. 补助粮

1980年起，省决定以外贸用粮扶持安溪发展茶叶生产，确定用"垫付外贸用粮"专项每收购50公斤茶叶补助原粮：集体、社员交售级内茶补助原粮75公斤，国营场补助原粮25公斤，级外茶一律不补，由茶站、粮站双方月终结算，汇总上报县粮食局、外贸（茶叶）局，由县粮食局统一向县外贸局结算拨补款项。从1980—1984年共享补助粮1409.5万公斤。

15. 物价变化

民国27年（1938年）以前，安溪物价相对比较稳定，稻谷每50公斤一般4～5元银元；猪肉与大米的比价为1：5，即1公斤猪肉价格相当于5公斤大米价格，茶叶与大米的比价，一般是0.5公斤精观音茶价相当于32.5公斤大米价格（即1石米），0.5公斤色种茶（三级色种）相当于1斗米3.25公斤价格。民国25—26年，每50公斤观音茶160～220元，色种60～100元，乌龙60～80元，青黄不接或粮食歉收期间，粮价上浮，肉价下跌，稻谷升至8～9元，肉与米的比价为1：1。民国28年，粮价上涨1倍以上，茶叶价格逐步下降。民国29—32年，粮价在100元法币以内浮动，到民国33年2月达875元。茶叶价格大贱，一度降到斤茶斤盐价格，故有茶叶不如菜豆叶之说。

16. 出口商品

宋代，安溪烧瓷业兴，冶银铁盛，产茶渐多，瓷器和铁器大量运销海外。元代，进出口商品种类渐多。明代，朝廷虽下《禁海令》，但进出口贸易持续。清代，五口通商后，乌龙茶大量通过厦门港输出海外，安溪所产茶叶80%集中厦门运销国外。

17. 乌龙茶类

南宋期间，茶叶就通过泉州港对外销售。沿至清朝顺治十七年（1660年）前后，则通过厦门港对外贸易。清代，安溪茶业大兴，光绪二十九年（1903年）产茶1250吨。安溪茶叶从厦门、泉州港出口十分活跃。民国26年（1937年），日本全面侵华，官吏营私，茶政失理，茶园荒芜，海运断绝，销路阻塞，出口一度中断。1949年以后，茶叶出口随着外交的发展，外销市场不断扩大，外销数量不断增加。

1987年出口茶叶2453吨，价值2452.8万元。1990年茶园面积14.2万亩，产量7023吨，供应出口精茶2500多吨，值2160万元。同时，每年有1000多吨由茶农自行通过外省外贸部门销往国外。

18. 茶叶主产区

安溪茶叶得天独厚，早在唐宋年间，是泉州港主要出口商品。明末清初盛产乌龙茶外销，铁观音茶誉满中外。1990年总产居全省第一，占全省12.64%，泉州68.1%。

19. 侨居地茶业

新加坡——安溪人早在清代就在新加坡经销茶叶。咸丰年间（1851—1862年），新康里罗岩乡（今虎邱乡罗岩村）林宏德制造金泰茶，在新加坡交荣泰号经销，后来由其子林诗国、林书国继续经营。到1927年，其孙林庆年到新加坡开设林金泰茶叶总行。现仍由其后辈经营林金泰茶叶私人有限公司。

安溪人在新加坡最早开办茶庄的是清光绪三十一年（1905年）由新康里大坪乡（今大坪乡大坪村）高铭壬、高铭胞兄弟创办的高铭发茶庄。后来又有不少人陆续开办，其中经营40年以上的茶庄有颜惠芸的源崇美茶庄、白心正的白三春茶庄、高云平的高建发茶庄、林本道的林和泰茶庄、张瑞金的张馨泰茶庄等。到1927年，安溪人创办的茶庄共有16家。

安溪人经营茶叶生意，成为新加坡茶业商界的主力。1928年成立新加坡茶商公会，会员22家，安溪人占15家。即林金泰、源崇美、高铭发、林和泰、白三春、张馨泰、高芳圃、茂苑、高盛泰、东兴栈、李光华、陈英记、林合泰、林谦泰、杨瑞香。公会的正副总理、财政、查账、庶务全部由安溪会员担任。1952年，安溪人经营的茶行有30家。到1972年，茶商公会会员剩下15家，安溪人占12家，仍然在新加坡茶业商界占有重要的地位。

马来西亚——安溪人在民国期间开始经营茶叶生意，销售家乡生产的乌龙茶。他们多数是来自西坪尧阳茶乡，如王法友的三阳茶行、王宗亮的梅记茶行、王长水的兴记茶行、王蛤蟆的王新茶行、王春吹的振华茶行等，茶商都是尧阳人。罗岩茶乡林宏德、林诗国父子创制的金泰茶，原由代理商经销。1925年，林宏德之孙林庆年，也到吉隆坡开设林金泰茶行，扩大名茶销量。

1955年以后，安溪人经营的茶行有吉隆坡的林金泰茶行、王新明茶行、高泉发茶行，巴生坡的杨瑞香茶行，马六甲的高铭发茶行，怡保李明德开办的福泉美茶行（马）有限公司等。

印度尼西亚——安溪人从清代开始，就在印度尼西亚经营茶叶生意。光绪年间（1875—1908年），西坪尧阳茶乡王量、王称兄弟六人，从台湾购买茶叶运往印度尼西亚，分别在雅加达、泗水、井里汶等地开设珍春茶行，茶叶行销印度尼西亚各地。到民国期间，有的安溪人把家乡生产加工乌龙茶的工艺技术带到印度尼西亚，开垦荒地种植茶树，发展茶业生产并开办茶厂，加工精制乌龙茶销往印度尼西亚各地，后来经营茶叶生意的安溪人增多，其中有王炳炎在雅加达开办的王梅记茶行、王长水在垅川开办的万征茶厂、王金彩在北加浪岸开办的大型茶厂等。

缅甸——在缅甸经营茶叶的安溪人为数不多，但经营的茶叶生意规模不小。大坪乡人张彩云，民国13年（1924年）往缅甸，数年后，在仰光开设茶栈，并在香港、厦门设分栈，还由其侄张锦团往武夷山购租炉岫岩等10多个茶圃，培植武夷岩茶，扩大经营规模，增开张源美茶行。其子张树根后来在缅北内贡开办红茶厂。官桥人林腾辉，民国初期在厦门开茶庄远销海外，后到仰光在广东大街开办林辉记茶行。蓬莱人林世英，在仰光开办茶厂经营茶叶生意，并任福建茶行股东经理。

泰国——安溪人在泰国经营多种行业，早期较为突出的是经营茶叶生意，从清代到民国时期直至新中国成立后，安溪人在泰国经营的茶店茶庄茶行达数十家。如仕源号、玉阳春、瑞珍号、有记号、福记、鼎记、南星、清芳、恒泰、恒春、泉胜、阳春、阳春栈、有记、谦记、炳记、集友、建丰等茶店茶庄或茶行，都是较有名气的。他们大都是来自西坪尧阳茶乡。龙门乡人白锡碧，民国19年（1930年）侨居泰国后，开设义和发茶行和三九茶行，经营时间达数十年，为泰国茶商公会理事长，他还经营侨批业银信局及亚洲天然蜜公司。安溪人在泰国经营的其他行业有米粟业、种植业、畜牧业、食品业和运输业等。

越南——安溪人在越南的经济活动，其中经营较早、时间较长的是茶叶生意。早在清代乾隆年间（1736—1795年），西坪尧阳茶商王冬就到越南开设冬记茶行。并在婆寮、波草、郡退、沙绿、米秋（初）、西贡、提郡、新美等12个省设分店，配制的冬记大红铁观音驰名印度支那半岛（编者注：一般指中南半岛）。后来在越南经营茶叶生意的还有锦芳茶行、国记茶行、泰山茶行等。

光绪七年（1881年），安溪茶商王水锦与魏静去台，在南港大坑从事茶树的栽植与茶叶加工，并致力于制作技术的改进，再传授于同行，使包装茶销路日渐扩充，渐与乌龙茶销路并驾齐驱，甚得海内外好评。

20．安溪人对台湾的贡献

开发茶业　安溪人到台湾除了开垦水田外，也开垦大量山坡地，并从故乡带去茶苗栽植，现在台湾闻名的“木栅铁观音”也是从安溪移植的。清光绪二十二年（1896年），由木栅茶叶公司提倡，本地的一些乡民凑出路费和购买铁观音的茶苗钱，推派安溪大坪人张乃妙、张乃干兄弟回安溪故乡买去12株铁观音茶苗，在木栅种植发展。

现在台湾从事茶业者大多是安溪人，安溪籍人张丁顶、张智扬（路下派）父子在木栅开办“张协兴茶行”；安溪西坪人王德开办“宝记茶行”，王金明开办“王瑞珍茶行”，王庆年、王庆泰开办“尧阳茶行”，王泰友办“安溪福记茶行”，王澄清办“王有记茶业公司”，王连源办“侑记茶叶公司”，安溪人柯世钦办“正达茶业公司”，许赐旺办“静园茶艺馆”，刘锦龙办“龙泉茶庄”，蒋金发办“祥兴茶业公司”，蒋炳照办“峰圃茶庄”等。

21．安溪与香港

茶业，清光绪年间（1821—1850年），西坪人王淑景开始在香港创办王尧阳茶行。民国时期（1911—1949年），西坪人王孝玉开办尧阳茶行、王三元开办福记茶行、王成湖开办谦记茶行、王国梁开办泉芳茶行等。印度尼西亚华人、龙涓乡人李当春在香港开办碧山贸易公司、碧山茶行等。

22．黄则云

黄则云，安溪县还一里进德乡（今蓝田乡后清村）人，生于清光绪九年（1883年）。童年家贫，稍长往厦门做工，后开振发号米店。三十一年在厦门开元路开设联成茶栈，经营茶叶，长年来往于厦门南洋之间，痛感安溪交通不便、商旅维艰。民国16年（1927年），倡议“厦门安溪公会”发起开筑安（溪）同（安）公路，并承担“安溪民办汽车路股份有限公司”招募股款任务。

23．张彩云

张彩云，安溪县大坪乡萍州村人，生于清光绪二十五年（1899年）。世代以种茶为业。民国12年（1924年），彩云赴缅甸仰光经商，随身携带自产茶叶数箱以馈赠亲友，亲友品赏之后，誉为珍品，竞相传报，欲购者不少，供不应求。彩云遂萌生在仰光经营茶叶的构想。经过考察，发现仰光及各埠茶商无一与茶乡有直接联系，皆系委托办配。乃决定自返家乡选办，随船往来，品质既优，装制亦宜。初程数件，继而数十件。茶叶运至仰光后，彩云亲自赴各埠推销，足迹遍及三角洲及上下缅甸。经数年操劳，其经营的“白毛猴”名茶誉满南邦。民国20年（1931年）始于仰光创立茶栈，次年又在厦门、香港设立分栈，并令其侄儿张绵团往武夷购置茶圃，培植岩茶，以扩大经营范围。民国27年（1938年）于仰光五十尺路开设“张源美”茶行，至此，规模宏大，业务蒸蒸日上。

24. 林诗国

林诗国，原籍安溪县虎邱乡罗岩村，清同治十二年（1873年）出生于家乡。年轻时，随其祖、父经营茶叶，监选精制“金泰茶”销售海外。诗国鉴别茶叶能力很强，被称为“茶叶专家”。1918年土匪围困罗岩，他带全家70多人夜逃厦门，即在鹭江设“林金泰”茶馆，生产茶叶配销海外，年销上万件。他注重南洋市场，原托新加坡“荣泰号”代销，1924年派其侄林庆年往吉隆坡及新加坡开设茶行，使百年老字号“金泰茶”享誉海外。他于1935年再度往星洲，1937年卒于新加坡。后来新加坡的“林金泰茶业私人有限公司”，由其侄孙林文治主持经营。

25. 颜惠芸

颜惠芸，清光绪十二年（1886年）出生，原籍安溪县蓝田乡黄柏村。15岁拜师学拳，从事锯木。22岁到珊屏设馆授艺。25岁转为经营茶叶，1917年前往厦门经销茶叶，往来于台湾及南洋之间。1920年与员坛颜受足及后格林沙溪以“源崇美”为商号在星洲开设茶庄，受足、沙溪先后退出，由他独立经营，后获巨利。“源崇美”保持至今，为新加坡较早的茶庄之一。颜热心社会公益，乐善好施，历任新加坡安溪会馆常务委员、名誉主席，新加坡茶商公会主席、颜氏公会名誉会长及多所学校董事，曾捐资在家乡创办学校。1969年病逝于新加坡。

26. 颜辉宗

颜辉宗，民国10年（1921年）出生，原籍安溪县蓝田乡黄柏村。早年随其父颜惠芸往新加坡经营茶叶生意，长期在新加坡开办源崇美茶庄私人有限公司。后来投资兼营房地产及建筑业，系新加坡颜氏公会主席。新加坡安溪会馆名誉委员。

《泉州农业经济史》（1998年）

［荷］费梅儿、［中］林仁川

茶，是泉州的重要经济作物，清源茶出晋江，英山茶出南安。“清源山茶，青翠芳馨，超轶天池之上。南安县英山茶精者可亚虎丘，惜所产不若清源之多也。”但还是以安溪茶最多，最好。安溪是福建重要的产茶区，境内多山，崇山峻岭，气温适中，夏天既无炎热，冬天亦少严寒，为最宜种茶之地区，真是无处不宜茶，无处不产茶；其产量及质地，均冠于闽南各县，所产之铁观音，尤为著名，品质优良，味似兰花，蜚声中外。1987年夏天，我们专门赴安溪访问了姻港茶场及卢田茶场，实地参观了安溪茶叶的栽种与加工过程，给我们留下了深刻的印象。

安溪著名的茶种有乌龙、铁观音、奇兰、梅占、黄旦等数十种。乌龙，此品种为安溪松林人苏龙所培育成功的，乌龙之名称乃从苏龙转音而来。乌龙茶树寿命长，抵抗病虫力强，种植数量占全县二分之一，其中以蓝田出产较多，清道光年间传入建瓯，继而传至闽北各县及台湾。乌龙又可分大叶乌龙、小叶乌龙、软枝乌龙、笠枝乌龙等。大叶乌龙在安溪栽培最多，而且时间也最久，树高五至六尺，树干挺硬，树态成圆形，茶叶近长椭圆形，质脆而成凹形，胍累显明，叶绿向上曲，状如水沟，锯齿细密而浅。小叶乌龙，树高二三尺，枝条向侧伸展，树干屈曲多姿，叶面不甚平展，其主胍甚显，叶小成长椭圆形，制茶品质色泽乌润香气高。铁观音，此品种系安溪人魏饮于清咸丰六年（公元1856年）在安溪松林头的山谷中发现，高达5至6尺，树势披张，枝肥粗而直立，叶椭圆形，质重有光泽，锯齿齐整，略粗疏，叶面平展而光滑，叶柄扁润，近基部主脉隆起，据姻港茶场向我们介绍，制成的茶叶比较重又结实，貌似观音，重如铁，故名铁观音。在安溪种铁观音很普遍，但以松林头、破坑、大坪、西坪、刘坑、龙地、园潭等所产者为上，后传至武夷山及台湾，远销南洋各地，主要品种有红芽、竹叶两种，以红芽最优。

除著名的乌龙、铁观音之外，奇兰在安溪栽种地很多，原产松林头，品种可分白奇兰、金面奇兰、竹叶奇兰、赤种奇兰及软枝奇兰等，树势高大直立，约1公尺以上，颇似乌龙，惟枝细小且柔软，叶尖略带斜形，叶柄较大，叶肉厚质脆，叶脉似水仙，叶面光滑，锯齿深密。梅占，发源于安溪三洋，而以留山、赤石所产最佳，树势高大，与水仙类同，惟叶较小而狭长，枝条直立，有如奇兰，叶披针形，或呈长椭圆形，尖端较小，叶质脆薄，叶大，色黄绿，制茶品质颇佳。香橼，原产安溪金榜骑虎岩，树高六七尺，叶大面圆，成阔卵形，如佛手，故亦称佛手种，可分大叶、小叶两种，大者有红、白芽之分，小叶的形状与大叶同，惟叶之先端细，茎部较小，为长椭圆形。毛蟹，或称毛外，为安溪优良品种，产于安溪大坪，形状与白毛猴同，叶较小，椭圆形，幼叶背面白长多内长斜立，制成茶叶，色、味、香俱佳。毛猴，产于安溪大坪，栽培甚久，不易发育，树势矮小，枝条稀，节间短，叶密生，长卵形，叶大，肉质厚，幼叶背面多纵立白毛，又称白毛猴种。黄棪，或称黄旦，又名黄金桂，形状与桃仁略同，叶椭圆形，先端较小，叶大肉厚，质脆，叶面平展，叶脉间有隆起，锯齿略疏，叶色绿，嫩时浅绿，幼芽金黄色，制茶味香，水色鲜艳。太葱种，产于安溪大坪，树势直立，生长旺盛，叶长椭圆形，叶质厚，色深绿，锯齿细稀，成茶条索，外形类似铁观音。白牡丹，产安溪马踢石，不易繁殖，栽培极少，树势直立，叶小于桃仁，椭圆形，叶肉厚，叶面平展，赤黄色，节间短，制茶品质优良，泡水极长，水色淡黄而白，香气特高，为奇异之品种。桃仁，产于安溪马踢石，栽培不多，因其叶略带桃仁味，故名，树势高大，略逊水仙，似梅占，叶大较乌龙为圆，略似铁观音，香味好，为乌龙之优良变种。水仙，产于安溪西坪，树势高大，枝条直立为半乔木状，分枝疏，叶为大长椭圆形，叶质脆色绿，平展有光泽，嫩叶背面多毛，含水分高，加工制造后有特殊香味，于道光时由建瓯大湖传入。此外，还有大红种、苦茶、苦瓜茶、种旧、园青、寺桂等，不一一赘述。

安溪出产的茶叶为半发酵之乌龙茶，采制方法系取红、绿茶二者之混合制成，步骤分茶叶采摘、茶叶初制和茶叶复制三步。安溪茶一年采摘四次，即春茶、夏茶、暑茶和秋茶。春茶在立春前采摘，因气候寒冷，茶叶生长时间长，叶厚且嫩，制茶后叶醇厚，甘香适口，冲水次数多，品质最佳，产量占全年百分之五十。夏茶在夏至前后采摘，因气候热，成茶不香，味苦涩，品质低。暑茶在处暑前后采摘，品质较夏茶稍佳。秋茶在寒露前后采摘，因多北风，成茶气味比春茶香，惟冲水次数不如春茶多，俗称秋香茶。茶叶采下后，要初步制作，分萎青、筛青、炒青、焙青。萎青即萎凋方法，因采茶时间不同而异，阴干的时间也不同。筛青，约在下午6时进行，将发软之茶叶，放入茶筛，连续筛四次。炒青在第二天早上6时进行，将已筛过的茶青倒入鼎内，用手不断翻炒，至茶叶失去黄绿色时倒出，用手加以揉捻，至叶发曲为度。焙青，已揉捻之叶，再倒入焙笼，加火烘焙，至四分干，再倒入布袋中，用手探捻，至卷曲为度，即成毛茶。茶叶复制，还要经过筛分、拣茶，走水焙、复火等，最后才能包装外运。

《中国乌龙茶》（2000年）

张水存

（一）福建乌龙茶产销回顾

1. 安溪茶的崛起

19世纪初，安溪茶在南洋一带已崭露头角，并先后在一些地区占主导地位。如张源美茶行的“白毛猴”商标茶叶独霸缅甸市场，林金泰茶行的“金花”“玉花”茶叶风靡新马地区，尧阳茶行的铁观音则畅销于海内外。武夷茶主要市场为国内的潮汕和闽南地区。1938年，鹭岛沦陷，海运断绝，产区茶叶无人问津，一斤茶叶（生叶）值不了一斤菜豆叶。当时有首民谣："金枝玉叶何足惜，观音不如菜豆叶。茶叶上市无人叫，砍下茶树当柴烧。"可见当时茶区茶农的惨状。1939年，福建省成立茶叶管理局，泉州设立办事处，以"茶叶运销证"和"运照"（每件茶贴一张）的方法控制茶叶的营运。1942年，茶叶改征"统税"，仍采用上述方法控制茶叶的营运。安溪的茶叶商人为求生计，想方设法大力向广东、潮汕和闽南各县推销安溪茶叶，稍微缓解了安溪茶农的困境。这时的大部分茶商对闽北地区的茶叶已无力顾及，遂使闽北地区的茶园大片荒芜。1939年，热心茶叶事业的庄晚芳先生在崇安（今武夷山）主持"福建示范茶厂"，曾千方百计收购一些武夷茶，设法帮助闽北茶农摆脱困境。至1942年，武夷茶产量仅有19.44吨（324担）。

武夷茶的独特之处，在于性温不寒，久藏质不变，味厚而甘，芬芳馥郁，并以陈为贵。清代周亮工《闽茶曲》云："雨前虽好但嫌新，火气未除莫近唇。藏得深红三倍价，家家卖弄来年陈。"由于匪乱和战争，武夷茶供应时断时续，到抗日战争胜利后，潮汕地区人民已经习惯饮用安溪茶，称安溪茶为"溪种"（现称色种）。时至今日，潮汕地区仍然是国内安溪茶的最大市场。其他地区的消费者也渐渐习惯饮用香高味浓的安溪茶，特别是醇厚甘鲜、芬芳似兰的铁观音茶，其"音韵"令人回味无穷，备受消费者的喜爱。现在以安溪茶为主干的乌龙茶，已跨出"侨销茶"的范围而拓展到日本、欧洲、美洲、澳洲和非洲等地区，成为闻名全球的茶类。

2. 北苑茶、武夷茶与安溪茶

明、清以前的北苑茶和武夷茶是否属现在半发酵的乌龙茶，本文不予论证。因为它们都在乌龙茶的主要产区，它们的历史与乌龙茶联系在一起是顺理成章的事。纵观这段茶叶史，北苑茶之兴起与其被武夷茶取代，可以说与统治阶级的需求和行政命令具有一定的关系。宋代文人杨凡说："龙茶以供乘舆及赐执政、亲王、长主，余皇族、学士、将帅皆凤茶，舍人近臣赐京挺、的乳，馆阁赐白乳。龙凤石乳皆太宗令造也。"北苑茶因贡茶而名闻天下，论述、赞誉北苑茶的书籍也相继而出，使宋代成为著述茶书最多的朝代。蔡襄《茶录》载："茶味主甘滑，唯北苑凤凰山连续诸焙所产者味佳。"赵佶《大观茶论》说："本朝之兴，岁修建溪之贡，龙团、凤饼名冠天下。"凡此等等，无不极力推崇北苑茶。

光阴流逝，时代变迁，元朝大德六年（1302年），武夷山设置"御茶园"，并专造龙团贡茶。之后，具有得天独厚的自然环境的武夷茶胜于北苑茶，已成为历史现实。但武夷茶与安溪茶比较，也有它天生不足之处。

（1）武夷山周围120华里，虽有三十六峰和九十九岩，但是只有山北三大坑内的峰岩所产的茶叶品质才属上乘，余者皆略逊一筹，外山茶则相去甚远。1734年，崇安县令陆廷灿《续茶经》载："武夷茶，在山上者为岩茶，水边者为洲茶。岩茶为上，洲茶次之。"这种地理状况使优质茶的产量具有很大的局限性，因而亦无法适应市场拓展的需求。

（2）经营武夷茶和武夷山峰岩的制茶工人都是外地人。1942年《崇安新县志》云："本县民智未开，生产落后。揆其故，皆不知注重职业所致也。茶叶经营均操于下府（厦、漳、泉等地）、广州、潮汕三帮之手，采茶制茶均江西人，本地人几无一业此者。此社会经济不能发展之主因也。"外来采制工人难免存在急功近利思想，因此，采制技术难于改进，品质也难于提高。尤其是新中国成立后，峰岩茶园分给本地人，原拥有峰岩的外地商人（划为工商业地主），不敢再到武夷山收购茶叶，产销脱节，造成茶叶积滞。到武夷山采茶制茶的江西人也逐年减少，茶叶产量、质量明显下降。

从茶叶实行统购统销时出厂的成品，可以看出武夷茶采制技术和质量下降的梗概：以特级、一级水仙为例，1955年为3000多公斤，1965年为812公斤，1985年为170公斤。

与此相反，安溪则具备了几项竞争的优势。

（1）安溪是一个青山绿水的地域，境内峰峦连绵，泉甘雾多，土壤多红赤，夏无炎暑，冬无严寒，面积2933平方公里，无处不宜茶，无处不产茶。故阮旻锡《安溪茶歌》云："安溪之山郁嵯峨，其阴长湿生丛茶。"可见安溪是发展茶叶生产大有作为的好地方。

（2）安溪茶叶初期因采制技术欠妥，所以品质不佳，但刻苦勤劳的安溪人民在学习外来制茶技术的同时，不断改进、革新采制技术。至今，安溪茶农已普遍具有采制"绿叶红镶边，七泡有余香"茶叶的精湛技术。故国内外发展乌龙茶生产的地方，务必聘请安溪人担任技术员。可以说，安溪有足够的技术力量保证安溪制法的乌龙茶大量生产的需要。

（3）过去国内外经营乌龙茶的商人多数是安溪人。非安溪人经营的茶店，大部分也雇用安溪人当技术员。人是故人亲，物是家乡美。安溪人对家乡茶叶总是不遗余力地进行推销，可以说，安溪人走到哪里，安溪茶就出现在哪里，这对安溪茶的发展起到积极推进的作用。

（4）新中国成立后，乌龙茶出口大幅度增长，1955年为449吨，1990年达1万多吨。安溪茶产量：1955年约885吨，1990年达8000吨。1990年，福建乌龙茶产量约

2.8万吨，其中安溪和与安溪的品种和采制工艺类同的闽南各县的茶叶约占四分之三。从以上数字可以看出，以安溪茶为主干的乌龙茶出口数量已经大大地超越一世纪前的5400多吨（9万担）的最高纪录，说明安溪制法的乌龙茶潜力大，可以充分满足国内外市场的需要。

现在闽北和闽南都是福建乌龙茶的大产区，而安溪茶虽然成为乌龙茶中的佼佼者，但绝不能据此断言它能永居榜首。历史经验告诉我们：适者生存发展，不适者淘汰消亡。谁想在乌龙茶产销中立于不败之地，谁就不能忘记在制作技术、产品质量方面不断保持、完善自身的优势，并不断顺应社会消费的需求。

（二）从《安溪茶歌》看乌龙茶

《安溪茶歌》

安溪之山郁嵯峨，其阴长湿生丛茶。
居人清明采嫩叶，为价甚贱供万家。
迩来武夷漳人制，紫白二毫粟粒芽。
西洋番船岁来买，王钱不论凭官牙。
溪茶遂仿岩茶样，先炒后焙不争差。
真伪混杂人瞶瞶，世道如此良可嗟。
吾衰肺病日增加，蔗浆茗饮当餐霞。
仙山道人久不至，井坑香涧路途赊。
江天极目浮云遮，且向闲庭扫落花。
朝夕几焙茗香迷，无暇为君辨正邪。

——录自乾隆《泉州府志》卷十九

作者简介：阮旻锡，字畴生，厦门人。《同安县志》载：“甲申（1644年）之变，曼锡方弱冠，慨然谢举子业，师事曾樱，传性理学，患难与共。”其生年为1627年（天启七年），年八十余卒。1655年（永历九年），郑成功在厦门期间，设立六官及储贤馆，阮氏为储贤馆成员，也就是郑氏的幕僚。阮氏对道藏释典、诸子百家、兵法战阵、医卜方技之书，无不淹贯。其著作有《夕阳寮诗稿》《海上见闻录定本》等20种。1663年（康熙二年），清兵攻陷厦门，阮氏弃家北上燕云，出览名山大川，托处十数载，曾以教授生徒自给。至晚年，归隐故里，遁于佛门，号超全。《武夷茶歌》《安溪茶歌》（编者注：以下简称为《茶歌》）应是这一时期所写的。

《茶歌》详细叙述当时安溪种茶、制茶、茶的品质以及洋人买茶等状况，犹如茶叶行家如数家珍，详细、确切，予人以亲切之感。《茶歌》为我们研究武夷茶和乌龙茶的历史状况留下了宝贵的资料，并有现实的意义。现就读《安溪茶歌》的一些浅见分述于下。

安溪产茶历史悠久，据《安溪县志》载，唐末时，翰林学士韩偓有诗曰："石崖采芝叟，乡俗摘茶歌。"开先县令詹敦仁在五代时受"龙安岩"（今龙门溪内村）悟长老惠茶，作此代简："泼乳浮花满盏倾，余香绕齿袭人清。宿醒未解惊窗午，战退降魔不用兵。"《福建续志》《泉州府志》载："五代越王钱倜幕僚黄夷简称疾，退居安溪别业，其山居诗有'宿雨一番蔬甲嫩，春江几焙茗旗香'。"安溪《清水岩志》载："清水高峰，出云吐雾。寺僧植茶，饱山岚之气，沐日月之精，得烟霞之霭，食之能疗百病，老寮等属人家，清香之味不及也。鬼空口有宋植三株，其味尤香，其功益大，饮之不觉两腋风生。倘遇陆羽，将与补《茶经》焉。"明嘉靖《安溪县志》载："茶名于清水，又名于圣泉。""茶，龙涓、崇信（今龙涓、西坪、芦田）出者多""茶产常乐、崇善等里（今剑斗、白濑、蓬莱、金谷），货卖甚多"。可见安溪自唐末以来，寺僧和很多地方均已植茶。

（1）"居人清明采嫩叶，为价甚贱供万家。""清明"是采制绿茶的季节，新梢一芽一叶或二叶，用这种初展的嫩叶制作的成茶，条形翠绿紧细，是绿茶的珍品，称明前、雨前。武夷茶采制的时间在谷雨后至立夏前后，相差一个月左右。再者，如果把清明期间采摘的嫩叶制作乌龙茶，其外形就完全不像了。因此，可以说，当时安溪生产的茶叶应属绿茶，但算不上佳品，所以价格便宜。

（2）"迩来武夷漳人制，紫白二毫粟粒芽。"叙述漳州人到武夷山制造紫毫和白毫这两种犹如粟粒的芽茶。这两种茶叶属现在哪一种茶类呢？1732年，崇安县令刘靖《片刻余闲集》载："武夷茶高下共分两种，两种之中又各分高低数种。其生于山上岩间者名岩茶，其种于山外内地者名洲茶。岩茶最高者曰老树小种，次则小种，次则小种工夫，次则工夫，次则工夫花香。洲茶中最高者曰白毫，次则紫毫，次则芽茶。凡岩茶皆各岩采摘焙制，远近贾客于九曲内各寺庙购觅，市中无售者。本省邵武、江西广信等处所产之茶，黑色红汤，土名江西乌，皆私售于星村各行，而行商则以之入于紫毫芽茶内售之，取其价廉而质重也。"可见漳州人制造的紫毫和白毫是武夷山山外和内地的茶叶，属洲茶中比较好的品种，而商品茶还掺有品质更差的江西乌。1751年，董天工写的《武夷山志》载："岩茶反不甚细，有小种、花香、工夫、松罗诸名，烹之有天然真味，其色不红，……至于莲心、白毫、紫毫、雀舌，皆以外山初出嫩芽为之。虽以细为佳，而味实浅薄。"把"反不甚细”“天然真味”“其色不红”与“初出嫩芽”“以细为佳”“味实浅薄”相比较，显然有很大的差别，说明当时武夷山制造的武夷茶有乌龙茶与绿茶两种不同的制作方法。阮氏在《武夷茶歌》中亦有“近时制法重清漳，漳芽漳片标名异”一句，指出当时由于注重漳州人的制造方法，已经以创新的漳芽漳片名称作为茶叶的品名。究竟漳芽、漳片与“二毫”关系如何？1784年，崇安县令陆廷灿《随见录》载：“武夷茶在山上者为岩茶，水边者为洲茶，岩茶为上，洲茶次之，……洲茶名色有莲心、白毫、紫毫、龙须、凤尾、花香、清香、选芽、漳芽等茶类。”“漳芽”排在洲茶一系列品种的最后面，其品质可想而知。阮氏两首《茶歌》叙述漳州人到武夷山制造的紫毫、白毫、漳芽等品种，实属同一类的茶叶，其不同的品种名称只在于区分品质高低的序列。武夷山（崇安县境内）生产的茶叶，按现在的茶类分法，截止到1949年，有红茶（正山小种或称桐木关烟小种）、绿茶（莲心、白毫等）、乌龙茶（中外赞誉的武夷岩茶）、花茶等。各个茶类之所以能长期并存，可以说乃是武夷山劳动人民因地制宜、因物制宜、因人制宜和各个茶类难以互相替补所形成的格局。崇安县三面环山，南开口为盆地，地广人稀，劳动人民根据气候、土壤、劳力等状况，种植适宜自身管理、加工而市场又适销的产品，遂构成各个茶类。当时的赤石街（现已改建机场），客商云集，厂房林立，专门收购和加工武夷茶，其中如香港客商开设的龙泰茶行，即专门收购莲心、白毫、龙须等绿茶类的茶叶，最高年份多达9000箱（每箱36公斤，乌龙茶每箱18公斤），收购量达800多吨。综上所述，充分说明《片刻余闲集》《武夷山志》《随见录》和《茶歌》中所说的莲心、白毫、紫毫、漳芽等都是绿茶类的茶叶，而岩茶则属今天的乌龙茶。

（3）“西洋番舶岁来买，王钱不论凭官牙。” 叙述洋人年年派船前来买茶，而价格完全由“牙行”决定。究竟洋人每年来哪一个口岸买茶？郑成功以厦门作为抗清复明的根据地，其主要的经济来源是靠对外贸易得来的。《厦门史话》载：“郑成功以海外弹丸之地，养兵十万……又交通内地，遍买人心，而财用不匮者，以有通商之利也。”可见当时对外贸易是开放的，贸易是自由的。郑氏不仅自建船队川走于日本、东南亚，也允许内外商人到厦门来，故郑氏在厦门设立“仁、义、礼、智、信、金、木、水、火、土”等牙行，统管各行各业的买卖。既然洋人买茶的价格由“牙行”决定，说明洋人买茶肯定在厦门进行，并由厦门出口，同时说明茶叶在郑氏驻厦期间，就已经大量由厦门出口了。为什么《茶歌》会收入《泉州府志》？厦门早有鹭岛和嘉禾屿之称，至明代称中左所。1655年，郑成功改中左所为思明州，历来与金门同属同安县管辖。同安县归泉州府，厦门发生的一物一事，载入《泉州府志》是理所当然的。而《茶歌》是记述安溪茶产、制、销的状况，安溪是泉州府所属的县，《泉州府志》把安溪的物产情况载入志书，亦是理所当然的。

（4）“溪茶遂仿岩茶样，先炒后焙不争差。真伪混杂人聩聩，世道如此良可嗟。” 叙述当时安溪茶全盘仿效武夷岩茶的制法，从外观上很难分出它们的差别，商人为了获得厚利，把岩茶与溪茶混杂出售的情况，而阮氏则为此世道而嗟叹。从阮氏诗句亦可说明，安溪茶在17世纪或更早些，就仿效武夷岩茶的采制方法制作乌龙茶。安溪周边的南安、永春、德化、大田、仙游等县，直到20世纪50年代，大部分还在沿袭着绿茶的制作，唯独安溪茶农仍然对绿茶一知半解，可见安溪制作乌龙茶的时间已相当长久。

安溪是一个种植茶叶的好地方，又那么早就开始植茶，为什么直到十九世纪，安溪生产的茶叶还是贬多褒少呢？乾隆《泉州府志》载：“按清源旧甚著名，今几无有，南安英山及他处所产不多，唯安溪差盛，然也非佳品也。”可见当时安溪茶的品质大部分还是低下的。其原因可能有：

（1）采制技术没有普及，故贬多褒少。

（2）采制工艺缺乏讲究。安溪是一个贫穷的地区，大部分茶农无力备足制茶用具、柴炭等，影响了采制与成茶的质量。如有些茶农为节省费用，减轻成本，在茶叶采制过程中，经踩揉后的湿茶，采取以日晒替代炭火烘焙，成茶含有的“臭日味”难以弃除，自然质次价贱。如此恶性循环，造成安溪茶的品质长期低下。这种不恰当的制作方法，经宣传虽有改进，但在20世纪50年代初还有一些地区仍然有日晒湿茶的习惯。直到农业合作化以后，日晒湿茶才彻底绝迹，足见这种制作方法是根深蒂固的。

（3）安溪早期种植的茶树，多用茶籽繁殖，品种十分繁杂。直到20世纪初，安溪大部分地区的茶树还是称之“菜茶”（杂种茶之总称）与“乌龙”者居多。这种低次的原料，自然难于制得佳品。勤劳智慧的安溪茶农在实践中，逐渐以能保持母树特征的压条法，培育发展优良的品种，到抗日战争前后，安溪茶在国外遂稍有名气。新中国成立后，安溪茶农发明了短穗扦插的育苗新技术，开创大面积和培育种苗的通途，迅速淘汰了大部分的杂种茶和低次品种，成为良种化的产区，因而安溪茶就到处受人赞美了。

（4）安溪茶别有一番风格。每个茶类或不同地区的茶叶，其韵味各不相同，要改变饮用茶类或不同地区茶叶的习惯，实是不易之事。喝红茶的人说绿茶味淡如水，喝绿茶者说乌龙茶味苦如药，而喝武夷茶的人又觉得安溪茶有“臭生味”之嫌，各行其是。

乌龙茶最早著名的是武夷岩茶，安溪茶的风味在未被人们接受之前，贬多褒少自然不足为怪。现在安溪茶已经是乌龙茶类的主干，喝的人多了，声誉响彻海内外。1995年4月，安溪县被国家农业部和中国农学会命名为“中国乌龙茶（名茶）之乡”。阮氏要是在今天，大概将会对之倍加赞赏。总之，消费者是“上帝”。

（三）台湾植茶之源

台湾是我国茶叶重要产区之一，是乌龙茶的第二大产区。台湾何时开始种植茶叶，按理说应始于福建移民落籍以后。福建人移居台湾较早，人数以安溪人为多。据《安溪县志》载：明万历年间（1573—1619年），安溪乡民开始入垦台湾。至清代，安溪乡民大量迁台。郑成功东征台湾时，随征的军民约2.5万人，其中仅安溪官桥赤岭就有500多人。自郑成功复台至郑克壤执政的20多年中，由沿海迁移台湾的军民达数十万人，其中亦包括很多的安溪人。进入台湾的安溪移民经历代繁衍生息。至1990年，人口已多达200多万人，占台湾人口总数十分之一强。安溪人到台湾，除从事开垦水田外，也开垦大量的山坡地。安溪很早就是盛产茶叶的地方，安溪人移民到哪里，就把植茶、制茶工艺传播到哪里。安溪与台湾仅一水之隔，落籍台湾的安溪乡民把茶叶引种于台湾，此乃情理之中的事。所以现在台湾多数的茶农和茶商，其祖先都是从安溪迁台的。因此可以说，台湾植茶源自福建，其先驱者乃是安溪县的移民。

1. 台湾的野生茶树

闽茶植台湾之前，台湾已有野生茶树。据《诸罗县志》载：“水沙连（今南投县名间乡和竹山镇一带）内山，茶甚多，别味色绿如松萝，山谷深峻，性严寒，能却暑消胀。然路阴，又畏生番，故汉人不敢入采，又不谙制茶之法。”

叙述康熙年间，台湾山地已有大量的野生茶树，但还不晓得采制方法。《赤嵌笔谈》中云：“水沙连，茶在深山中，众木蔽天，雾露蒙密，晨曦晚照，总不能及。色绿如松萝，性极寒，疗热症，最有效。每年通事与各番议明，入山焙制。水沙连内山，产土茶，色绿如松萝，味甚清冽。能解暑毒，消腹胀，亦佳品云。”

叙述雍正年间，山外的人始入山采制野生茶，作为解暑疗疾之用。如今在南投县的眉原山上，还保存着野生茶林。

2. 闽茶传台概况

据《台湾通史》载，清嘉庆年间（1796—1820年），有一个名叫柯朝的台湾人，从福建回到台湾，把武夷山的茶苗成功地移植到台湾的鰶鱼坑（现台北县瑞芳镇）。因生长良好，又用两斗茶籽酌时播种，结果收成也很丰富，于是便相继传播开去。如今台北县的文山包种茶闻名遐迩。

1862年，沪尾（淡水）开放港口互市，外商渐至。当时英国商人德克莱在台湾开设德记洋行，贩运鸦片、樟脑，深知茶叶有利可图，于1865年雇人到安溪购买茶苗，并以贷款方式鼓励农民种植和采制。茶叶收成以后，全部予以收购，然后运往海外销售。这是闽茶传入台湾的另一记述。

19世纪末，安溪大坪人张乃妙（1875—1954年）随继父“唐山茶师”前往台湾，习得一手制茶技艺。1896年，受同乡族人资助，回家乡携带铁观音茶苗一批到木栅樟湖山种植。木栅乡民大部分是张氏宗族移民后代，大多善于种茶，精于制茶技艺。铁观音品种经过100多年繁殖，现在木栅、三峡一带广为种植。木栅是台湾出产铁观音最具代表性的地方，木栅生长的铁观音和采用乌龙茶传统采制工艺制作的茶被称为“木栅铁观音”。如今，木栅茶园列为台湾推广观光农业的一部分，是民众休闲游览的一个场所。各茶户大多有茶叶加工场、茶亭、品茶室，有的还有茶文化雅室。因此，台湾的社会名流经常到木栅张氏族人开设的品茶室品茗和购买茶叶，许多外国人和游客也慕名而来，以能品尝到正宗的铁观音茶为快。木栅铁观音茶，条索紧结，外形弯曲略呈半球状，汤味浓而微涩，回甘强，香气高，有清纯的果香味，汤色深黄，是台湾名茶之一。又台湾茶只要外形卷曲成半球状者，通常也称“铁观音”。二者品质的差别很大，所以在台湾购买铁观音茶，务须辨别清楚。

闽茶传台还有一个有趣的传说。据说1855年（咸丰五年），福建省城举行乡试，台湾南投鹿谷乡初乡村有一个好学不倦的书生名叫林凤池，意欲前往赴考，却因缺乏川资而难于成行。宗亲林三显见其有志进取，于是慷慨解囊，以川资盘缠助之。林凤池果然不负众望，高中举人。为了报答族亲资助的恩情，他在衣锦还乡之前，决意专程到武夷山一趟，把名扬海内外的武夷岩茶种苗带回家乡种植。于是由福建同宗陪同到武夷山，在游览了风景秀丽的“碧水丹山”后，即到天心岩永乐禅寺拜访该寺住持，并说明来意。住持听其言辞恳切，即送他36株茶苗，并嘱咐说：“此为乌龙茶佳种，希细心培育，分栽广植，子孙享用不尽。”林凤池把茶苗带回家乡后，分给小半天和大坪顶24株，但种植未获成功。余12株给林三显，则以土壤、气候适宜而生长旺盛。后经100多年的繁衍，终于成为今日驰名于世的冻顶茶。冻顶山面积虽不过百公顷，但冻顶山附近的凤凰村、永隆村、彰雅村等地开垦的茶园，由于地理环境与冻顶山类似，茶叶采制工艺又相同，故习惯上把这些茶园和冻顶山上所采制的茶叶均称为冻顶茶。

（四）张源美茶行经营史

清康熙年间，厦门就已成为我国外贸茶市的中心，并以茶市带动了其他贸易。昔时，厦门市区茶店林立，茶摊成群，茶庄、茶行多达40多家，是我国其他城市少见的。在40多家茶店中，兼营内外销业务的张源美茶行，虽然创业历史不如林奇苑、芳茂等老茶铺，但规模之大、声誉之高，在缅甸、新加坡、马来西亚、中国香港和闽南地区的老一辈人中都留下了深刻的印象。

张源美茶行是安溪人张彩山（别名乃捧）、张彩凤（别名乃髻）、张彩南（别名乃贺）、张彩云（别名乃来）四兄弟创办的。清朝末期，外患频繁，农村破产，张氏兄弟为生活所逼，不得不背井离乡。先是张彩山、张彩凤于19世纪末年随乡亲南渡新加坡，张彩山白天在制造西谷米的工厂做工，晚上拉人力车，收入微薄，乃于1904年由新加坡辗转到缅甸毛淡棉山芭（农村），开荒种植果蔬，尚可维持生计。1911年，彩山回乡成亲后，于翌年携带妻子再往缅甸。随后彩凤、彩云亦到缅甸协助产销业务，在自销果蔬产品过程中，广泛接触到缅甸商业社会的各个方面，将市场信息传回家乡。

1921年，张彩云回乡结婚时，耳闻目睹乡里几家在南洋经营家乡茶叶的茶庄，销路好，获利都多，遂萌生经营茶叶往缅销售的念头。经过一番努力筹备，终于在安溪建立了以“张源美”为商号，以“白毛猴”为商标的张源美茶行。张源美中的“张”字表示姓氏，“源”则表示根源，由于农村中茶农制茶工具甚多，为便于区别，家家户户都具有自身的标志，张氏兄弟祖辈茶具标志为“源兴”，故取首字“源”字居中，并以“美”字押后，象征优质产品“白毛猴”的形象。

茶行创建以后，张氏兄弟同心协力，首先精制茶叶24件，由张彩南押运到仰光推销。因为是新牌号、新产品，销售过程并不顺手。这批茶叶售完以后，张氏兄弟总结经验，商定由张彩南回国主持茶叶收购和加工工作，由张彩云前往缅甸负责销售业务。1922年，彩云到仰光后，考虑设店沽售，不易推广，而不辞劳苦，亲赴缅属各埠推销，环游三角洲及上下缅甸，虽偏僻小镇，足迹俱及。再者，委托仰光著名商家“集发”号代理门市，烦劳数年，逐渐打开销售局面。

张氏兄弟出身茶农世家，具有丰富的茶叶知识，他们深知善卖不如善买的道理，因而在选择货源这一关键性环节上，取得胜人一筹的优势。同时他们又能利用产区廉价的劳力，就地把毛茶直接加工成商品茶，从而能够获得可观的商业利润。

张氏兄弟采取这种分头把关、产销配套的格局，使低成本的产品在茶叶市场上表现出强大的竞争能力，使茶行在头几年内就出现开门利市、发展前途良好的势态，为茶行的黄金时代奠定了牢固的基础。

20世纪20年代，缅甸销售的茶叶，大部分都是由厦门的傅泉馨、王福美、林奇苑和三益等经营武夷茶的茶庄供销的。1930年，由于闽省土匪卢兴邦在南平索劫来往商人，致使闽南茶商在相当长的一段时间内不敢贸然前往闽北收购茶叶，从而形成武夷茶货源短缺、无法按量配发缅甸的局面。这种局面无疑有利于经营安溪茶叶为主的张氏兄弟，使他们能够乘机占领了缅甸的大部分茶叶市场。1931年，张氏兄弟在仰光设立茶叶批发场所，并将“白毛猴”商标向缅政府申请注册，开始进入大规模发展时期。张氏兄弟这种在安溪办茶厂加工茶叶，然后由厦门口岸托人办理转口缅甸的经营方式，已经不能适应业务发展的需要。为使产销业务衔接及时、稳妥，乃于1932年在厦门这个贸易港口独自创立茶叶转口和加工场所，使产、运、销形成配套。

1937年“七七”事变后，国内外政治、经济形势发生急剧变化，考虑到战时交通可能发生困难，张氏兄弟当机立断，乃另在香港、泉州设立茶叶转运栈，以便适应形势变化后的转运工作。另外，他们深知货源竞争是商业竞争中的要害之一。抗日战争全面爆发后，南洋交通隔断，茶叶销路受阻，国内茶叶市场价格大杀。他们看准时机，不但大量收购茶叶，而且从1939年起在闽北崇安武夷山区购置屿岫岩、青狮岩、土地公岩，并租用了一些比较著名的茶岩。同时又在崇安赤石街（现建机场，临溪边处）购置大茶厂一座，对茶叶进行加工精制。这一高瞻远瞩的举措，使张源美茶行货源的立足点从安溪扩展到闽北山区，为张氏日后事业的拓展奠定了坚实的基础。这个时候，乌龙茶品种齐全的张源美茶行的“白毛猴”商标茶叶，已经成为缅甸家喻户晓、妇孺皆知的名茶，每年销售量高达4000多箱，合计70余吨。

在缅甸茶叶市场上，张氏兄弟表现出超人的竞争艺术。第一，坚持生产“质优价昂”的产品，即铁盒装“岐山洞正白毛猴”、纸包装“岐山洞提丛小种”和“宝国水仙”，倾力于维护名牌信誉。第二，不惜工本地生产以“万圃”“福记”为牌号的“质优价廉”的产品，在市场上以泰山压顶之势与其他外来茶叶展开竞争，终以薄利多销而成为利益丰硕的得胜者。第三，坚守产品信誉，采取“茶质有变，旧可换新”的措施。缅甸地处热带，雨季长达半年，气温高、湿度大，茶叶护理困难，往往发生霉变。为此，张氏兄弟频频辗转巡视各个销售点，发现“茶质有变，必即以新换旧”。而与此同时，许多同行业的外来茶叶，却在供销过程中发生霉变而陷入举步维艰的困境。这种对销后产品品质认真负责的态度，进一步使张源美茶行在商业道德和质量信誉方面赢得消费者的信任。这些商业竞争“艺术”，可以说是茶行在半个多世纪以来获得成功的最大“秘诀”。

但是张源美茶行也曾经遭受过浩劫，经历了在困苦中求生存的艰辛路程。先是1941年秋天，在安溪家乡的茶厂和住宅遭受土匪的洗劫，财产损失严重。再就是太平洋战争爆发后，日军铁蹄践踏了东南亚各国。日机狂轰滥炸，张氏兄弟被迫放弃缅甸发迹地，辗转逃亡，取道云南回国。值此艰难之秋，权衡时宜，决心重振茶业，抛弃泉州的茶叶转运栈，选择物产富饶、茶叶销售量大的漳州市作为定居点，并在1942年创办了漳州张源美茶行。由于经营得法，又有雄厚的经济实力和固有的名牌声誉，在国内创办的第一家茶行的产品，很快就风行于整个闽南和粤东地区，成为当时闽南地区茶业中的佼佼者。

抗日战争胜利后，张源美在厦门、香港和仰光等地的经营机构先后恢复营业。张氏兄弟考虑到厦门人口众多，商贾云集，是福建省重要的贸易港口，乃确定张源美茶行总行设在厦门，由张彩云担任总经理，负责领导各埠头的茶行和茶厂。同时经营国内批零、代客买卖、代办出口茶叶等业务。厦门总行创立后，销售业务发展迅猛。尽管张源美茶行开业时间远远迟于林奇苑、芳茂等百年老铺，但由于它早已大规模地“打入”武夷山区，掌握有武夷茶的大部分货源，而且继续坚持“品质第一，作价恰当，勤于经营”的优良传统，因此它的武夷屿岫岩“老丛水仙”和“三印水仙”，很快地在畅销武夷茶的厦门地区占领了大部分的消费市场，而它的中下档茶叶则畅销于漳浦、云霄、东山、诏安、同安、龙溪和海澄诸县区。

由于货源充足，具备了向广东、广西地区的消费市场发展业务的条件，于是张氏兄弟于1947年在广州设立了茶叶代销点。此时，厦门总行的茶叶出口业务，仍呈现出一种方兴未艾的好势头，每年经营和代办出口到东南亚各国的茶叶达六七千箱，最高年份突破万箱。张彩云除关心自己的事业外，还热心为茶业工作服务，被茶业同仁推选为厦门市茶业同业公会理事长，至南渡时告辞。

抗日战争胜利后，厦门至南洋各埠的客货轮恢复直接往来。原来设立为仰光联行转口茶叶的香港张源美茶行，改为经营代客买卖业务，为国内联行和各地客商在香港销售茶叶和其他货物，并为南洋与国内一些客商的款项来往的转汇工作服务。同时还为台湾茶商销售大量的红茶和乌龙茶到欧洲各地。业务十分兴隆，有员工10

多人，茶叶年销售量都在万件以上。

中外驰名的张源美茶行，由于业务拓展迅速，到抗日战争胜利后，已进入了迅速发展的时期。这时期，茶岩、茶园、茶厂分布在武夷山区和安溪茶区，茶行则分布在厦门、漳州、香港、仰光以及广州等地，固定的员工达100多人，自售的茶叶年达250吨以上，各埠往来的客商十分频繁。由于张氏兄弟子孙繁衍，家族人口不断增多，为便于经营管理、提高效益，乃于1947年对各地的经营机构，实行“分房头经营，自负经济盈亏”的管理办法，把武夷山茶岩、茶厂和香港茶行划归长房管理，由张绵传主持；把厦门总行划归二房管理，由张水存主持；把漳州和仰光茶行分别归三房、四房，负责人为张振美和张树根。长房、二房由于人手缺少，划分后重新合作，聘请张彩云为经理。1948年10月张彩云南渡缅甸后，由张水存和张绵传担任正副经理。这种分房管理，密切协作的新格局，进一步提高张氏族人的经营责任感，使张氏兄弟的事业进入了各自负责的另一个黄金时代。

新中国成立后，张氏兄弟在安溪和武夷山区的茶园、茶岩，按国家土地改革政策划分给茶农经营。1950年春，漳、厦张源美茶行在汕头合伙开设的裕源茶行，1952年因人事关系申请停业。厦门、漳州两地的茶行，于1956年参加公私合营。香港张源美茶行于1953年与友人合伙，另行成立福建茶行。1988年，张氏收回合伙份额，自设新明拓展公司。缅甸仰光老茶行则在声誉和规模上继续提高和发展。新中国成立初期，缅甸国家领导人来中国进行国事访问时，曾经对我国领导人提起张氏兄弟在缅甸经营的“白毛猴”茶叶，并倍加赞誉。

1953年以后，由于缅甸政府采取严禁外来茶叶进口的政策，张源美茶行被迫易弦改辙，不得不就地取材，开始制作和经营缅甸的土茶。同时由张彩云次子张嘉明在香港创办“营养食品厂”，后改营“达明建材有限公司”，经营卫生洁具业务。如今张氏在缅甸北珊邦叫脉埠茶山，建有设备机械化齐全的制茶厂，不但生产乌龙茶，而且生产红茶。加工后的茶叶全部运往仰光张氏的两家茶店出售。

1962年，缅甸政府实行国有化的经济政策，把张氏茶行收归缅甸政府所有。缅甸政府的经营者为取信于消费者，不但继续使用“白毛猴”为商标，甚至连茶叶的包装纸旧版仍印着原茶行创始人张彩云的头像。由于缅政府的经办人员对茶叶完全不了解，没有几年就把茶行搞得一团糟。而张氏族人凭着经验丰富的制茶技艺和经营艺术，另立牌号，继续以茶业谋求生存。

直到20世纪90年代，定居缅甸的张源美茶行创始人张彩云，虽然年逾九十，仍带领其下一代族人张树根、张华荣经营缅北茶山和仰光三美、源发两家茶店。1996

年，笔者到缅甸探亲并考察了缅甸的茶叶市场，被缅政府没收的张源美茶行，早已关门大吉，唯有张氏兄弟开设的茶店，又重新独揽了缅甸的茶业。

（五）侨销茶时期

1. 乌龙茶开始进入东南亚

东南亚（或称南洋）地区，1000年前就与我国有往来和贸易。二三百年前，这些地区先后沦为荷兰、西班牙、法国、英国等的殖民地。在这期间，列强在华掠夺华工，闽南地区很多人漂洋过海到古巴、檀香山、秘鲁以及南洋一带谋生。1875—1880年，从厦门口岸出洋的人数有149167人，其中到东南亚一带的有123444人，安溪人为数不少，他们把家乡的茶叶随身携带到这些地区，或自饮用，或馈赠亲友。东南亚地区气候炎热，茶叶有生津、止渴、清凉、提神等作用，颇适宜这些地区人民作为解暑的饮料。有些人认为有利可图，遂做起乌龙茶买卖的生意。初期由杂货店向厦门专业茶叶店购进小包装茶，或请厦门茶店代其商号进行加工和包装，因而厦门茶店如雨后春笋般地涌立。1923年，厦门茶商公会成立时，会员达40多家，生意十分兴隆。如杨文圃、林奇苑、王尧阳、芳茂、锦祥、黄泉圃以及泉州的张泉苑和惠安的施集泉等茶店的产品在海外是最受欢迎的，不但海外商人前来进货，侨胞于出国时随身携带的数量亦相当可观。由于市场发展的需求，购销双方为进一步的发展，遂出现代理经销的形式。如厦门林金泰茶行的茶叶，于清末即由新加坡荣泰行代理。张源美茶行、傅泉馨茶行、王福美茶行的茶叶，分别由缅甸仰光的集发号杂货店、许胜兴商店和瑞源斋药店代理。由于需求量不断地增加，专业的茶叶店也就应运而生了。

乌龙茶被挤出欧美市场后，海外饮用乌龙茶的只有东南亚这些国家中的一些华侨和部分当地人民。到20世纪50年代，乌龙茶遂被称为“侨销茶”。早已是名副其实的侨销茶，为何至20世纪50年代始出现这一名称？新中国成立后，我国对外贸易分为对社会主义国家和资本主义国家两种不同的政策，东南亚这些国家属于对“资”贸易的范畴，但是这些国家中经营和饮用乌龙茶者大部分是华侨和华人。为适当照顾华侨和华人的利益，在策略上与对“资”贸易略有区分。因此，乌龙茶被列为侨销商品，“侨销茶”由此而成名了。正是侨销茶这一原因，乌龙茶在这些地区牢牢地扎下了根。当殖民主义者大肆攻击、诽谤、排挤中国茶叶时，乌龙茶在这些地区的销售量不仅没有受到影响，而且有逐渐上升的趋势。19世纪末是乌龙茶输出跌入低谷的时期，1898年，厦门口岸乌龙茶的输出量仅564.3吨，1928年和1936年分别为702.36吨和623.6吨。

2．东南亚地区的茶业概况

新加坡是马来群岛的一个转口贸易中心。1959年，新加坡成立自治邦，1963年加入马来西亚联合邦，成为大马的自治州。1965年，新加坡脱离大马成为一个独立的国家。新、马地区自早以来就是乌龙茶主要销区之一，20世纪初，安溪人高铭发、高芳圃、张馨美等在新加坡开设茶庄。1928年，新加坡茶商公会成立时，会员有22家，即林和泰、茂苑、白三春、林金泰、锦祥栈、宜香、林谦泰、杨瑞香、高芳圃、张馨美、源崇美、金龙泰、高铭发、高盛泰、东兴栈、黄春生、李光华、陈英记、天香、林合泰、奇香和广裕等茶庄、茶行。其时，林金泰茶行的业务最发达。1924年，由于代理商荣泰行发生股东拆股事，林金泰茶行遂在吉隆坡开设分行，翌年在新加坡设总行。“金泰茶”在新、马地区历史悠久，产品风靡全新、马，广东人开设的茶楼、酒家，竟以“金泰茶”作为福建乌龙茶的代名词。有这样的趣事，有一次，林金泰茶行的老板与朋友到广东菜馆吃饭，招待员问他们“要六堡茶还是要金泰茶”，林老板自然要金泰茶。当茶叶泡好送来时，林老板一喝，口味不对，他问招待员“这不是金泰茶吧！”招待员理直气壮地与林老板争辩：“这确实是金泰茶。”林老板也理解招待员所称的“是”。“是”系指福建乌龙茶之意。可见金泰茶给人印象之深和声誉之高。太平洋战争爆发后，中南隔绝，乌龙茶货源中断，新、马地区遂以地产茶供应市场，印度尼西亚红茶也大量进入新、马地区。二战后，虽然恢复供应乌龙茶，但红茶仍占有20%的市场。到1952年，新加坡茶店骤增至30家。

马来西亚的茶业，可以说是由新加坡延伸发展起来的。英国统治马来亚期间，新加坡是马来亚政治、军事和经济的中心。新加坡进口的茶叶，除转口印度尼西亚外，大部分经过加工和包成小包装茶，然后运往印度尼西亚和岛内各地出售。为便于供应，有些人（店）即在岛内一些比较大的城市先后开设一些茶店。到20世纪40年代，马来西亚各地开办的茶店有二三十家，其中吉隆坡占三分之二。高泉发茶行是吉隆坡创办比较早的茶店，业务也比较发达，其“四季香”名茶遍销于全马。20世纪50年代初创办的华峰茶行，其“独树香”似有后来居上之势，竞争相当激烈。

1960年，新、马地区的一些茶行联合组织“岩溪茶行有限公司”，负责向厦门茶叶进出口公司统购散装乌龙茶，参加成员：新加坡有源崇美、林金泰、裕香、魏新记、颜长金、福美、高建发、南苑、黄春生、王三阳、白新春、天香等，吉隆坡有高泉发、华峰、王明记、福泉美、锦芳、经健、广汇丰、广昌泰、联隆泰、叶庚记、林金泰等，巴生有益成、杨瑞香，马六甲有高铭发，亚罗士打有根华，怡保有香泰、滕泰，槟榔屿有龙泉、泉荣、陈烈盛等。1965年，新加坡宣布独立后，岩溪茶行有限公司分为“新”与“马”两公司。“新”公司及直接向厦门茶叶进出口公司进货的成员有源崇美、南苑、高建发、魏新记、裕香、王三阳，“马”公司及直接向厦门茶叶进出口公司进货的成员有高泉发、华峰、高芳发、新明记、联隆泰、陈烈盛、龙泉。没有向厦门公司进货的成员由“新”“马”公司供应。新加坡小包装茶经销客户有金星、诚中、振源兴泰记、盈达、星马泰、源茂等公司。马来西亚小包装茶经销客户有敦煌、福南、雷源和、广汇丰、益成、联隆泰等公司、茶行。新、马地区经营茶叶的商人，大部分是安溪县移民。为争夺市场，各茶店设专车及专职人员负责送货到各地杂货店和卖茶摊，货款待茶叶出售后收取。故推销员众多成网，因而也流传着这样的趣事：当听到狗吠声时，如果有人问何处的人来了，答者必言“不是乞丐就是卖茶的”。可见经营茶叶的商人是如何忍辱和辛苦。1949年，新、马地区乌龙茶的销售量约100吨。新加坡因印度尼西亚于1952年禁止华茶入口失去转口业务和市场，马来西亚茶商也因茶叶进口税率的一再提高而加重成本。由于厦门茶叶进出口公司对茶叶出口采取了许多有力的措施，仍使乌龙茶的销售量得到较大的发展。1980年，新、马地区乌龙茶的销量达828吨，为1949年的8.28倍。

泰国乌龙茶拓展的过程与新、马类似。泰国为保护本国的茶叶生产，进口茶叶很早就实行课税，进口税率不但不断提高，而且要按进口量搭销60%的地产茶。1949年后，虽然泰国禁止中国大陆茶叶入口，但乌龙茶因备受泰国人民的欢迎，仍然源源由各种渠道输入。中泰建交后，禁令随之解除。泰国华人多是广东移民，但经营乌龙茶的商人则以安溪人居多。从清代至民国直至现在，在泰国开设茶店的有仕源、福记、南星、清芳、恒泰、泉胜、阳春、阳春栈、义和发、韦宝记、王有记、陈时盛、柯成兴、林铭记、郭建峰、集友、王阳春、王瑞珍、王芳春、王炳记、恒春、王谦记、林明记、王裕泰、王德昌、王泉兴、王鼎记、王长发、王利春、美盛和记、廖和春、中泰、龙凤、泰通等茶庄、茶行。泰通贸易有限公司和中泰茶叶有限公司与龙凤茶行为厦门茶叶进出口公司散装茶和小包装茶的经销户，年进口乌龙茶200吨左右。

缅甸20世纪初销售的茶叶，以厦门林奇苑、三益、傅泉馨、王福美等茶庄的小包装茶居多。1910年，安溪人林腾辉在仰光开设林辉记茶行兼营各种杂货。1921年，张源美茶行在仰光开始经营茶叶以后，由于经营有方，到20世纪30年代中，其他茶庄的小包装茶遂先后销声匿迹，张源美茶行从而独揽了缅甸的茶叶市场。缅人认张源美茶行的“白毛猴”商标购茶。20世纪50年代初，缅甸总理吴努访问中国时，周总理设茶招待，吴努总理在周总理面前盛赞张源美茶行的白毛猴商标茶叶。1948年，一些华侨合资创办福建茶行，后因缅甸政府外汇拮据，于1953年禁止茶叶入口，缅甸的乌龙茶市场从此便消失了。

印度尼西亚早在宋代即与中国有贸易关系。1619年沦为荷兰人的殖民地。欧洲人最初得到的武夷茶，就是荷兰人由印度尼西亚转运前去的。可以说，武夷茶、乌龙茶早就盛行于印度尼西亚市场。1728年，荷兰东印度公司从中国引入大批茶籽在爪哇种植，终于获得成功。继而在加里曼丹、苏门答腊等地大力发展茶叶生产，并宣传饮用地产茶，因此，印度尼西亚华人经营的乌龙茶受到了很大的冲击。到20世纪初，华人在雅加达、泗水、井里汶、巨港、棉兰等地经营乌龙茶的茶店有珍春、林文记、王梅记、德盛栈、长征、万征、老芳饮等茶庄、茶行。印度尼西亚销售的乌龙茶，大部分由新加坡转口，新加坡茶店的小包装茶在印度尼西亚也占有很大的销量。太平洋战争爆发后，大部分茶庄、茶行改营地产茶或其他业务。战后，乌龙茶在印度尼西亚市场已奄奄一息。1952年，印度尼西亚禁止茶叶入口，印度尼西亚乌龙茶市场就这样断送了。

菲律宾华侨大部分是泉州一带的移民，并习惯饮用家乡施集泉、张泉苑两家茶店的茶叶。祖籍地惠安的施集泉茶庄创办于1781年，以经营武夷岩茶为主，其名牌“铁罗汉”茶，闻名遐迩。其原料茶为陈旧的武夷岩茶，每斤售价银元48元。泉州张泉苑茶庄创立于1813年，以经营武夷岩茶和闽北茶为主，其锡罐装和纸包装“水仙种”名茶，每斤分别售价银元19.20元和12元。这两家茶店的茶叶，大部分卖给菲律宾的华侨。1946年，施集泉茶庄为便利华侨购买，在厦门设立分行，并于1949年和1953年先后与菲律宾神农药房和福联盛商场订立全权代理和经销。因施集泉茶庄以低劣茶叶冒充“铁罗汉”名茶，遭到对方的指责，协议终于废除。厦门芳茂茶行于战前即在马尼拉设立分行。第二次世界大战后，方诗仑茶行亦在马尼拉开设分行。这两家茶行主要经营乌龙茶兼营小量的石亭绿茶，消费对象大部分是华人。菲律宾政府对茶叶进口虽然严格限制，但尚可满足供应。随着新兴饮料的流行，乌龙茶的销售量日渐减少，专业茶叶店也就难于生存了。

越南（旧称安南）和柬埔寨、老挝，独立前是法国殖民地。1741年，安溪人王冬就在这些地方开设冬记茶行，在西贡、提群、婆寮、波草、群退、沙绿、米秋（初）、新美、金边等12个省设店，其大红铁观音驰名于印度支那半岛。以后在这些地方经营茶叶生意的有锦芳、国记、泰山、谦记、林金圃、高源苑和蚁兴记等茶庄、茶行。越南与中国广西、云南毗邻，茶叶生产发展比较早。到20世纪30年代，产量已相当可观。为保护地产茶，越南对进口茶叶的课税是东南亚地区最高的。1937年，每件（18公斤）课税16盾，折算24银元。太平洋战争爆发后，乌龙茶货源中断，茶店有的停业，有的改营地产茶。战争结束后，越南等地乌龙茶的销量已寥寥无几。

香港自1842年成为英国管辖地后，中国（编者注：中国大陆地区）对香港的进出口货物即列入对外贸易之中。由于其地理位置特殊，与东南亚各地的关系密切相连，因此对港输出的乌龙茶被视同侨销茶。香港不但是茶叶的消费城市，还是茶叶的转运港口。抗战胜利后，香港专营散装乌龙茶批发业务的有张源美和尧阳两茶行，还为大陆、台湾的茶商代售乌龙茶、包种茶、红茶和绿茶以及代办转口业务。香港市区经营茶叶批发和零售的茶庄、茶行有200多家，大部分出售普洱茶和乌龙茶。香港是自由港，世界各地商人、游客云集，所以各茶类和名、特、优产品在香港皆十分畅销。茶店供应茶楼、酒家的茶叶，大部分是大包装散茶。茶楼、酒家是香港茶叶消费最大的场所。各种规格精美的纸包装、铁罐装等茶叶，大部分供应游客和世界各地客商。现在香港经销厦门茶叶进出口公司散装茶的客户有林品珍、东荣、华益、信诚、信行、万源，经销小包装茶的客户独泉昌行一家，经营转口业务的商户有双益、佳和、茗芳、丹华、瑞博。1949年，香港销售和转口的乌龙茶约100吨。1980年，厦门输往香港（包括转口）的乌龙茶为1130吨，为1949年的11.3倍。

乌龙茶始由少量地携带到批量地进入东南亚地区，是先辈们经过千辛万苦勤奋经营的辉煌业绩。第二次世界大战后，销区的缩减和新兴饮料的崛起，乌龙茶出路面临莫大的困难。经厦门茶叶进出口公司的刻苦经营，乌龙茶的销售量又有了较大的进展。1980年，厦门口岸输往新、马、港、澳的乌龙茶达1958吨，占当年出口量的73.52%，为1949年216吨的9倍。1990年，也就是茶叶放开经营的第6年，全国乌龙茶出口1.1万多吨，东南亚地区约占20%。上述两个百分比的数字表明，乌龙茶被称为“侨销茶”的时代已经过去了，乌龙茶的销区正在迅速地扩大。

目前，乌龙茶在东南亚地区的形势虽然不错，但前途不容乐观。

首先，面临地产茶的挑战。泰国清迈、清莱仿制的乌龙茶，印度尼西亚的粗茶和越南的青毛茶大量地进入新、马和中国香港市场，取代了中国低档的乌龙茶和粗茶。所以应努力提高乌龙茶的质量，以增强其竞争能力。

其次，新、马地区早期盛行的茶楼和“茶桌仔”在被出售咖啡、红茶和面食的“茶餐室”取代以后，“肉骨茶”继起流行，乌龙茶才能得到持续的发展。瞻前顾后，乌龙茶传统的泡饮方法已不适应现代社会潮流和快节奏的生活步伐。因此，没有创新的产品，乌龙茶在东南亚的市场要进一步发展是有困难的。

新马茶市印象

1986年，笔者作为中国贸易展团的成员参加，86马来西亚厂商公会国际博览会。展团于6月30日近午由北京启程，经新加坡中转后，乘马航飞机飞往吉隆坡。博览会闭幕后，在新停留五天，等待回国班机，故又有幸于会前和会后考察了新、马两地的茶叶市场，实可谓开阔了眼界而不虚此行。

国际博览会于7月12日在巫统大厦隆重开幕后，莅会剪彩致辞的马来西亚工商部长东姑拉沙里曾亲临中国的茶叶展摊品尝工夫茶，对乌龙茶味、香、醇的品质倍加赞赏。许多前来洽谈贸易的华人客户和参观者甚至在参观现场对工作人员提出买些茶叶的要求。由于这次在博览会展示的陈列品只作为贸易和宣传的样品，我们一时竟爱莫能助，实在感到十分遗憾。很多参观者感慨地对我们说，目前在市场上购买的很难说是货真价实的茶叶，所以很想在博览会上买点来自家乡的地道产品进行品尝、比较。他们的迫切愿望不仅令人感动，而且使我们从中得到启发。为满足参观者的要求，我们嗣后立刻请马来西亚的经销客户，精选一些福建省和厦门茶叶进出口公司的小包装茶在博览会的展摊出售。这一应急举措不仅满足了参观者的愿望，还及时了解了茶叶消费市场的需求现状。倘若我们今后能酌情提倡，在展览活动中适当辅以少量销售，则宣传效益和经济效益兼而有得，实不失为两全其美之举。

马来西亚华人社会对茶叶的重视已有相当的一段历史。据《安溪县志》记载，安溪人在明朝时就先后漂洋过海，在马来半岛拓荒垦殖，至1914年又把安溪茶种带到吉隆坡附近种植，然后按传统的技艺制造、加工乌龙茶，但当时茶叶的品质却由于土壤、气候的关系而欠佳。继之英国人又先后由中国和印度引入茶种，在金马仑等高山地区开垦种植，并采用机械制造红茶。茶叶产量由1938年的300多吨增加到1970年的3000多吨。马来半岛的金马仑产茶区虽然早就闻名，但展团人员的活动限制在吉隆坡，竟失去了实地考察的机会，实是此行的一件憾事。不过，在客户的建议下，我们曾到离吉隆坡100多公里处的林良才（福建龙溪籍）树胶园周边参观一家制作红茶的加工厂。厂虽不大，但设备尚齐全，从茶青萎凋、揉捻、发酵、筛拣、烘干、风选、和堆以及成箱包装，大部分采用机械的运作方式。该厂的产品分为BOPF、BOP、OP、茶粉和一二号枝片，大部分在国内市场销售。马来西亚年产红茶4000吨左右，占国内市场销量的三分之二。

在参加国际博览会期间，我们同时注意到新、马地区的饮茶习俗。新加坡人口230多万人，其中华人占75%。马来西亚人口1500万人（1986年），其中马来人占47%，华人占34%，印度、巴基斯坦人占9%，其他人种占10%。人种之区别，也形成了不同的饮茶习惯。马来人和印、巴人多饮用加奶的红茶或咖啡，广东潮汕和闽南籍的华人多饮用乌龙茶，而福州籍的华人则习惯饮用茉莉花茶。抗日战争前，新、马地区的城市和乡村到处遍设“茶桌仔”（饮茶摊、馆），劳动人民口渴或休闲时往往三五成群地会集在茶桌仔品尝工夫茶，而商人们则常常在茶桌仔边饮茶边洽谈生意，这种情况使乌龙茶进入其最盛行的年代。随着新颖便捷的饮料以日新月异之姿态遍销于市场的各个角落，年青一代认为喝茶又热又苦，比不上喝其他饮料清凉可口。而“茶桌仔”的经营者在受到新潮流冲击后，也发觉沏泡工夫茶麻烦费时，收利不多，实不如经营其他饮料操作简便，消费者喝完就走，店家赚钱也快。所以茶桌仔之盛况日渐式微，乌龙茶的销量自然大大今不如昔了。现在新、马市区的马路上虽然还有很多招牌用中文写着“茶餐室”，但卖的是加奶的红茶或咖啡和各种地方小吃，只有经营肉骨茶的餐室才能看到泡饮乌龙茶的场面。新、马地区酒家的经营者大部分喜欢向消费者提供成本较低的六堡茶或普洱茶。在一般的酒店、旅社，既不备茶具供客泡茶或配备冰箱和饮料，乌龙茶只在超级市场、杂货店和药店出售。所以乌龙茶在新、马市场的前景不容乐观。要扩大乌龙茶的销售，务必审时度势，对乌龙茶泡饮的方法进行革新，例如采用袋泡茶、速溶茶、保健茶和液体茶水等产品形式，以适应市场的消费现实。

新、马两地经营茶叶的茶店有四五十家，绝大部分由安溪籍华人开办。在厦门茶叶进出口公司的12家散装茶经销客户中，安溪籍华人占11家。所以在新、马从事茶叶贸易活动，不但有语言方面的有利条件，而且在感情沟通方面也比较融洽。新、马是乌龙茶的传统市场和销售比较大的地区之一，历来竞争相当激烈。大部分茶店采用广告车送货上门，广告车里装满系列小包装茶，一次出车须五至七天才回来，几乎跑遍了整个半岛所有的城镇和乡村，而货款须待茶叶售出后方能收回，商家经营之艰辛想而可见。我们还注意到这样的一种情况，即当原料茶价格上调或其他经营费用增加时，各茶店为稳定已有的销售渠道，遂采取暂不提价或少提价的方法，但为保持微薄的利润，往往在拼配的原料茶上做文章，导致茶叶质量出现下降趋势。目前在新、马市场上，价格较高的高档茶销量已逐渐减少，中档的乌龙茶则相对比较畅销。近来，泰国清迈等地方仿制的廉价乌龙茶，由泰、马边境进入马来西亚，有些茶商不考虑后果，竟以泰茶拼入中国乌龙茶中出售，为获取厚利而欺诈消费者。现在泰茶已取代了中国部分低档乌龙茶的市场，而乌龙粗茶又被印度尼西亚等地的粗茶取代。新、马地区的乌龙茶市场状况令人喜忧参半。

第二编 期刊

（1912—1999年）

《安溪茶叶概况（节选）》（民国时期）

以园

安溪栽茶的开始，据说是在清雍正年间，距今不过二百余年，但该县所产的铁观音已名著中外了。依现在情形，该县可说是闽南产茶的中心区域，同时也成为福建乌龙茶区之中心，台湾之有茶业，也是赖该县之传入与教育的，可是台湾茶业能够蒸蒸日上，而安溪茶却已渐渐在没落中了，这我们不能不有深切的注意，现将该县茶业情形，略述大概。

销场：安溪茶之运销，可分内销和外销当之，内销市场为本省漳、泉、厦及粤之潮、汕等属，外销市场则为中国香港及南洋各属如新加坡、槟城、仰光、菲律宾等地，间亦有运销美国者，惟为数尚少。内销数量漳泉厦属每年约七八千件，潮汕约相等，余均运销南洋，其经营运销者都为安溪人，此等运销者其在产地则设庄收买毛茶自行精制，或自备茶山自产自制；在市场则设立行栈自行推销，于贸易上可直接运销，既少受中间者之剥削，而于市场之推广不俯仰由人，为一特质。又安溪茶之运销集散地，于厦门未失陷前，悉遵循由安溪运集厦门后配运各市场，厦岛失陷后乃由水道集中泉州出口也。

——《茶讯》（民国时期）

《福建省之内销茶》（民国时期）

林其瑞

青茶　青茶在制造方法上属于半发酵之乌龙茶类，是为闽省特有之茶产，最著者如武夷山出产之岩茶，闽南安溪所产之铁观音、乌龙等，昔日输销南洋各地，至为畅盛，今南洋各地已沦敌手，在国内各处试销，亦颇风行。

——《茶讯》（民国时期）

《国茶与侨胞》（民国时期）

邓以诚

茶为吾国主要出口商品之一，抗战以前，以其能换取外汇，倍觉其有增畅产销之要。按输出之国茶，除供给外邦人士之承购外，几遍及于六大洲之侨胞所饮用及转贩。是以侨胞之与国茶，亦俨然为一大主源；此种现象，尤能于侨胞密集区之南洋各属见之。

距今约二十余年前，国茶之销售于南洋各地者，年可六十万件。其品类包括两广之六堡、西青、饶青、清远。闽南之铁观音、佛手、乌龙。闽东闽北之大红袍、水仙、乌龙、莲心、淮山、白毛猴、花熏茶、粗红茶、茶末。以及滇之普洱、皖之六安、浙之龙井等等。其销路以马来亚为最多，年约二十余万件。越南次之，约十余万件。泰国、荷印、缅甸及菲律宾，亦各销千件至数万件。其茶件之运销于中国香港以及在港改装后转口者，为数尤多。各地侨胞，除保持其中土之文化及品茗之美德外，且恃其在零售商业上所占之优势，以国茶推销于土著。以是国茶销路之广，鼎盛一时。

——《中国茶叶公司茶叶展览特刊》（民国时期）

《闽茶种类及其特征》（民国时期）

廖存仁

闽南青茶，漳州府属与泉州府属各县均有之，而以泉州府属之安溪最驰名。该区因茶树时有新品种发现，成茶有铁观音、水仙、乌龙、梅占、桃仁、奇兰、香橼、大红、白毛猴、白毛蟹、包种等二十余种，就中品质以铁观音为最佳，产量亦最多，行销漳泉潮州厦门及南洋各属，执闽南青茶之牛耳，其销售南洋者，茶商为迎合各埠消费者之习惯，拼制适应各消费者之饮用茶叶，随其拼制方法之不同，而有特定之商标，一般消费者不宜多认定其嗜好之商标为购买对象。即使同一茶叶，因商标不同，消费者方亦不愿购买，是以各商标茶叶数量较少，大多为零星售卖，以便携带，用纸包成方包，每包二两或四两，包茶之纸，即称种纸，包种茶当即以此而得名。

——《茶讯》（民国时期）

《闽台茶业合作刍议》（民国时期）

键明

台湾属中国之版图，与福建唇齿相附，息息相关。其茶叶之发源，始自福建，盖台湾与福建，仅有一水之隔，台之北端，与闽省龙岩，处同一纬度。雨量丰沛、气候相若，故台北新竹与吾闽安溪各地，植茶之风土环境，极多类似。早在一八一〇年左右，闽省茶树栽培方法，即由商人之媒介，自厦门传入台湾，是为台湾茶叶发展之始。一八六五年以后，经英商约翰都德（John Dodd）之锐意经营，并招雇厦门福州茶工，仿制闽省各种茶叶，输于国外，于是台湾茶叶，始呈蓬勃之象。是则台湾茶叶不论在历史上，地理上及栽培环境上，均与福建茶叶属于一体，有不可分之关系。一八九五年台湾被日本占夺以后，闽台茶叶，乃成为敌对之现象。今者台湾归还我国，分立为省，与福建谊属邻疆，闽台茶叶，自应重行合为一体，力求合作发展。

——《茶讯》（民国时期）

《如何扩展闽茶南洋的销路（节选）》（民国时期）

黄朝仁

南洋消费的茶叶，以青茶为大宗。青茶是福建的特产，著名的为武夷岩茶、水仙、乌龙、色种、白毛猴、莲心、粗青茶、老青茶和安溪所产各种茶叶，每年平均约可产十五万箱，每箱平均以二十五元计，约值三四百万元。此类青茶，除内销漳泉潮汕各属约三万箱外，其余都是运销南洋各属华侨居留地带，为新加坡、吉隆坡、槟榔屿、吕宋、菲律宾、仰光、暹罗、安南及中国香港、澳门等地，供应华侨和一部分土人饮用。而经营华茶运销者，由产制运洋批发，以至于零卖茶叶店多半是华侨商人。故茶季开始时，除少数汇款托由本国茶号代为加工包装外，多数华侨携款来闽自行设庄制造，此项青茶多为商标茶。华侨茶商因为经营茶业历史的长久，深悉各埠消费者的饮茶嗜好，能够拼制各种适应各级消费者饮用的茶叶。随其拼制方法的不同，而有特定的商标，一般消费者亦多认定其嗜好的商标茶叶，为购买对象。故即使同一品质的茶叶，因商标不同，消费者亦不愿购买，是以各商标的茶叶数额较少，大多数是零星售卖，不像红茶同一唛头有几千箱或几万箱，得以整批运销，这是青茶贸易的一般情形。

——《茶讯》（民国时期）

《巴城之安溪茶》（1922年）

爪哇巴城各中外商户，历来用中国茶者，比用戈丕者实为较多。然向之销路，以武夷山及普洱为最多，近则安溪茶日销日广。据邦光街茶商某甲云，安溪山岭重叠，种茶实宜，其气味不亚于武夷山、普洱。况价又较廉，设能极力改良，则运来销场可多，而武夷山、普洱茶决受安溪茶打击矣。

——《侨务》1922年第五十四期

《南洋华茶销路畅旺》（1931年）

广州通信：据返自南洋者云，该部华人业茶者，近数年来迭有增加，计闽籍方面约有十余家，粤籍方面数亦相等。粤方所销售之茶，以古劳、普洱等为大宗。我国产茶，以闽省为有名，如武夷、安溪等处，均为产茶名区，闽方所销售之茶，多系来自武夷等处。台湾茶叶，前固畅销于市面，后受金融影响，销路顿滞，考其前之获得畅销，乃因价廉，但目下则以闽之北溪、建瓯等处，及浙之温州等处茶叶起而代之矣。故华茶之在南洋，实已获得相当的地位。

——《农业周报》1931年第七十六期

《安溪铁观音茶的传说》（1934年）

梅痕

闽南民间故事传说之一

安溪产茶每年价值百万元，所出产铁观音尤为远近同嗜，名驰海外。铁观音成为著名奇种，虽是安溪地质气候，远胜他地，也有它的一段传说的历史如下。

清光绪中年，有个姓魏名叫饮的，世居吾邑新康里松林村，性酷嗜茶。凡奇异茗种，无不搜罗培植，至他的儿子及孙，都是靠种茶为职业的。有一晚上梦见一尊神告诉他说："你对于茶那样嗜好，出入都要相偕，三世靠它为命，可说同它很有密切关系了。"就指石壁上的奇卉对他说："这是神仙茗种，你要重视它，不要作寻常的种茶看待！他年名震寰球，驾水仙乌龙之上，就千金价值也不要换它！"他醒了以后，很是奇异。

早晨起来，就照梦中神所指示的路上走去，山足崎岖，拾级而登，见一巨石中果然产生一株茶，叶嫩绿而厚腻，色璀璨而可鋈。魏饮看了这株奇茗，如获至宝，欣喜地对它鞠了几个鞠躬，就把它采摘数茎带回家，依法制造，色润黑而质重似铁，味清香而韵尤奇。于是恍然自思道："前晚所梦见的情形，真的有今天这么一回事，岂是此茶的精英，还是吾家所供奉的观音佛祖显应指示的呢？不然，怎样得此奇种呢？"所以无以名之；就叫它做"铁观音"，这便是铁观音茶的由来了。

魏饮自己想，此茶为天然产物，地气所钟，恐怕为他人所得，就把石隙鐾开，将茶移植于自己的茶园中了。

从此以后，魏饮常常以异种夸耀于人；有一个蓝田茶商徐万利这人，知他家里有这异种，送金往求，他坚不与他。后来他就私与魏饮的媳妇相量，她因为看见很多金就动心了，乃私采数茎送他。徐万利就带回去种，几年以后，亦以此奇茗夸示于人了。

魏饮知道这是不能独占为私有的了，于是分枝送与尧阳，他平时很好的朋友王某，因此十传百、百传千传万，而安溪各处的茶园都有种植铁观音茶了。

一九三四年三月十五日抄于集美北楼

——《蓝天月刊》1934年第五期

《改良福建茶业与职业教育的实施》（1937年）

张天福

福建茶业的重要性及其危机

本省是中国六大主要产茶省份之一，同时也是国内四大茶市的一个。因为土质气候都适宜于种茶的关系，所以栽培的历史已经是很久远，出产的品质又是非常优良。例如武夷的岩茶、小种；安溪的乌龙、铁观音；福宁的白毫、莲心，都称为茶中上品，久负盛名的。产茶地之广，在全省六十三县中，占有四十余县之多。在清光绪初年，本省茶业算是最兴盛的时代，闽人恃此为业者，不下三四十万户，至今只剩下三分之一了。输出额在民国十八年的时候，尚有二十三万担，价值一千五百余万元。至二十四年衹有十六余万担，价值不过七百余万元了。就茶税来说，在民国四年至六年，每年茶的税收，有四十三万元。到了二十三年，尚有二十四万余元，去年尚不到二十万元了。这种种的事实，都可以证明本省茶业的衰落，关系与人民生计和政府收入是若何的重大！

本省的产茶地，普通分作北、西、南三路。北路的茶，产在福州东北各县，以闽东福宁府属五县的福安、宁德、福鼎、霞浦、寿宁为主要产地。每年可输出茶叶十余万担，占全省茶叶总输出半数以上。前以制造红茶为多，近年来则绿茶多过于红茶。以县份来说，福安红茶多，宁德则绿茶多过于红茶。所产的红绿茶，多销往英、美、德、法、荷、俄，以及北非洲各口岸，如摩洛哥等处。其中尤以莲心茶在安南销路最佳，白毫茶多为德俄所好，福鼎的白琳茶，销美亦复不少。此外在福州附城所属如东岭、梅洋、板洋、北岭、石牌各处，每年亦有几千担的产量，中以北岭茶、板洋茶颇为美国人士所喜。西路的茶，产在闽江上游的南平、建瓯、崇安、邵武、政和、松溪各县。产品中，以红茶为最多，绿茶其次，乌龙茶和岩茶为最少，正山小种为最贵。在四五十年前，当福建红茶盛行的时候，西路红茶，年可输出二三十万担，销向世界各国。至今一落千丈，只剩下万余担了。南路的茶，产在晋江、南安、漳平、甯化、安溪各县。其中以安溪为主要产地，年可输出二三万担，今已衰败不堪。产品中，有铁观音、乌龙、水仙、毛猴、奇种、梅占、佛手、桃仁等名称。其中以乌龙茶、铁观音为最多，毛猴、佛手为最少。南路的茶，多销行英美南洋各处，尤以美国的纽约、波士顿、本薛文、新泽西，以及东北部各省需要乌龙茶为最多。白毛猴、水仙则风行缅甸一带。去年输往水仙两千斤，白毛猴约一万二千斤。据说和五年前比较，已相差有三倍之多。

——《安农校刊》1937年

《中国今日茶叶之复兴问题》（1937年）

陈公仁

这里之所以采用前一年的统计，其原因是前年的华茶输出较往年稍为起色，而比去年又觉畅旺。然而当这样的旺年，中国在世界产销茶叶国家中的地位还这样低，年来华茶外销的萎缩，更可想见了。

查华茶对外贸易，向分两种：一为红茶，其中主要者有祁门、宁州、安化、西湖等数种，大半销售于英、德、非洲、土耳其、波兰、波斯、埃及、苏俄等国，约占全额百分之六十以上。二为绿茶，其主要者有熙春、珍眉、针眉、秀眉、抽芯珍眉等数种，多销售于美国、加拿大、印度、南非洲等处，超过全额百分之三十。至于花式珠茶，现仅销于法国。而福建之武夷安溪，也只在菲律宾、南洋马来亚一带较有销路（注八）①。近年以来，世界各产茶国对于茶正力谋改良栽培，研究制造，减低成本，推广销路；而华茶则故步自封，听其自然，致其外销的前途，日趋于黯淡。如伦敦乃世界茶业集中的市场，每年红茶进口计达五万万磅。而输入华茶在一八八〇年曾经有过一百四十五万六千余担。可是民国以来，华茶在英伦的销场已大半为印度锡兰茶所侵夺；加以年来世界茶产过剩伦敦积茶常达二万七千万磅以上，因而华茶的销路更遭受最重的打击。且上月伦敦茶市中，有藉口华茶包装不良。英政府有随时发布禁止不良茶箱进口命令之可能的传说；是以华茶英销，将至愈感困难。从下列英伦去年自各国输入茶叶的数量可以观出华茶在英不景气的一斑。

印度	二七四、九〇六、〇八四磅
錫蘭	一五六、四五六、九一八
荷印	四三、五二〇、八三九
中國	二一、〇二六、九三三
尼亞薩蘭	四、二二〇、八四六
其他各國	七、四六四、一七五

英伦自各国输入茶叶量

——《东方杂志》1937年

《国茶侨销问题》（1941年）

刘孔贵

侨销茶种类

闽省青茶　闽省青茶，产于闽南、闽东、闽北各县，而以闽南安溪为中心。市

① 注八：全世界茶销，除生产国无统计外，外销年约八万五千万磅，其中十分之九为红茶，而伦敦每年红茶进口，计达五万磅，约占十分之六。

上素闻之铁观音、乌龙、水仙、铁罗汉、白毛猴等名茶属之。青茶为闽之特产，每年产额约十二万箱，除内销漳、泉、湖、汕各属约三万箱外，其余均系运往南洋各属华侨居留地带，尤以马来亚为最多。

——《贸易月刊》1941年第二卷第七期

《安溪之铁观音》（1942年）

安溪产茶，在国际贸易史上占极重要之一页，在“七七”事变以前，每年运销海外，数达二万余箱，价值在二百万元以上。依现价估算，当然不止此数，关系农村金融，至为重大！

安溪所产之茶，非红茶，非绿茶，又非白茶，而是驰誉海外之青茶。产区的分布极为辽阔，南起大坪，北尽蓝田，西达仙景，东至柏叶，纵横百余华里，大小二百余村，漫山遍野，触目皆是。

安溪出产茶叶，虽统称“青茶”，而品类极为复杂，有“铁观音”、有“乌龙”、有“佛手种”、有“白毛猴”、有“梅占”“独占”“奇兰”“奇种”等，令人目迷五色。此外，还有各家自编的茶名，如“金花”“玉花”“红牡丹”“白玫瑰”“玉美人”“玉如意”等名目繁多，难以尽举。其中以“铁观音”尤为一般人所酷嗜。

安溪之茶叶，以南岩所产之“贡品铁观音”为最佳，芬芳扑鼻，人皆嗜之，昔在专制时代，本省当局，每年必派人来安，以高价选购若干，用以进贡，所以称为“贡品”铁观音。

——《贸易月刊》1942年

《国茶与南洋市场》（1946年）

李述中

昨为茶商公会常会开会之日，作者以会员资格参加，与和泰、金泰、金龙泰及白新春等茶庄谈论国茶南销及各茶商制茶应提高品质和改良各点，兹特参酌已见整理如此。

几百年来，中国对外贸易，茶为首要输出品，以前的帝俄，为中国茶砖最大顾客。其次，英美各国，销场亦大有可观，英国人以为有利可图，就在锡兰把中国茶种移植过去，荷兰人在爪哇跟着种植，日本占领台湾之后，又把台茶大事整顿，现今世界的茶市场，就由英荷及台茶夺取了大半，而历史悠久的华茶，出口数量一年减少似一年，到抗战前，茶农茶商均出现奄奄一息现象。

南洋由于华侨人数不少，年销华茶数量亦多，据一九三二年至一九三四年马来亚茶总输入额，为八百万磅，其后因景气影响，一九三七年仅五百余万镑，其中除锡兰、爪哇及日本红绿茶约占半数外，华茶输入总额为二百七十余万磅、价值叻币（编者注：马来亚当时的货币）近九十万元。输入茶种类，除福州小量红茶粉外，多数为半青熟茶，如乌龙、水仙、小长茶、工夫茶、普洱茶、花茶之类，茶产地为福建之武夷、建宁福鼎及安溪、广东之潮汕、云南普洱及皖浙小量绿茶。其中以溪茶及福州茶销量最大。

茶到后，由各茶庄依其所谓祖传秘法，分制各色各样名茶，如大红袍、铁观音、铁罗汉、白毛猴等，标头广告更新奇百出，似乎一经尝试，纵不起死回生，亦可却病延年，而嗜好国茶者，亦以品茶为无上消遣，乐而不倦。

其实，茶品质固有高下，但大体上依茶学术语，茶种类分为红茶、绿茶及青茶，红茶制法为纯发酵的，绿茶为未经发酵的，青茶为半发酵的，青茶品种最复什，日本学者统称为乌龙茶，包括工夫茶即武夷岩茶、水仙、乌龙、小长及溪茶等，除武夷岩茶及溪茶略有气候及制手区别上下外，乌龙、水仙、小长等本质上相差有限。以前因为交通不便，科学未普遍，故每遇新茶，即视为异味，互相介绍，而封建式的茶商，更为神秘化的宣传，久而久之，一经习惯嗜尝，则对他种茶味，就生起排斥心理，茶商亦因顾客嗜好固定，而生意兴隆起来，招牌随着年代持久而益普遍周知，从而该店的产品，就也被立化起来，大有不是某号出茶不足尝试之概。这一来凡是经营茶庄的，只要是平时支撑得住，时间一久，他的生意一定会慢慢固定起来，虽然发不了大财，但绝不容易倒闭，稍微留心管理，一个月入息三两千元，一个家庭甚至数个家庭，就可以过着蛮舒适的生活。

——《华侨经济》1946年第一卷第6期

《闽南茶叶史话》（1980年）

倪郑重

闽南种茶历史迟于闽北，但其饮茶风尚之盛，却冠于全省。

宋代蔡襄《茶录》，是继唐代陆羽《茶经》后第二部茶叶专著。蔡襄曾二度出任泉州太守，而《茶录》却只字不提闽南。说明当时作为贡品“龙团凤饼”的产区在闽北。但是后来闽南有些产茶地，如安溪清水岩、泉州清源洞等，却有“宋树”的传说，它又说明宋代已有种茶是可能的，但肯定不及闽北兴盛。闽南既无宋代的“北苑（建瓯）官焙”，也无元代的“武夷御茶园”。

明清地方文献有关闽南茶叶生产的记载不多，描述也欠准确和具体。常在名山古刹，点缀着间或种茶，仅作佛门清供、游人品饮，视为无关紧要的物产。

泉州清源茶，明代一度与武夷齐名，惜所产无多，清初就已衰落。南安石亭茶曾兴盛一时，不旋踵也走向下坡。近百年来，安溪县劳动人民，继承和发扬了前人创造乌龙茶制茶工艺的优点，更上一层楼，为我国茶叶生产做出了贡献，赢得国内外好声誉。

要了解安溪茶发展史，首先要追溯武夷岩茶早期在闽南地区运销的情况。

福建沿海的厦门、泉州、漳州等地，是我国最早对外通商口岸之一。泉州港输出茶叶的历史悠久，据《宋会要辑稿》载：“嘉定十五年（1222年）十月十一臣僚言，国家置舶司于泉广，招徕岛夷，阜通货贿，彼之所缺者，如瓷器茗醴之属，皆所愿得。”

闽南人喜爱品饮乌龙茶的习惯，随着对外贸易而向西方国家传播。根据中外史料证实，1610年前后，荷兰东印度公司首先自澳门运出的中国茶叶是武夷茶，随后由荷兰贩卖给英国。1660年前后，英国商人在厦门直接购运福建乌龙茶，采用茶的厦门方言t’e（TaY）拼成t–e–a，ea读a之长音。清初，同安人阮旻锡在《安溪茶歌》有“西洋番舶岁来买，王钱不论凭官牙。溪茶遂仿岩茶样，先炒后焙不争差”的诗句，反映当时茶叶输出的情景。

斗茶又称茗战，是集体评比茶叶质量古时代的语言，首先在闽北流行。清代，随着武夷岩茶畅销各地，由斗茶发展形成的“品茗艺术”在闽南扎下了根，养成闽南人嗜饮乌龙茶，相习成风，历久成癖。迄今为止，闽南人对红茶绿茶类和熏香花茶，都不感兴趣。据1762年《龙溪（漳州）县志》记载：“灵山寺茶，俗贵之。近则远购武夷茶，以五月至，至则斗茶。必以大彬之罐，必以若琛之杯，必以大壮之炉，凡烹茗以水为本，火候佐之。穷乡僻壤多耽此者，茶之费，岁数千。”1832年《厦门志》记载：“俗好啜茶，器具精小，壶必曰孟公壶，杯必曰若琛杯。茶叶重一两，价有贵至四、五番银者。文火煎之如啜酒然。以饷客，客必辨其色香味而细啜之，否则相为嗤笑。名曰工夫茶，或曰君谟（蔡襄）茶之讹。此夸彼竞，遂有斗茶之举。有其癖者，不能自已，士子终岁课读，所入不足供茶费。”另据1845年梁章钜在《归田琐记》说：“今城中州府官廨及富豪人家，竞尚武夷茶，最著者曰花香，其由花香等而上者，曰小种而已。（武夷）山中则以小种为常品，其等而上者曰名种，此山下所不可多得。即泉州厦门人所讲工夫茶，号称名种，实仅仅得小种也。”1886年郭柏苍在《闽产录异》也说：“闽郡皆产茶，以武夷为最，即泉漳台澎人所称工夫茶。”所谓孟公壶，即宜兴紫砂小茶壶，后来厦门等地称为“小种罐”。这套茶具及其品茗艺术和清代名诗人袁子才在《随园食单》所描述是一脉相承的：“余向不喜武夷茶，嫌其浓苦如饮药。然丙午秋，余游武夷到慢亭峰天游寺等处，僧道争以茶献。杯小如胡桃，壶小如香橼，每斟无一两，上口不忍遽咽，先嗅其香，再试其味，徐徐咀嚼而体贴之，果然清芬扑鼻，舌有余甘。一杯之后，再试一杯，令人释躁平静，怡情悦性。始觉龙井虽香而味薄矣，阳羡虽佳而韵逊矣，颇有玉与水晶品格不同之异。故武夷享天下盛名，真乃不忝，且可泡至三次，而其味犹未尽。”另据彭光斗1766年在《闽琐记》说：“赴省道过龙溪，邂逅竹圃中遇一野叟。延入旁室，地炉活火，烹茗相待。盏极小，仅供一啜。然甫下咽，即沁透心脾，叩之，乃真武夷也。客闽三载，只领略一次，殊愧此叟多矣。”

品饮茶叶是一种美好的享受，加上饮茶与保健关系密切，因此，当我国商人贩运乌龙茶售给西方国家的同时，也教以品茗艺术。据1935年美国人乌克斯在《茶叶全书》介绍1750年前后，荷兰和英国等西方国家品饮茶叶的情况：“从茶壶茶杯的容量，冲泡方法，乃至武夷茶可泡三次等等，均模仿中国。”乌克斯还描述：“荷兰主妇烹茶，取初沸之水冲泡，将茶壶置于另一茶壶陶内，以保持温度。宾客饮时，须咂吸作响，以表示赞赏女主人之美茶。”可以说它们已经全盘接受我国乌龙茶的品茗艺术。

闽南沿海城镇成为武夷岩茶内外销的集散地。由于货源有限，供不应求，市场长期紧张，到处出现冒充武夷岩茶，因而所有茶店都标榜专售武夷岩茶，或用“亲赴武夷督制”作为商业广告，用以招徕顾客。消费者为了避免上当受骗，慎重选择售茶牌号的心情就容易理解。名牌商品茶应运而生：厦门杨文圃、漳州林奇苑、泉州张泉苑、惠安施集泉等茶店，就是在这种形势下驰名中外的。它们在武夷山拥有茶园，设立茶厂或和拥有茶园茶厂的僧道建立长期贸易关系，订定购销合同。上列茶店历史悠久，惠安施集泉创设于乾隆四十六年（1781年），泉州张泉苑创设于道光八年（1828年），厦门杨文圃比这两家还要早。它们以陈旧武夷岩茶能治疗疾病和有益人体健康著称。1842年五口通商后，外销茶数量激增，西方国家涌向福州抢购，逐渐从沙县乌龙茶和“红边茶”演变成为红茶。闽南茶店销售对象局限在当地居民和东南亚华侨，上列名牌商品茶是馈赠出国亲友高尚的礼品。闽南籍的海外侨胞，爱国爱乡，迄今仍有不少人嗜饮乌龙茶。

武夷山风景如画，历来就是封建王朝士大夫隐居、高僧遁迹的去处。据1942年《崇安新县志》记载："武夷山向为羽流栖息之所，清初闽南释教徒始入修持。嗣而天心、慧苑、玉华、清源、碧石相继以兴。天心禅寺有释教徒百余人，可谓盛矣。"又据1886年郭柏苍《闽产录异》说："武夷寺僧多晋江人，以茶坪为业，每寺订泉州人为茶师。"武夷寺僧多闽南人，以种茶为业，所产武夷岩茶，是闽南畅销产品。这给闽南茶商大开方便之门，涌向武夷山找同乡拉关系，结成密切的贸易伙伴，茶商搞到了货源，就能获得厚利。早期武夷山寺僧，辛勤劳动创建茶园茶厂的所有权，后来逐渐转移到闽南和粤东茶商手中。二十世纪初叶，形成少数外来人垄断了武夷岩茶的产制运销，因而束缚了生产力的发展。

武夷岩茶和安溪茶，都是产地名茶，而采制工艺相似，同属乌龙茶类，有别于不发酵的绿茶，也不同于全发酵的红茶。乌龙原是安溪县首先发现的茶树品种之一，引种到闽北和台湾等地，很快得到推广。以乌龙品种为原料，运用武夷岩茶采制工艺加工，成茶品质优异。五口通商后闽北外销茶大走红运，其中沙县乌龙茶和红边茶在1880年前后，年输出量达三万余担；台湾乌龙茶和包种茶据1933年统计，占总产量88.6%。二十世纪初，属半发酵茶类的中国乌龙茶成为世界茶叶市场公认的名称，英语Oolong tea是乌龙茶的音译，也为各国普遍采用。

安溪茶栽培历史悠久，但从清初阮旻锡《安溪茶歌》的"为价甚贱供万家"和1763年《泉州府志》载："安溪茶差盛，然亦非佳品也。"以及1832年《厦门志》载："查近日安溪、惠安出北岭茶甚盛，以例禁不能出海。或云前两广总督奏禁者武夷松萝，北岭土茶系新出，或可再行奏请也。"说明迟至清代末叶，安溪所产仍称土茶，有别于武夷。1976年据82岁的厦门市茶界退休老人杨天恩说："1913年由泉州到厦门，在舅父陈世盐开设的皆永禾茶店当学徒。那时各茶店都以专售武夷岩茶为标榜招徕顾客，安溪茶普遍被视为下品。茶店如买进安溪茶，避免让顾客知情，只有冒充武夷岩茶才能卖高价，这情况直到1920年才改变。"从那时起扭转了销区的迷信思想，安溪茶成为后起之秀，逐步向前发展。

安溪制茶工艺引自武夷而有所改进提高。新中国成立前武夷山茶厂是手工业作坊，安溪则是家庭手工业生产。前者多为茶商控制、雇用季节工采制，资本家为加重剥削，采茶制茶只用一套茶工，当日采的鲜叶，当晚必须加班制好。后者则是一家一户单独生产，自采自制自销。两地的生产关系不同，劳动条件不同，制茶工序也有所不同。安溪茶在傍晚采回的鲜叶，不必赶在当夜炒制完毕，首先改变了武夷不合理的做法，从而排除了武夷那种强制劳动的紧迫感。其次，安溪制法对日光萎凋程度较轻，“做青”时间可拉长一点，便于控制杀青时间，分期分批地进行，这在劳动力少的情况下是合适的，比较有把握制成高香茶。第三，由于安溪茶农自产自销，提高了改革制茶工艺的积极性，如改变武夷二炒二揉为一炒一揉，增加布巾包揉从而提高了品质；改革制茶工具，将“水筛”改为“吊筛”，提高摇青工效十多倍。安溪距厦门、漳州、泉州等销区较近，容易实行产销直接见面。做出高香的茶有人尝试，就能推动产品质量的提高，鼓励生产者精益求精，因而造就了大批制茶能手。又因生产者熟悉销区情况，有些人便脱离生产成为茶商。国内外乌龙茶销区的茶商，安溪人特别多，是有历史渊源的。

安溪县是全国优良茶树品种丰富的宝库，新中国成立后经科研单位鉴定推广的良种，有铁观音、本山、黄棪、毛蟹、梅占、奇兰、佛手、大红、桃仁、乌龙等，制成乌龙茶具有桂花、兰花、栀子花等天然花香，品饮时确能沁透心脾，齿颊留香。针对乌龙茶为保持良种不变异，需用无性繁殖的要求，安溪劳动人民发明创造了先进的育苗技术短穗扦插，早在省内外推广。目前晋江、龙溪两地所有县市，毗邻的莆田、仙游、大田、漳平等县，以及厦门市，还有粤东潮汕地区，普遍种茶，绝大部分都制乌龙茶。新发展的地区所需茶苗，大部分向安溪引种，制茶工具由安溪提供，制茶技术由安溪传授。近年安溪县年产干茶三万余担，超过历史最高水平的1937年三倍，是福建省产茶最多的县份，是外销乌龙茶首要的生产基地，也是华侨在东南亚聚居地的畅销商品之一。近年日本人认为饮乌龙茶能减肥，引起各国的兴趣和重视，这为扩大外销做了舆论准备。

晋江、龙溪和厦门所辖19个市县，1979年产干茶超过十万担。晋江地区除南安永春生产少量绿茶外，99%以上是乌龙茶；龙溪地区除云霄、龙海少数几个农场生产红茶外，90%左右是乌龙茶。闽南乌龙茶产区比新中国成立前扩大好几倍，产量早已超过闽北。但是目前仍远远满足不了内外销日益增长的需要，尤其是高档茶如铁观音，国际市场的需求量更大。它是促进茶叶生产发展的动力，展望闽南乌龙茶的前景，方兴未艾。

——《晋江科技》1980年第四期

《我省茶叶青年首次访问日本》（1980年）

应日本农业农民交流协会的邀请，共青团中央组织了“中国青年茶叶实习访日团”于五月上旬访问日本。通过这次访日活动，将进一步增强我国人民，特别是茶叶青年与日本人民、日本茶叶青年的友谊。并通过参加茶叶的实践活动，学习日本茶树栽培、管理、采制等方面的先进技术，对进一步发展我国的茶叶生产与科学研究，加速我国的“四化”建设，具有重要的意义。代表团由福建、湖南、安徽三省的茶叶青年32人组成。我省由团省委副书记林国清带队，福州茶厂刘用武、省农科院茶叶研究所姚信恩、宁德县茶场李崇芳、松溪县郑墩茶场林信潮、安溪县西坪公社王英琴、福清县东张茶场苏玉萍、沙县官庄林场茶叶分场陈淑容和永定县西溪农场林志森九位同志组成。

——《茶叶科学简报》1980-07-01

《抗日战争时期安溪茶叶生产的几个侧面》（1985年）

苏鑫鸿

福建产茶历史悠久，茶区辽阔，气候适宜，制法精巧，风味独特，质量优异，久负盛名。唐朝以后，武夷岩茶便成为福建的极品。明清以降，“溪茶遂仿岩茶样，先炒后焙不争差[①]”。安溪靠近厦门，出口方便，茶价又较便宜，因此，武夷岩茶的市场逐渐为安溪茶所代替，安溪茶开始在福建茶叶生产中占有重要地位。

抗战时期，福建茶叶生产遭到极大破坏，主要表现在种植面积的缩小，产量、质量的下降，对外运销的停滞等方面，而安溪茶叶生产则有不同的表现。笔者通过对安溪县档案材料的调查，对抗战时期安溪产茶的几个侧面作一初步剖析。

一

抗日战争时期，福建茶叶产量时起时伏，而总的趋势是下降的。根据福建省农林处农业经济研究室的调查，可列表一如下[②]。

（表一）

年别	1936	1937	1939	1941	1946
产量（市担）	244,930	212,950	209,950	165,4203	6,150
指数	100	87	87	68	15

① 阮旻锡《安溪茶歌》《泉州府志》。

② 转引自《福建经济概况》，第72页，民国三十六年（1947年）九月福建省政府建设厅编印。

由此可知，福建省茶叶产量十年间下降百分之八十五。追溯其因，便是战争破坏，导致“经营不善，繁殖、种植、管理、采摘、咸乖其方，驯至佳种不能保存，品质视昔有逊，产量亦从而减少，老树林立，所产不丰，益以农村崩溃，茶农资金匮乏，无力经营，多以茶地改种甘薯杂粮。故植茶面积日形缩小……[①]”。生产指数的下降，首先表现在植茶面积的缩小。一九三四年福建省政府秘书处统计室估计，全省茶地面积为584345亩；一九三九年福建省农林处农业经济研究室调查，全省茶地面积为540749亩。安溪县的茶地面积在一九三四年为73650亩，一九三九年为39760亩，遭战争破坏尤其严重。但从表二[②]可以看出，安溪茶地面积居南路[③]首位。并在全省占有13.6%的面积（以一九三九年计）。

（表二）　　单位：市亩

安　溪	39,760	宁　洋	670	大　田	150	永　春	2,060
南　安	425	晋　江	280	诏　安	280	长　泰	450
平　和	4,430	漳　平	570	龙　溪	5,360	华　安	870

安溪茶叶产量调查有如表三[④]。

（表三）

产茶地亩		战前每年产额（市担）			一九四六年产额（市担）		
山　地	平　地	总　额	外　销	内　销	总　额	外　销	内　销
19,500	2,850	6,700	5,800	900	5,600	5,100	500

显然，单位产量有了下降。但以下两方面可以说明其发展趋势。

① 闽政丛刊《福建省之特产产销》，第2页。

② 福建省农林处农业经济研究室二十八年（1939年）调查，载于《农业统计资料》第二卷第十一期、第十二期合刊。本文引自《福建经济概况》第67页。

③ 依据地理关系、运销情形分为东、西、南、北四路，具体分法在《福建省之特产产销》《福建经济研究》《福建经济概况》等书中各有不同，此处依《福建经济统计手册》，东路为古田、罗源、连江、林森；西路为崇安、邵武、建阳、政和、松溪、浦坡、建瓯、沙县、水吉；北路为福安、福鼎、寿宁、霞浦、宁德、屏南、拓荣、周宁。

④ 安溪县档案《茶叶业》，安溪县公安局藏，下同。

1．安溪主要产茶区的发展

根据调查材料，可列表四[①]（编者注：表中“兰田”应为“蓝田”）。

（表四）　　产量单位：斤

	一九三五年	一九四四年	增长倍数
兰田	50,000	200,000	4
岭头	8,000	15,000	1.87
长坑	3,800	8,000	2.1
由义	2,500	30,000	12
珊屏	2,700	50,000	1.85

这些产地分布于安溪北线，是茶叶主要产地，十年间产量平均增长4.2倍，最高达12倍。安溪茶产可见一斑。

2．绿茶比例的比较

福建省茶叶品种主要有红茶、绿茶、青茶、白茶几种，其中以红、绿茶为最大宗。战时，红茶比例上升，绿茶比例下降，可见表五[②]。

（表五）　　单位：市担

年别	合计		红茶		绿茶	
	实数	%	实数	%	实数	%
一九三五年	193,915	100	47,800	24.64	105,920	54.62
一九四一年	166,420	100	46,400	27.89	83,080	49.95

安溪茶叶生产以绿茶为主，产量变化必在绿茶中体现。参照表四更显蓝田等五乡的茶产发展速度之快；参照表三、表五，安溪的22350亩中，十年间产量下降16.4%，绿茶产量下降21.6%。

由此可见，安溪茶产在主要区域获得较快的发展，在其他地区产量下降也不及全省平均下降率，遭受破坏程度较轻。

① 根据《茶木纸调查卷》（安溪县公安局藏，下同）《茶叶业》数字推算而得。

② 《福建经济概况》，第71页。

二

福建乌龙茶，主要分为闽北和闽南两大产区。闽北以武夷岩茶为代表，闽南则以安溪茶为代表。而安溪茶品种繁多，“据解放前的调查，仅安溪一县，就有四十多种茶树良种。解放后经科学单位的研究鉴定，保存下来尚有十多个良种，如乌龙、奇兰、梅占、桃仁、水仁、铁观音、雪梨、毛蟹等，其中铁观音最为著名①”。

优良品种的栽培和扩植，可以提高单位面积的产量，广开市场，扩大销路，提高经济效益；在外贸上扩大出口，增加外汇，改变对外贸易形势。反过来，又提高人们的生产积极性和创造性，发展生产。

抗战时期，安溪主要茶乡已普遍种植铁观音等最优品种，并以此为主要品种。一九三五年二月二十七日调查的安溪茶产区域有第一区的参山、后峰；第五区的尧阳；第六区的蓝田、山坪、岭头。其茶树种类有铁观音、乌龙、水仙、佛手种、毛猴、奇兰、梅占、桃仁等②。一九三八年的安溪县存茶调查中，主要品种只是铁观音、本山、水仙等③。一九四四年七月十日的安溪六十二个产地的茶叶生产调查④中，已有五十三个产地以铁观音为主要茶树品种，而这些产地的茶叶年产量均在三十市担以上，如铁观音故乡——尧阳年产量达1800市担，种植的茶叶以铁观音、梅占、乌龙、奇兰等良种为主；蓝田年产量2000市担，种植铁观音、水仙、大乌等；大坪年产量1000市担，种植铁观音、梅占、乌龙；珊屏年产量500市担，种植铁观音、乌龙、水仙、梅占；由义年产量300担，种植铁观音、乌龙。

由此可见，今日名扬四海的铁观音在当时已是安溪茶的最主要品种。

三

福建省“各种主要物产之输出，在平时多数经由海关，抗战初期，敌人封锁我海口，但外国船只仍可航行，故受其阻力尚不大，及后敌人因战事久持，陷入泥淖，色厉内荏，加紧封锁沿海，对航行之外轮，施行严厉之检查，因而本省物产之

① 《中国名茶》第42页，浙江人民出版社，1979年版。

② 《茶木纸调查卷》。

③ 安溪县档案《茶叶》，安溪县公安局藏，下同。

④ 《茶叶业》。

输出，遂备受摧残，惟内销尚旺。综计（民国）二十七年（1938年）产茶区之输出总额计67975市担，若与民国二十三年（1934年）输出数量相较，减少几达四分之三，其衰落之严重可知[①]”。

同样，安溪茶叶也因运销路径被阻，大量淤积无法销售，一九三八年七月安溪县各区进行了存茶调查，表六是第三区存茶调查表的部分内容[②]。

（表六）

商户名称或茶户姓名	住址	茶叶名称	出产地	现存数据		每斤价目	
				件数	斤数	现价	旧价
刘金利	珊屏	铁观音	珊屏	200	6,000	七角	二元
刘金利	珊屏	乌龙	珊屏	150	4,500	三角	一元
刘英记	珊屏	铁观音	珊屏	120	3,600	七角	二元
刘英记	珊屏	乌龙	珊屏	85	2,550	三角	一元
吴佑记	上地	铁观音	上地	100	3,000	七角	二元
吴福兴	后垅	乌龙	后垅	100	3,000	三角	一元
吴福兴	后垅	铁观音	后垅	100	3,000	七角	二元
老合义	长坑	铁观音	南长	30	900	七角	二元
王义峰	由义	红丛铁观音	由义	300	9,000	一.二元	二元
王章玩	由义	红丛铁观音	由义		500	一.二元	二元
章温纪	兰田	铁观音	兰田	200	6,000	五角	二元
徐考记	兰田	乌龙	兰田	100	3,000	二角	七角
颜尚记	黄柏	乌龙	黄柏	100	3,000	二角	七角
颜源春	乌土	乌龙	乌土	200	6,000	二角	七角
郑德发	岭头	乌龙	岭头	100	3,000	二角	七角

根据第一、二、三区七十八户茶农及茶商的调查，可统计于表七[③]。

（表七）

	调查户数	存茶数量（斤）	原价合计（元）	现价合计（元）
第一区	19	4,650	7,440	5,450
第二区	14	3,200	5,150	3,403.5
第三区	45	158,010	137,756	46,946
合计	78	165,860	150,345	55,799.5

① 陈荣椿：《战时福建主要物产产销》，福建调查统计丛书之二《福建经济研究》下册，第285-286页。

② 《茶叶》。

③ 根据《茶叶》的民国二十七年（1938年）七月安溪县第一、二、三区存茶调查登记表提供的内容统计而得。

表六、表七可见，由于存茶过多，价格下跌严重，且存茶愈多，跌价愈猛。如第三区存茶达158010斤，平均跌价65.9%，最高达75%（表六章温纪商户每斤价格从二元下降到五角）。三区价格亏损至少达94545.5元，平均每户达1212.06元。损失之大，可想而知。

以上分析，是抗战初期情况。对此，福建省政府、安溪县政府及各种人士曾提出了一系列扩大贸易、发展生产的措施。《战时福建主要物产产销》根据福建省农林处农业经济研究室调查所得，提出六个要点："一，改进运输途径；二，推广省际贸易；三，奖励生产；四，统制收买与运销；五，普遍设立仓库与堆栈；六，增进省内销路①"。

从《二十九年（1940年）安溪县核准登记茶贩一览表》②中可以知道，当时领取茶贩许可证的就有816人，其中有私人营业，也有雇工，规模非小。营业地域也很广泛，遍布漳州、南靖、龙溪、山城、同安、小溪、灌口、石码等地，在经营地域中，不仅有内地的销售市场，更多的是沿海市场的占领，扩大外贸。

此后，茶叶改良场出现，经费达一亿元，改变制茶技术，提高茶叶质量，以达到在国内外市场倾销的目的③。

制茶合作社亦得以成立，并收到不小的效果。表八便是说明④。

（表八）

成立社数	参加人数	成立时间	每年制成产额（担数）		
			总 额	外 销	内 销
20	476	一九四五年五或六月	3,259	3,107	152

一九四六年，福建省茶叶产销概况调查中，安溪县以泉州、漳州、厦门作为运销地点，产有铁观音、乌龙等名茶10050市担，售价达3950000元⑤。可见外销形势是较为喜人的。

纵观战时，安溪茶产运销曾一度遭受破坏，但还是发展的。

① 陈荣椿：《战时福建主要物产产销》《福建经济研究》下册，第286-287页。
② 《茶叶业》，此表详细内容于本文略去。
③ 《茶叶业》。
④ 根据《茶叶业》的《福建省安溪县制茶合作社调查表》提供的数字统计而得。
⑤ 《福建省二十五年（1946年）茶叶产销概况调查表（安溪县）》《茶叶业》。

四

自然经济是以耕织结合为特征。以一家一户为独立的生产单位的小农经济，基本上是一个封闭的系统，它与外界的经济联系极为微弱。可谓是“鸡犬之声相闻，老死不相往来”。如马克思在论述小农经济的特点时指出：“旧式小农”“则是直接消费他的产品的绝大部分，尽量少买少卖，只要有可能，就自己造工具，做衣服等等[①]”。因此，在自然经济条件下，是不需要广泛的经济联系的。然而，在中国古代，商品经济却活跃于自然经济之中，且作为一种必要补充而长期存在。如福建茶叶生产从封建社会始虽以一家一户为主要生产单位，但仍然存在着比其他生产物活跃的商品性质，这种商品经济的发展对于自然经济并没有过大的冲突。

纵观福建安溪的茶叶生产，对抗战时期安溪茶叶生产结构可分析于下。

福建茶叶生产首先表现为商品生产。不管是战前还是战时，其输出额有较大减退，但茶叶的输出额一直在福建省各种特产输出中居第一位[②]。安溪更是如此，其产茶战前86.57%，战后92.86%在于外销（如表三所示）。因此，茶业与当时的农业自然经济不同，它反映了商品生产的发展。

其次，安溪茶产的雇工记录。

安溪茶叶制法在当时仍以手工制作为主，其制法复杂，过程繁多，“分为晾青、晒青、摇青、杀青、初揉、初烘、包揉、复烘、复包揉、足火十个过程[③]”。在包括采摘、包装、销售的直接生产，以至茶苗培植，移栽，茶园管理的系列环节中，战前的生产经营便有雇工的出现。如珊屏乡，就有三家茶庄，其资本总额二万元，营业总额七万元，其中有茶贩十六人[④]。战时，雇工依然存在。一九四〇年，安溪核准登记的茶贩中，珊屏乡便有七人以上受雇于人，他们分布于漳州、龙溪等地，为雇主推销茶叶，获得报酬[⑤]。

再次，安溪茶厂的出现。

战前，安溪县茶叶技术讨论会议案中就曾以“设大规模制茶工厂集中制造案”为议题，提出“先从诚办着手，于各重要产茶区（系指出口茶）暂设大规模制茶

① 马克思：《资本论》第二卷，第132页。

② 《福建经济研究》上册。

③ 陈学良：《茶话》，第73页，广西人民出版社。

④ 《福建省各县茶业特查表》《茶木纸调查卷》。

⑤ 《二十九年（1940年）安溪核准登记茶贩一览表》《茶叶业》。

工厂一所或二所，资金每厂约三十万至五十万元，由官商集资合办[①]”的议案。一九四七年一月的各县制茶工厂调查中，位于西坪的安溪茶厂资本额已有65000000元，手工制作，每年制成茶额1000担，其中外销900担，内销100担[②]。

最后，安溪茶叶改良场、制茶合作社的成立。

在《安溪县请设茶业改良场计划纲要》中提出：“……资金来源：资金预算一万万元，内省处投资五千万元，县政府投资一千万元，其余四千万元由茶农茶商认股合营。……工场主要设备：（1）茶寮一所——内设焙茶工场一处，制茶工场一处，晒场一处，茶业贮藏所一处，茶业包装所一处，其他应购置制茶器具及架设茶壶等。（2）办公处及住所——内设办公厅一处，技术室若干处及职工宿舍等[③]”。可见这里并具了资本主义工场的性质。

制茶合作社的成立与发展，对于生产的发展颇为有利。因为它的组成人员是各乡同一保中的具有血缘关系的成员，人数每在十几到四十几不等。由于内部人员不多，又有血缘关系，他们比较容易团结一致，同心协力，分工协作，制作上虽仍是手工，但产额较高，如叶金燕负责的参山村社，参加人数仅十一人，每年可制茶100担[④]。

综上所述，安溪茶叶生产结构是比较复杂的，由于所处时代是半殖民地半封建的社会，其生产过程仍然由个体经营为主，虽然也出现一些较先进的经营方式，但都是个别的或临时的。可以说，这是落后的上层建筑对经济基础的拖后腿。

安溪茶叶生产在抗战时期表现了产量的相对提高，优良品种的扩植，对外运销的维持，经济结构的个别变化。追溯其因，一方面是由于地方政府出于本身利益，积极推动；但更重要还是安溪县地处穷乡僻壤，地稀人广，山区的茶叶生产成为他们的重要的经济来源。劳动人民懂得了走向山上，靠山吃山（如表三所示的产茶地域，山地面积占87.24%），以改善生产地位。

安溪战时茶产发展，是明清以来传统生产的继续和发扬，也是今后茶叶生产的基础。战后以至今日，安溪茶产一直在福建茶叶生产中占有重要地位，并在福建外贸中具有重大影响。

——《中国社会经济史研究》1985-12-31

① 《茶木纸调查卷》。

②、③ 《茶叶业》。

④ 《福建省安溪县制茶合作社调查表》《茶叶》。

《近代安溪茶产述论》（1986年）

苏鑫（编者注：苏鑫鸿）

从清末到民国时期，中国茶产发展颇不稳定，几度大起大落，其总趋势是不断衰退的。与此同时，福建安溪茶产却一枝独秀，蜚声中外，获得了前所未有的迅猛发展。这一不同寻常的历史现象，应引起足够的重视与深入地探讨。笔者曾对抗战时期的安溪茶产作过探讨①，现将抗战以前的安溪茶叶史作一论述，以补其阙。

一

安溪县早在唐末、宋初开始产茶，《清水岩志》便有这样的记载："清水高峰，出云吐雾，寺僧植茶，饱山岚之气，沐日月之精，得烟霞之霭，食之能疗百病。老寮等属人家，清香之味不及也。鬼空口有宋植二三株，其味尤香，其功益大，饮之不觉两腋风生。倘遇陆羽，将以补茶话（编者注：《茶经》）焉②。"但这时的种茶、饮茶皆不普遍，宋代仍是"槟榔代茶""宾客相见，必设此为重，俗之婚聘，亦藉此以贽焉③。"到了明代，安溪茶产有所发展，"常乐、崇善等里货卖甚多④。"然这仍是地方性的，种植并不普遍。就是清初，"龙涓、崇信出者多，惟凤山清水岩得名，然少鬻于市⑤。"茶叶作为商品进行交换。茶叶作为商品经济的产品在这里没有得到多大的体现，那么，它的发展也就很有限了。

清代乾隆以后，安溪茶产得到发展，种植普遍，最突出的例子是铁观音优良品种的出现⑥。十八世纪到十九世纪，安溪茶产得到初步发展，如诗人阮旻锡写下了《安溪茶歌》："安溪之山郁嵯峨，其阴长湿生丛茶。居人清明采嫩叶，为价甚贱供万家。迩来武夷漳人制，紫白二毫粟粒芽。西洋番舶岁来买，王钱不论凭官牙。溪茶遂仿岩茶样，先炒后焙不争差；真伪混杂人聩聩，世道如此良可嗟！吾衰肺病日增加，蔗浆茗饮当餐霞。仙山道人永不至，井坑香涧路途赊，江天极目浮云遮，且

① 见拙作《抗日战争时期安溪茶叶生产的几个侧面》《中国社会经济史研究》，一九八五年第四期。

② 见厦门大学图书馆藏本，复印本。

③〔明〕《安溪县志》，林有年纂修，卷一，"地舆类"。

④〔明〕《安溪县志》，卷一，"土产"。

⑤〔明〕《安溪县志》，卷一（编者注：此处为卷四）。

⑥ 铁观音品种由来的传说许多，可以证明的是在清代乾隆年间已经出现，详见王氏家谱，《中国名茶》，后文详述。

向闲庭扫落花，无暇为君辨正邪[①]。”由此可以说明的是，安溪茶叶种植开始普遍，并以春季采摘为主的形式，然质量不佳，缺乏自己的市场，因而只是效仿武夷岩茶制法，在武夷岩茶畅销国外的时候，充当武夷岩茶出售“而武夷遂有名无实，即地方官预行封禁，至期开采，亦惟充贡物，備餽献，庶有真者，若寻常赠遗，饮之与常品无异[②]”。然这样的冒充物是手段，因为自此安溪茶开始得到真正的发展，在今后的百余年间，其表现是颇突出的。

首先是茶地面积的扩大。茶为永久作物，其发展速度相对缓慢，近代以来，老茶区大都荒废，新茶区发展也是停滞不前，安溪茶区发展较晚，但近百年间，茶区开拓很快，到二十世纪初，茶地面积达73650亩，占全县面积的2%余，而作为老茶区的建瓯县，同时期的茶地面积仅为该县面积约1.3%；到了抗战前夕，安溪茶地面积已超过200000亩[③]，至此，安溪茶地面积已列全省第一。

其次是产量的提高和外销的扩大。安溪茶叶在冒充武夷岩茶出售时，年产也仅几百担，近代之后，由于价格便宜，紧逼出口港口，发展很快，几十年间，其产量已达数千担，二十世纪后发展更快，三十年代间，年产量曾达40000担，超出武夷茶区[④]产量百余倍，其产值达1000000元，占安溪作物总值的39%，成为安溪县第一主要作物[⑤]。在外销上，清末的安溪茶叶便畅销闽南各地，如《云霄厅志》载道：“盘陀岭、碧湖岩、半岭村皆有产茶，然土人不习制法，归于无用。现饮片，皆从武夷、安溪而来[⑥]。”近代以后，武夷岩茶的衰竭，闽南市场便为安溪茶占据，而随着近代厦门港口茶叶输出的日益不景气，安溪茶“集于漳州、而后转销于省外各地，输出量年约七千七百余担[⑦]”。与此同时，也以现款交易，通过厦门港口，销售英、荷二属地和厦门等处[⑧]。多渠道的外销，保证了茶产的稳定发展。

---

① 阮旻锡：《安溪茶歌》，〔清〕《泉州府志》。

② 彭光斗：《闽琐记》（抄本）。

③ 这一数字只包括安溪茶区第一区的参山、后峰，第五区的尧阳；第六区的蓝田、山坪、岭头等主要产茶区，若全县的统计数字，则会为数更大。见安溪县档案材料：《茶木纸调查卷》，安溪县公安局藏。

④ 本文所指的武夷茶区，乃《武夷山志》卷二所言的“在崇安县南三十里，……周围几百二十里，东抵崇溪，北至黄龙溪，西至将村里，南至兰原”的地区。

⑤ 参阅国立厦门大学理学院生物学系自物第四卷《福建省农产调查报告》，第117-126页。

⑥ 民国《云霄厅志》，卷六，物产，第2页。

⑦ 《福生统计年鉴》（第一回），第957页。

⑧ 《福建省农产调查报告》，第120页。

再次是生产形态的某些变化。近代安溪茶产的发展，表现了商品经济的不断发展，因而农民越来越多地卷入商品交换，导致了生产关系的微妙变化。如珊屏乡，本乡茶地面积一千五百亩，年产量二万七千斤。从事茶叶之士农工商各部情形是，茶农二百二十户，共有人口四百八十人，茶工占三百三十人，其中制茶一百九十人，包装五十人，运输九十人，茶商中，三家茶庄，资本总额二万元，营业总额七万元，茶商一十六人①。此外，蓝田、岭头等乡也有这样的例子。这种脱离小农经济形态的专门经营茶叶生产与出售的具有资本主义生产形态的茶庄，就资本，可窥其生机与活力。

最后是优良品种的增多。安溪茶品种繁多，“据解放前的调查，……就有四十多种茶树良种。解放后经科学单位的研究鉴定，保存下来的尚有十多个良种，如乌龙、奇兰、梅占、桃仁、水仙、铁观音、雪梨、毛蟹等，其中以铁观音最为著名②。”如前所述的铁观音品种的出现是见诸文献的最早品种，无疑，这些优良品种的出现与发展是在清末以降的百余年间的。如铁观音品种在近代的种植非常普遍，声誉愈高③。乌龙种，据传为清末安溪松林头人苏龙育成（取其名字谐音而命名之），近代安溪栽培面积甚广，茶树寿命长，抵抗力强，其数量占各品种的二分之一，是安溪近代一大茶种④。梅占种，发源于十九世纪末的安溪三洋，树势高大，品质颇佳，它以三洋出产最多，而以留山、赤石所产者为最佳，其数量仅次于乌龙种而居第二位⑤。奇兰种，也为安溪一大优品，原产地为安溪松林头，成茶之形状及香味均优于乌龙、梅占，其品种分为白奇兰、金面奇兰、竹叶奇兰、赤叶奇兰及软枝奇兰等，安溪栽培甚多，其面积仅次于乌龙及梅占⑥。香橼种，原产于安溪金榜骑虎岩，树高六七尺，叶大面圆，为中国之东部和东南部所仅见，此种品质甚佳，味浓色深，冲水次数多，消化力特强，多充为药品。《东溪试茶录》云：“柑叶茶树高丈余，径头七至八寸，叶厚而圆，状类柑桔之叶，其芽发即肥乳。长二寸

---

① 《福建省各县茶业特查表》，安溪县政府档案《茶木纸调查卷》，安溪县公安局藏。
② 《中国名茶》第 42 页，浙江人民出版社，一九七九年版。
③ 参见拙作《抗日战争时期安溪茶叶生产的几个侧面》。
④ 参阅《福建武夷安溪茶业》。
⑤、⑥ 根据笔者调查所得，并参阅了《福建武夷安溪茶业》（厦门农产品采购供应站茶叶小组编纂，1959 年，厦门大学历史系资料室藏），《茶木纸调查卷》（安溪县政府档案，1934 年，安溪县公安局藏）等。

许，为食茶之上品。”此言所指，与香橼种不无关系[①]。此外毛蟹、毛猴、太葱种产于安溪太坪，成茶、色、味、香俱佳；白牡丹产于安溪马踢石，制茶品质优良，泡水极长，香气特高；桃仁种产于安溪马踢石，有美好香味，为乌龙之优良变种[②]；所有这些，都为我们展示近代安溪茶产的“横断面”，其声誉愈高，销路愈广，便是必然的规律了。

二

近代安溪茶产的发展，在中国茶叶史上或对比福建茶产，都颇具特色，因为近代中国茶叶生产总趋势是衰退或停滞的，如1866—1885年的年均生产估计量是3000000市担，到1926—1935年的年均生产估计量则为1600000市担[③]，其下降速度是惊人的；同样，福建乌龙茶一大代表——武夷岩茶也是如此，据《崇安县志》记载，武夷岩茶区产量在清光绪年间达4000担，1914年达4500担，1924年则为2000担，1634年（编者注：1934年）下降为350担。这样严重的破坏，在几十年后的今天，也未能完全达到历史上最高产量[④]。

相比之下，安溪茶产的发展便更显夺目。那么，近代安溪茶产是如何得以发展的呢？纵观清末以降百余年间，安溪茶产的发展，具有以下几方面的原因与经验。

（一）自然条件的赐予

形成名茶、多产茶有许多重要因素，其中最重要的是良好的自然条件。安溪地势由西北向东南倾斜，东半部多低山丘陵，地势相对平缓，海拔100～300米，河谷平原分布其间。西半部地势骤然抬高，海拔多在600～800米，崇山峻岭，峰峦连绵，气势磅礴，雄伟瑰丽。属亚热带季风气候，雨量充沛。季节变换明显，年平均气温16～21℃，夏天既无炎暑，冬天复少严寒，年平均降雨量1600～1800毫米。土质大部分为酸性红壤，土层深层，有的高达1米以上，为最适宜种茶之区域。在这“四序有花长见雨，一冬无雪却闻雷”[⑤]的自然气候中，对比霜期长，气候寒冷的闽

①、② 根据笔者调查所得，并参阅了《福建武夷安溪茶业》（厦门农产品采购供应站茶叶小组编纂，1959年，厦门大学历史系资料室藏），《茶木纸调查卷》（安溪县政府档案，1934年，安溪县公安局藏）等。

③ 庄晚芳：《中国的茶业》，第14-15页。

④ 参阅调研报告汇编（第一集）：《福建土特产》，第127页，1683年6月。

⑤ 〔清〕《泉州府志》，卷一（编者注：此处为卷二），气候。

北武夷岩茶区，表现了单位产量高的优点。同时，安溪县靠近厦门、漳州，逼近沿海，有利于安溪茶叶的出口，由于可以缩短运输周期，减少劳力，茶价一直比武夷岩茶便宜，从而又增加了出口数额。

（二）优良品种的选育

铁观音，树势不大，枝条披张；叶色暗绿，叶面光泽，叶质柔软肥厚，叶绿翻转，锯齿浅疏而整齐。成茶条索紧结，色泽乌润而砂绿；泡饮时香艳味浓，有天然馥郁的兰花香。因其色泽褐绿，沉重如铁，香美赛过观音，故名“铁观音”①。

对于铁观音品种的由来，传说颇多，很不一致。一说清代乾隆年间，安溪松林头魏饮信佛，每天清晨必以清茶一杯奉献于观音大士像前，一天他到山上砍柴，在打石坑的石隙间，发现有一株茶树，在晨光照耀下，叶面闪闪发光，遂把它挖回来精心栽培，采叶制成乌龙茶，香气特异，要比其他茶叶为重，人们就顺口称它“重如铁”，由于这种茶叶叶色暗绿如铁，味道清甜而气味芳香，又改称为“铁观音”②。一说铁观音是安溪尧阳南岩山王士让所制。据王氏家谱记载，王士让曾筑书房于南阳额为“南轩”，据传他于层石荒园间发现一株奇异的茶树，移植于南轩之圃，经精心培育，摘制成品，香浓味甘，携赠侍郎方苞，方苞侍郎转赠乾隆，蒙召见垂询茶史，因茶索紧结，身重如铁，气香形美赛观音，乾隆皇帝便赐名“南岩铁观音”③。这里传说不一，但可说明的是，铁观音的出现，是劳动人民平时注意选育良种的榜样。近代以来各种优良品种的出现与发展，无不凝聚劳动人民精心培育的汗水。安溪栽植茶树，不仅对于品种之选拔颇为注意，而且每一品种均有成系之栽培，如为什种或实生种，则名为菜茶土茶或种旧，以便与真正品种分别，其他各品种均以无性繁殖，故品种之特性均可继续保持不变，对于良种名茶，单独采制，单独出售，从而保证产量的提高，提高产品的声誉。与此同时，安溪茶农还注意引进优良品种，进行扩植。如水仙种，即于前清道光之后，由建瓯大湖传入安溪，盛产于安溪西坪④。因此，安溪茶集乌龙茶之精华，蜚声中外，势在必然。

（三）采制方法的精巧

近代安溪茶产都以手工制作，工艺极为繁复，从采到制，要经过十几道工序：采出、凉青、晒青、做青、堆青、炒青、初揉、初烘、复揉、复烘、拣剔、足火、

①、②《中国名茶》，第 43 页。
③ 参阅《安溪县地名录》。
④《福建武夷安溪茶业》，第 24 页。

包装。在采制过程中，每道工序都有严格的要求，如毛茶初制之夜，以不甚寒冷，微有北风，则茶自青翠芳馨，超逸异常；炒青时间要求于晨间五六点，火热之后，用手不断翻炒，翻炒宜匀，至茶叶失去黄绿色时，倒出放置筛笠上，乘热加以揉捻，至叶卷为度；包揉的工艺是闽南乌龙茶特有的工艺，安溪传统方法用白布包裹热茶胚1～2斤，运用“揉、压、搓、抓、缩”手法，经三揉四烘交替进行，使条索紧结尾曲，呈蜻蜓头，螺旋体的外形，再经60～70℃炉温用文火烘烤成为干毛茶。由于整个过程十分注意茶叶的纯度，使对形成安溪乌龙茶香气有密切关系的醚有显著增加，提高了成茶品质①。劳动人民在长期的生产中，积累了丰富的生产经验，不断地促进安溪茶产的发展。

（四）社会原因的促进

不管是近代中国茶产还是福建武夷岩茶，其衰落原因当推当时的社会造成，而安溪茶的发展亦与之有关。

近代中国自鸦片战争失败之后，封建地主、洋行买办和官僚结为一体，对于直接生产者的农民和手工业者工人的剥削，已达到使劳动群众连最低生活条件也难以维持的程度，直接生产者失去扩大再生产的能力，也失去了生产的积极情绪，同时，这种剥削也减缩了广大人民的购买力，缩小了刺激生产的市场，农民只得死守着“小农业与家庭手工业的结合”，这自然阻碍了生产力的进展。茶业也不例外，虽然在近代初期，资本主义为了自己获得利润，为了对中国茶叶有特别的爱好，引起了一度的输出旺盛，一八八六年为华茶出口之最高纪录，达1341020公担②，但由于国外市场被操纵在资本主义的洋行买办手里，而国内封建地主买办官僚更残酷地对茶农加以压迫剥削，因此茶业生产力遭到极度的摧残，以致由兴盛而到了衰落的地步，如所列，就是明证。相反，国际市场上，各国茶业崛起，占领中国的广大市场，也使中国茶品销路日益枯竭。这一时期华茶世界市场日益缩小，如欧洲之红茶市场，既被印、锡、荷印所夺；美洲之绿茶、乌龙市场，又被日本及中国台湾所摈；就是非洲所发现的新市场，也为日本所掺杂，由此足见衰落的地步。

同样，作为福建乌龙茶一大代表的武夷岩茶的命运亦是如此。封建社会的御茶园便是这种命运的写照。御茶园创办于元代初年，废弃于明嘉靖三十六年，其废弃之因便在于历代封建官吏不断前来敲诈勒索，武夷山茶农不堪其苦，被迫砍掉茶

① 参阅《福建土特产》《中国名茶》《福建武夷安溪茶业》等。

② 《中国茶业问题》，第156页。

树，逃亡他乡，造成了茶园荒芜，官府只得停办茶场。清朝诗人朱彝尊写了悲愤的《御茶园歌》："君臣第取一时快，讵知山农摘此田不毛。先春一闻省帖下，樵丁荛竖纷逋逃。"近代之后，茶区人民在帝国主义、封建主义和官僚资本主义的残酷剥削下，备受痛苦，留下的记载有如民谣所说："武夷山上九茶龙，十个包头九个穷，年轻穷了靠双手，老来穷了背竹筒（做乞丐）。""想来崇安真可怜，半碗咸茶半碗盐。"在这一非常时期，新茶区的开设已不可能，老茶区在屡遭磨难后所剩无几，所以，二十世纪后，武夷岩茶才致一落千丈，就是新中国成立后，有了三十多年的努力，也尚未达到历史上最高水平。现在的年产量虽达800担左右①，超过近代茶产量，但与历史最高年产量比较，差距甚大，这就是近代时期武夷岩茶区遭受破坏的又一见证。

武夷岩茶的屡遭厄运给安溪茶的发展造成了空隙，这是安溪茶发展的社会原因之一。由于武夷岩茶久负盛名，自清代选育出四大名丛——大红袍、铁罗汉、白鸡冠、水金龟之后，声誉倍增，因而对于大小官吏的各种敲诈勒索也就首当其冲，这种破坏所造成的对于武夷岩茶外销的损失自然很大，因而，安溪茶利用这一空隙，从冒充到补充，得到了发展。由于安溪茶发展较晚，近代时期，广大茶区得到了充分利用和生产，从而代替了武夷岩茶的国际市场和国内市场，如前所述，近代安溪茶叶在漳州年销量达七千多担，而这里，则是武夷岩茶以往的长期市场。因此，在这地稀人广的地区里，安溪茶农能够走向山上，开发山区②，是一种积极的作为。

总之，安溪是具备了优越的自然条件，积累了丰富的生产经验，在艰苦的社会环境中，充分发挥主观能动性，在华茶衰退的近代社会里发展了安溪茶产。

三

近代安溪茶产的充分发展。对于安溪经济的发展，对于安溪与其他省份的横向经济联系，都有很大的影响。

第一，安溪茶产的发展，改变了近代安溪落后的经济面貌。

安溪县虽地处亚热带区，但海拔不一，作物近半是一年一熟，且平原耕地面积不多，产量不丰，近代以来，粮食无法自给，而大部分山区得以发展起来的茶叶生

① 《福建土特产》，第127页。

② 根据安溪县公安局藏档室材料《茶叶业》统计，安溪县茶区中山区面积占87.24%，参阅拙作《抗日战争时期安溪茶叶生产的几个侧面》。

产，正好补充和发展了这里人们的生活。仅如一九三五年虽输入米谷85600市担[①]，价值为478000元，同时期，以山区耕植为主的茶叶生产，远远超过了水稻、番薯、落花生、大小麦、红糖、芋头、荔枝、桂圆、杉木、石炭、木炭、粗炭、柿干每项主产，产值达1000000元，若以此填补米谷输入之费，尚余一半以上。由此可见，作为地方特点、名产的安溪茶叶在安溪经济建设中具有重要的地位。

第二，安溪茶产的发展，在近代中国茶叶史上也有影响。

一是优良品种的传播。安溪劳动人民平时注意选育良种，至新中国成立之前，安溪优良品种达四十多种，根据各地情况，不同安溪茶优良品种传播到各地区，在那里得到了推广，为乌龙茶的发展史写下光辉的一页。如武夷岩茶区，传入了许多安溪新品种。早在道光年间，乌龙种茶传入建瓯以至闽北武夷岩茶区[②]，栽培甚盛，种类亦多，有大叶小叶，光叶及尖叶之别，或高型乌龙、低型乌龙、笠枝乌龙、软枝乌龙之分，形成乌龙茶系，近代乌龙种在武夷岩茶区成为名种，价值倍增，如《蒋叔南游记》第一集所载："乌龙、水仙与奇种等，价亦相同，计每斤四元。水仙叶大，味清香，乌龙叶细色黑，味浓涩。至此则另立名目，价格奇昂[③]。"仅次于乌龙种在安溪种植的是梅占种，它十九世纪末发源于安溪三洋，二十世纪初便传入武夷山，奇兰种在安溪栽培甚多，其面积仅次于乌龙与梅占，亦于二十世纪初期传入武夷山，品种许多，有白奇兰、金面奇兰、竹叶奇兰、赤叶奇兰及软枝奇兰等；铁观音、桃仁等也都在这一时期传入武夷茶区。这些品种的传入，对于武夷茶区更广泛地利用土地（各地适应茶种不同），多植优茶，提高产量，是有很大意义的。又如台湾，早在道光年间的广大移民中，安溪人带去了乌龙茶，开始在台湾栽培，从而发展了"台湾乌龙茶"。之后，安溪茶各品种相继传入，如铁观音等，在传入武夷山的同时，传到台湾，发展了台湾茶叶生产，同时也是两地人民血肉相连的又一证明。

二是繁殖与采制技术的传播。安溪茶树繁殖，大致可分为二法，即有性繁殖与无性繁殖，尤其是无性繁殖法，取茶株之优良者，举行压条及扦插等法以繁殖之，从而保持优良品性于后代。在采制上，以半发酵的特殊炒制工艺，制成了条索紧结、味道甘甜醇郁的乌龙茶，这是劳动人民生产实践的经验结晶。同时，这些繁殖

---

① 参阅《福建省统计年鉴》（第一回），第675页。

② 《建瓯县志》卷25载道：道光年间，"乌龙茶叶多而色浓，味香而远，凡高旷之地种植皆宜，其种传自泉州安溪县"，随后由詹姓者移植至崇安，继而闽北各地栽培甚盛。

③ 蒋希召《蒋叔南游记》第一集，1921年。引自《中国茶叶历史资料选辑》，第450页。

和采制工艺伴随茶树品种由邑人很快地传入闽北、建瓯、沙县、崇安、武夷一带，与“水仙”同样成为武夷岩茶的一个优秀品系[①]。在台湾，这些技术随着茶种的到来而在这里推广，同时，一八八一年安溪王义程和一八八五年的王水锦、魏静到台北精心研究茶叶的栽培和采制工艺，创制台湾色种茶及外包形式，对台湾色种茶的改进和提高做了大量工作，为台湾开辟了东南亚茶叶市场。一九一六年，台湾督署（编者注：“台湾总督府”）举行茶赛，安溪的“万寿桃”牌铁观音获得金牌，这块金牌至今还保存在西坪乡南岩村[②]，显然，铁观音品种种植及加工工艺在台湾得到了推广。

第三，近代安溪茶产的发展，赢得了很高的国际声誉。

自十九世纪以后，华茶的衰退与各国家、各地区的茶叶市场争夺直接关联，如日本、中国台湾（被日占时期），印度、锡兰等对于市场的争夺主要的便是占领华茶传统的市场，由于这些地区的机械化、专门化，成本较低，价格便宜，使华茶输出日益减少，仅福建青茶而言，初期最盛时期输出：每年输往南洋及美国达十余万公担，抗战前尚有三四万公担，抗战时只有一万余公担[③]。但由于安溪乌龙茶历史悠久，影响很大，各国家和地区虽然引进品种与技术，但终不如安溪茶叶质地之良，就在二十世纪各地茶叶充斥华茶市场时，台湾的乌龙茶输出仍在下降，如一九一二年，输出10953892公担，总值6673933元；一九三二年仅输出6379676公担，总值4870380元。而安溪茶在福建茶叶外销衰退时仍保持着在国内外售销的优势，抗战前输出近万担占福建乌龙茶叶输出一半以上[④]，就是抗战时期，其外销仍达5800担；同时，它的价格也高，如一九三四年，福建省茶叶输出总额为201110担，输出值为9034300元，平均每担不到45元，而安溪茶同年输出的7770担，输出值为788400元，平均每担达100元以上[⑤]，安溪茶声誉可见一斑。

近代以来，安溪乌龙茶销路广阔，不仅畅销东南亚各地，还打入了日本、英国、美国、加拿大等三十多个国家和地区，是国际市场上供不应求的商品。

现在，世界茶叶市场上正掀起一场“乌龙茶”热，可以说，这与近代安溪茶产的持续发展不无关系。由此窥见，重视与发展地方特产，乃不失为历史和现实的一大经济措施，当引起普遍的思考。

——《中国社会经济史研究》1986-12-31

①、②《安溪方志通讯》〈创刊号〉，第32页，第37页。
③ 庄晚芳《中国的茶业》，第25页。
④、⑤《福建省统计年鉴》（第一回），第966页。

《应重视溪茶的荣誉》（1986年）

庄晚芳

从茶叶加工方法来说，安溪茶（简称溪茶）和武夷茶均系乌龙茶类。溪茶的产销历史虽然比武夷茶为迟，但经过山区人民的辛勤改进和海外华侨锐心经营，青出于蓝，在东南亚市场取得很好的信誉。特别良种铁观音推广之后，更受侨胞的喜爱，神香禅味，口齿留香，最令人心旷神怡，真是安溪奇茗铁观音，敬饮一杯情意深。二十世纪八十年代溪茶铁观音经国家评比，获得国家金质奖的荣誉，殊为可贵。

溪茶的发展历史与华侨关系分不开，因此，与厦门口岸的兴衰有密切相关。十六世纪和十七世纪初期，武夷茶首先运销欧洲，开始于厦门，嗣后溪茶大量亦由厦门出口。1955年全省乌龙茶由厦门茶叶进出口公司统一经营出口，取得不少成果，1984年全省出口的乌龙茶约达九万多担，从厦门出口的约占80%以上。所以福建乌龙茶不但在传统市场得到发展，而且逐渐扩展到日本和欧美等国，引起日本人饮用乌龙茶的热潮。目前出口的乌龙茶中以溪茶占多数，溪茶中的铁观音、黄金桂等名种，特受重视。

溪茶生产在新中国成立前仅一万担左右。新中国成立以来得到党和人民政府的扶持，生产不断上升，据1985年的统计，全县产茶量约达八万多担，占全省茶叶总产量的13%左右，占全省乌龙茶产量的三分之一。每年茶叶的税利收入，占全县税利的半数，创汇约达八百万美元。这些成就的取得与认真贯彻党和政府的政策是分不开的。国务院1984年75号文件下达后，开展多渠道经营，包产到户，推广生产责任制，茶农收入有所增加，生活也得到改善，内外销市场均有转旺的现象。

安溪属于泉州市，邻近有六个县，是闽南的高原地区，山高岭峭，云雾萦绕，日夜温差大，过去山林繁茂、溪水清澄的林茶生产在全县占首位，但由于“左”的思想影响，从“大炼钢铁”到“以粮为纲”，以致山林大受破坏，水土流失严重，如今“青溪变黄河，绿山变濯地”，人民日常生活所用的柴火也成为大问题，粮食更是无法满足需要，生态失了平衡，茶叶质量也受影响。农村卫生教育的发展比其他县为差，成为泉州市资源最丰富的贫困县，人口外流成为华侨最多的县份。如能根据安溪的特点，善以利用天、地、人的条件，争取侨胞、台胞回乡投资建设，开发资源，以茶为主综合发展，多种经营，假以时日，必将成为最为富饶、最有贡献的县份。

近两年来溪茶生产虽有增进，但因生态受到破坏，同时销售经营又存在不少问题，导致质量下降。全县经营溪茶加工销售的单位约有120多家，缺乏统一规格和科学管理，产、供、销不能协调，各单位互相争利，矛盾百出，冒牌仿制，以次充好竞相出口，破坏溪茶的传统信誉，不但影响外销，而且搞乱内销市场。因此，在大好形势之下，如何完善生产责任制、如何加强管理、如何改善经营和加强科学研究和培训人才，这是保持溪茶荣誉很重要的问题。否则，乌龙茶虽热及一时，但后劲不继，难以持久，最后可能为其他茶类所取代。

为此，特提出几点建议，以供当局参考。

一，县人民政府应突出溪茶生产的管理，专设茶管局，统一规划，实行产供销和科研的行政管理。密切配合外贸，制定质量标准，按质论价，实行产销登记以及生产奖励制度。内外销力争统一。

二，统一出口，以厦门的原有客户为主，适当争取可靠的新客户。如华侨来县投资者，可用溪茶或其他土特产出口作为补偿商品，尽量争取外汇。

三，在能源没有充分发展之前，各区可选用合适的山地，就近发展柴炭林，以供人民生活和茶叶加工之需，有计划的植树育林，积极扶持发展畜牧业，解决粮食和肥料问题。

四，省、市人民政府应以安溪县作为“山海经”试验的重点，充分利用各方面的资源，扶持四化建设，认真改善山区农民生活和教育卫生等，逐渐改变山区的面貌。

——《福建茶叶》1986-04-02

《安溪乌龙茶史略》（1988年）

李启厚（安溪县茶叶公司）

青山绿水的名茶铁观音故乡安溪，地处闽南山区，位于晋江西溪上游，属亚热带气候，长年朝雾夕岚，温和湿润，境内峰峦竞秀，泉甘土赤，十分适宜茶树生长，加上悠久的传统栽培技术和精湛独特的制茶工艺，构成得天独厚的“天、地、人”三者兼备的特殊茶区，生产的乌龙茶品质优良，独具一格，驰名中外，是全国六大茶类中的佼佼者，也是我国茶叶宝库中的一颗璀璨明珠。

一、安溪茶叶之起源

据《安溪县志》(《泉州府志》卷十二）记载：“农曩耕于田，今耕于山，若地瓜、若茶、若桐、若松杉、若竹，凡可供日用者，不惮陟巉岩，辟草莽，岁计所入，以助衣食之不足。”这说明安溪人民在宋初时就开始开山种茶产茶了。又据安溪蓬莱《清水岩志》载：“清水高峰，出云吐雾，寺僧植茶，饱山岚之气，沐日月之精，得烟霞之霭，食之能疗百病，老寮等属人家，清香之味不及也。鬼空口有宋植二三株，其味尤香，其功益大，饮之不觉两腋风生。倘遇陆羽，将与补《茶经》焉。”上述虽对清水岩茶的作用加以夸大，但也足以说明宋时安溪不论寺僧或人家均已开始种茶。《泉州府志》和《福建续志》关于五代越王钱倜幕僚黄夷简的记述，说到他在北宋统一中国时，曾称疾退隐安溪别业，其山居诗有“宿雨一番蔬甲嫩，春山几焙茗旗香”之句，更进一步说明五代宋初时安溪已开始种茶产茶了。

到了明清时期，安溪茶叶有了较大的发展。据《泉州府志》(卷十九）载：“茶，晋江出者曰清源，南安出者曰英山，安溪出者曰清水，曰留山。”“清源山茶超轶天池之上，南安县英山茶精者可亚虎邱，惜所产不如清源之多也，闽地气暖桃李冬花，故茶较吴山差早。”“吾闽清源山茶，可与松萝、虎邱、龙井、阳羡角胜，而所产不多。按清源茶旧甚著名，今几无有，南安、英山及他处所产不多，唯安溪茶差盛，然亦非佳品也。”明嘉靖（编者注：明嘉靖三十一年）(1552年）《安溪县志》载：“安溪茶产常乐崇善等里（今蓬莱、剑斗），货卖甚多。”清乾隆《安溪县志》载：“龙涓、崇信（今龙涓、东坪、芦田）出者多，惟凤山清水岩得名，然少鬻于市。”安溪八景之一“阆岩夕照”的阆苑岩，至今尚留有“白茶特产推无价，石笋高峰别有天”的词句。可见安溪茶叶在明清时期已有较大发展。尤其是在今城厢、蓬莱、龙涓、西坪、剑斗一带产茶较多。

二、安溪乌龙茶的诞生

安溪茶叶经过七百多年劳动人民的反复实践，品种不断育新，采制工艺不断改进，质量不断提高，至明末清初产生了独特的采制工艺、并形成独特的茶类——乌龙茶。安溪有流传着这样一个民间传说：据说明末清初，安溪西坪南岩之麓，住着一位退隐的打猎“将军”，单名叶龙，因为从小饱经烈日炙烤，风雨洗练，长得黝黑健壮，乡亲们都叫他“乌龙”(闽南方言“乌”即“黑”之意)。乌龙上山打猎时，常常身背猎枪，腰挂茶篓，兼采一些野生茶叶。在追赶猎物时，茶篓里的茶叶不断在摇动，猎罢归来后炒制成茶，泡饮甚香，异于他茶，因之乡里邻人常常在夜晚或工余，相约到乌龙家饮茶聊天。有一天，乌龙猎获一头大山獐，晚上归来，急于宰獐至深夜，竟把当日采摘的茶叶搁置未加炒制，翌日清晨，炒制成茶后，其苦涩之味尽除，香醇更胜往常，乌龙大喜，连忙邀来乡亲茶友一起品尝，众人啧啧称奇，且探究其因，仿效采制，广为传开。此后，南岩茶叶声誉远扬，闻名遐迩，于是，村民开山种茶，以茶为生。乡亲们为感念乌龙的情义，就把所制的茶叶都称为"乌龙茶"。世代沿袭，沿用至今。后来，乌龙去世了，乡亲们为了纪念他，在山岩上建了一座"打猎将军庙"。这座"打猎将军庙"今虽已坍塌，但旧址犹存。

虽然这个民间传说不足作为史实，但是从传说中可以得出一个结论：发明乌龙茶这种特殊工艺，无疑就是像"乌龙"那样的千千万万劳动人民。是他们集体智慧的结晶，长期实践经验积累的升华。

三、名茶铁观音的发源

安溪名茶铁观音在清乾隆年间发源于安溪西坪峣阳。在它的故乡关于铁观音的来历广为流传着"魏、王"两个传说。

一是"魏说"。清乾隆年间，安溪西坪峣阳松林头村有个老茶农姓魏名荫（1703—1775年），为人朴实厚道，热心种茶，又笃信佛教，敬奉观音，每日晨昏都要在观音佛前敬献清茶一杯，如此数十年从不间断。有个晚上，魏荫在熟睡之中，突然梦见自己荷锄出门，行至一溪涧边，在石缝中发现有一株茶树，枝壮叶茂，芳香诱人。魏荫好生奇怪，正想探身采摘，突然传来了一阵狗吠声，把一场好梦扰醒。翌晨，魏荫循梦中途径寻觅，果然在观音仑打石坑的石隙间，发现一株如梦中所见的茶树。他细加观察，叶形椭圆，叶质肥厚，嫩芽紫红，青翠欲滴，异于他种，魏荫喜出望外，遂将茶树移植在家中一个破铁鼎里，悉心培育。经数年压枝繁殖，株株茁壮，叶叶吐翠，便适时采制，果然茶质特异，香韵非凡，视为家珍，密藏罐中，每逢贵客嘉宾临门，冲泡品评。凡饮过此茶的人，均赞不绝口。一天，有位塾师尝到这好茶，便惊异地问："这是什么茶？"魏荫便把梦中所遇和移植经过，详告塾师，并说此茶是在崖石中发现，崖石威武胜似罗汉，移植后又种在铁鼎中，想称它为"铁罗汉"。塾师摇头道："有的罗汉狰狞可恶，好茶岂可俗称。此茶乃观音托梦所获，还是称'铁观音'才雅！"魏荫听后连声叫好。

二是“王说”。据民间传说和王氏族谱记载：清乾隆元年（1736）春，峣阳士人王士让（清雍正十年副贡，乾隆六年曾出任湖广黄州府蕲州通判），曾筑书房于南山之麓，额为“南轩”。王士让每于夕阳西坠，徘徊于南轩之旁，见层石荒园间有株茶树，异于其他茶种，遂移植南轩之圃，朝夕管理，精心照护，年年繁殖，枝叶茂盛，圆叶红心；采制成品，乌润肥壮，气味超凡；泡饮之后，香馥味醇，沁人肺腑。乾隆六年（1741）王士让奉召赴京，晋谒礼部侍郎方望溪，以此茶馈赠。方侍郎感其味非凡，便转献于乾隆皇帝。乾隆皇帝品尝之后，誉为佳品，乃召见方侍郎，询问峣阳茶史，方如实禀告。因其茶米乌润结实，沉重似“铁”，味香形美，犹如“观音”，故赐名为“铁观音”。

从此，名茶铁观音随着生产的发展，市场的扩大，声誉的提高而闻名遐迩。

四、安溪的茶树品种

安溪茶农在这漫长的生产实践中培育出许多茶树优良品种，现已勘查达60多种，素有“茶树良种宝库”之称，它是构成安溪乌龙茶优良品质三大要素之一。安溪优良茶树品种中不少是我国名、优、特、稀茶树品种，1985年全国第一批审定的30种茶树良种中，安溪就占了6种，即铁观音、黄棪、本山、毛蟹、梅占、大叶乌龙。安溪茶农在长期的科学实践中创造的“茶树短穗扦插育苗法”在我国茶业史上写下了光辉的一页，并于1977年荣获全国科学大会奖。现将入选的六种茶树品种简述如下。

1. 铁观音

原产于安溪西坪峣阳，已有200多年的历史。灌木型，树冠开张，枝条斜生，叶形椭圆，叶色暗绿，叶肉肥厚，叶面隆起，叶缘翻转，叶齿浅疏，嫩芽紫红，芽少叶稀，天性娇弱，抗逆性较差，产量较低，制乌龙茶品质特优，滋味醇厚甘鲜，香气清芳高强，水色清澈金黄，叶底肥厚软亮，常以天然的兰花香和特殊的“观音韵”而区别于其他乌龙茶。

2. 本山

原产于安溪西坪峣阳，灌木型，分长叶本山和圆叶本山两种。栽培历史尚长。树冠开张，枝条斜生，分枝细又密，梗细长，叶片近椭圆形，叶肉薄质脆。采制及时则品质与铁观音相近似。

3. 黄棪（又名黄金桂）

原产于安溪罗岩灶坑村。相传，公元1860年，安溪罗岩灶坑村有青年叫林梓琴，娶西坪珠洋村女子王淡为妻。在新婚后“对月换花”时，按当地习俗，从娘家带回婆家的礼物中要“带青”（即带某种植物幼苗），以象征世代相传、子孙兴旺之意。王淡“带的青”是一株野生茶苗，返回夫家后，把它种植在祖祠旁的园地里，从此夫妻双双培育。冬去春来，茶树长得枝壮叶茂，逗人喜爱。头一次从这株茶树采制的茶叶，色如“黄金”，奇香似“桂”。左邻右舍争相品尝，啧啧称赞，遂取名“黄金桂”。又因茶种是王淡带来的，茶树叶色呈黄绿，为志其源，各取一字，也称为“黄棪”。至今已有百余年的栽培历史。小乔木型，分枝较密，节间较短，叶片较薄，叶色黄绿，萌芽期早，发芽率高，制乌龙茶香味浓郁，有“未尝天真味，先闻透天香”之称。

4. 毛蟹

原产于安溪福美乡大丘仑，栽培历史约70多年，灌木型。分枝稠密，叶形椭圆，尖端突尖，叶齿深锐，叶背白色茸毛多，叶肉厚质硬脆，适应性广，抗逆性强，易于栽培，产量较高，制乌龙茶及红、绿茶外形美观。

5. 大叶乌龙（又名大叶乌）

原产于安溪长坑、蓝田一带，灌木状。分枝尚密，叶色暗绿，叶片近倒卵圆形，肉厚质脆，抗逆性强，易栽培，产量高，制乌龙茶叶片红边不明。

6. 梅占

原产于安溪芦田。据传，一百多年前芦田有一株茶树，树高叶长，但不知其名。有一天，西坪峣阳王氏前往芦田拜祖，芦田人特意考问王氏那株茶树叫何名？王氏一时答不出来，抬头偶见门上有“梅占百花魁”联句，遂巧取“梅占”为其茶名。梅占植株小乔木型，树势直立，分枝密度中等，节间甚长，叶长椭圆形，叶面平滑，叶齿浅疏，叶色浓绿油光，育芽能力强，产量高，除适制乌龙茶外，加工红、绿茶香味亦佳。

五、安溪乌龙茶的销售情况

安溪乌龙茶早在明末清初就运销东南亚一带。安溪人依靠种茶、制茶、售茶的特殊本事。安溪人到哪里，乌龙茶就行销到哪里。这样就形成一个双边生产、双边经营的机制，即在故乡的安溪人种茶、开茶庄，在海外的安溪人也种茶、开茶庄，他们互相配合，协作经营，以故乡安溪茶为骨干，与海外当地的乌龙茶拼配、包装、销售，因此，安溪乌龙茶逐渐形成具有广泛消费对象的“侨销茶”。近几年来安溪乌龙茶跳出“侨销茶”的圈子，大量进入日本饮料市场，并逐步向欧美市场扩展，成为国际性的保健饮料。

二十世纪三十年代，安溪乌龙茶的主要市场：南洋群岛居多，潮汕、广州、闽南各地次之；中国北部销量极少。当时，厦门已成为安溪乌龙茶最大的外销转口市场，每年由厦门口岸运销南洋群岛的安溪茶约480吨，占安溪茶总数的80%左右。当时在厦门开设的茶庄、茶行、茶栈有奇泰美、泰发、峣阳、金泰、和泰、奇苑、联成、三阳、锦祥等三十多家。他们直接对外贸易且在南洋各地设有分行，左右市场价格。这些茶庄、茶行、茶栈的老板大部分是安溪人。毛茶上市，派人返乡，直接向各茶户收购，减少中间商业环节费用，可获得较高的利润。

此外，漳州也成为安溪乌龙茶重要的内销市场，每年由漳州销往广州、汕头、台湾、上海及闽南各地的销售量约100多吨。主要茶庄有荣胜、莲圃、源春、武安、奇苑、端苑、裕美等十余家。经营灵活，购销两旺。

安溪人在故乡种茶、制茶，在厦门、漳州、汕头开茶庄卖茶的同时，在海外的安溪人也积极引种、经营安溪乌龙茶，开设茶行、茶庄。仅西坪峣阳一带在海外开设的茶行曾达130多家，现在仍有40多家。如清代西坪王冬在安南（越南）开设茶行，后又在婆寮、沙绿、提郡、新关等12个省开有分店，经销铁观音（又名冬记大红），几乎驰名印支半岛。继之又有王宛往泰国开设仕源茶行，王阁往安南开设锦芳茶行。光绪末年王量、王称兄弟六人又分别于印度尼西亚泗水、井里汶、椰城开珍春茶行，安溪茶行销印尼全境，全盛时雇用工人数百名。民国初年，峣阳人在南洋各埠开设的茶行就更多。闻名遐迩的峣阳茶行、三阳茶庄等，现在还在香港、新加坡经营安溪乌龙茶。安溪人在海外做茶叶生意，十分讲究经商艺术，他们到南洋各埠开设茶行，都把自己经销的铁观音编上各种珍巧的雅号，如“独我有”“掌上珍”“冲天雾”。还有“万寿桃”“人参精”等，争芳斗奇，誉满各埠，这对提高茶叶的身价有很大的作用。1945年新加坡举行一次茶王赛，王联丹拼制的“观音泰山”荣获一等奖，得高建发金质奖牌一面，钢笔一对。

新中国成立，安溪乌龙茶出口由国家外贸部门直接经营，大部分由厦门口岸出口，市场不断扩大，数量不断增加，目前已畅销中国港澳及新马、日本、欧美等39个国家和地区，被称为“健身茶”“美容茶”。年出口量2500余吨，为国家创汇近一千万美元。内销市场也逐步改变过去“只向南不向北”的局面，除巩固潮汕、广州、漳州、闽南各地方老市场外，逐渐向北京、上海、西安、苏州、杭州等地销售，年销售量亦近2500吨。

六、安溪乌龙茶的发展

新中国成立三十九年来，安溪乌龙茶生产在党和政府的大力扶植下有了很大的发展，茶园面积不断扩大，茶叶产量不断上升，不管是产量、收购量、出口量都创造历史最好水平。现就三十九年来的发展情况，分为五个时期概述如下。

（一）恢复时期（1949—1955年）

据史载：安溪县在抗日战争的1936年茶叶生产曾出现一个鼎盛时期，茶园面积达40815亩，产量850吨。后来由于抗日战争全面爆发，海运受阻，外销断绝，加上旧社会的黑暗统治，民不聊生，茶叶生产一落千丈，安溪乌龙茶落到了“茶叶不如菜豆叶”的地步，到1949年，全县茶园面积只剩下2万余亩，产量仅及414吨。

新中国成立后，广大茶农翻身做主人，党和政府积极鼓励茶农恢复发展茶叶生产，每年发放预购定金3万～4万元，对乌龙茶收购价格作了两次调整，调动了广大茶农发展茶叶生产的积极性和创造性。到1955年全县茶园面积恢复到29953亩，茶叶产量恢复到抗战前最高水平，达885.85吨。

（二）发展时期（1956—1965年）

随着农业合作化和人民公社化的发展，安溪茶叶生产也有较大的发展，党和政府对乌龙茶采取了各种经济扶持的政策，如发放茶叶预购款，茶苗补助款，茶叶无息贷款，无偿补助款，茶叶优待粮、奖售粮，生产化肥、奖售化肥和生产用布、奖售布等，茶叶价格作了四次调整，收购平均单价从1956年81.40元提高到1966年134.55元，茶农比较有了实惠。与此同时，县委、县政府进一步加强对茶叶生产的领导，成立安溪县茶叶局，统管全县茶叶生产、收购，并成立县茶叶试验站和开办茶叶中等技术学校，培养茶叶技术人才，开展茶叶科技活动，推动茶叶生产的发展。为了加快茶叶生产发展步伐，县委提出了“一粮二茶三生猪”的口号，全县掀起“开发万宝山，建万亩茶园”的热潮，新开茶园遍地开花。到1965年全县茶园达51547亩，比10年前增加21594亩，增长72.09%；产量达921.5吨，比10年前增加35吨，增长4.02%。

由于茶叶生产的发展，制茶需要大量的木材（斤茶需斤柴斤炭），这给封山育林、保持水土带来很大的威胁。1960年以来，县茶叶部门对制茶燃料问题进行了变革，改柴炭为煤炭，组织干部、科技人员、茶农三结合，对用煤焙茶进行了攻关。经多次试验，终于在1965年获得成功，在闽南广大茶区推广使用。实践证明，它不但降低成本、提高工效，而且节约大量木材，对保护森林资源、减少水土流失、保持生态平衡具有重大意义。1982年荣获福建省科技成果奖。

（三）徘徊时期（1966—1975年）

这个时期是“十年动乱”的年代。处在发展进程的安溪茶叶受到一场破坏。特别是动乱后期，居然把发展茶叶生产视作“以钱为纲”，撤销县茶叶局，解散县茶试站和县茶校，下放茶叶专业干部和科技人员，片面强调粮食自给，提出打倒铁观音，强令毁茶种粮，全县先后砍掉茶树四千多亩，减缓了发展速度，致使产量徘徊不前。到1975年全县茶园虽达73590亩，而产量仅1581.2吨，停留在低水平状态，分别比10年前的1965年增长42.76%和71.59%。

（四）中兴时期（1976—1985年）

粉碎了“四人帮”后，拨乱反正，促进了生产力的发展。特别是党的十一届三中全会以后，落实了党在农村的各项经济政策。县委提出了“一手抓千斤粮，一手抓万宝山”的号召，把发展茶叶生产列入重要议事日程，采取一系列扶持鼓励的有力措施，如减税让利，调整收购价格，下拨专项资金、原粮、化肥等，国家每收购百斤茶叶除奖售原粮50斤、化肥80斤外，外贸总公司从1979年起每年下拨3000吨原粮和1000吨化肥，奖励售茶单位；从1980年起国家还采取让利、超购减税加补助金的办法；1983—1984年把超购减税加补助金改为生产扶持费，大大调动茶农生产积极性，1977年全县茶叶产量第一次突破1650吨，国家收购量也突破1500吨。从此，我县茶叶生产进入了一个中兴时期，生产蓬勃发展，产量、收购量直线上升，茶叶品质不断改善。1982年6月在湖南长沙举行首届全国名茶评比，安溪铁观音名列前茅，被评为全国三十个名茶之一。同年9月，安溪茶厂“凤山牌”特级铁观音荣获国家金质奖章。1985年6月，中国茶叶学会、农牧渔业部联合在南京举行的全国名茶展评会上，安溪黄金桂被评为全国十一个名茶之一。到1985年全县茶园面积达113076亩，产量达3969.35吨，分别比10年前的1975年增长53.65%和151.02%。

（五）开放时期（1986—1988年）

1985年以来，茶叶市场全面开放，进一步调动茶农的生产积极性。为适应改革开放的新形势，县茶叶部门从茶叶机构、经营方式，购销价格等方面进行改革，进一步把茶叶产购销搞活，使茶农进一步得到实惠，生产积极性空前高涨，出现了前所未有的大好形势，取得了生产量、收购量、出口量、上交国家税利二位数四同步增长，刷新历史最高纪录。到1987年全县茶园面积达129242亩，茶叶产量5207.6吨，收购量3291.2吨，出口量2452.75吨，上缴国家税利1062万元。其中，茶园面积和茶叶产量分别比1985年增长14.29%和31.19%。

——《福建茶叶》1988-09-30第三期

《浅谈安溪茶业的管理体制》（1990年）

蔡建明（安溪县经济作物局）

安溪是我国著名的乌龙茶主产区，名茶铁观音、黄金桂的故乡。安溪种茶，历史悠久，相传已逾千年，由于天时、地利、人和、种良四者兼备，相得益彰，形成安溪乌龙茶具有独特优异的品质而驰名中外，享誉四方。

作为茶叶主产县，在当前改革、开放的新形势下，如何建立一个适合于本县实际情况、比较完善的茶业管理体制（上层建筑），以适应变化了的茶叶市场（经济基础）之需要呢？本文试图从茶业在安溪国民经济中的地位出发，回顾新中国成立40年来安溪茶业组织管理机构变更历程，针对目前安溪茶业管理机构的设置现状，提出本人不臻成熟的看法，希望能起到抛砖引玉的作用。

一、茶业在安溪国民经济中的地位

茶叶是安溪县的主要经济作物，也是传统、大宗的出口创汇“拳头”商品，还是安溪县农村四大经济支柱之一。茶叶生产在安溪国民经济收入中占有十分重要的地位。自1978年以来，茶业为安溪县财政年创税利均在200万～1000万元，1988年达1300多万元，茶叶税利占全县财政收入1/2，茶叶产值占农业产值1/3，占工农业总产值1/4，每年为国家创汇几百万至上千万美元。据不完全统计，1956年至1988年33年间，安溪县提供出口的乌龙茶达40608吨，占全县茶叶总产量的74%，累计为国家创汇达1.6亿美元。茶叶还是安溪县广大农民的一项主要经济收入，全县农民茶业的人均收入由1979年的11.46元增加到1988年的60.88元，十年增长4.3倍。由于茶叶生产的发展，带动了机械工业、加工业和乡镇企业的蓬勃发展，促进了商品市场的繁荣。

二、新中国成立以来安溪县茶业管理机构的变更情况

历史上，安溪乌龙茶生产主要依靠祖籍安溪的侨商、台商投资，茶农根据市场需要安排生产，所产茶叶主要销售于海外和中国港台，基本上形成了“产、供、销一条龙”的茶业经营机制。

新中国成立40年来，安溪县的茶业生产经历了恢复、徘徊、发展、中兴等几个时期，在这些发展时期中，茶叶产、购、销的组织管理机构及隶属关系变动频繁。先看茶叶生产的组织管理机构：新中国成立初期，成立了茶叶技术指导站，负责恢复时期的茶叶技术指导和推广工作，1957年1月改设茶叶科；1958年5月，茶叶科并入县林业局；1959年8月，茶叶科从林业局分出，单独成立茶叶局；1960年10月，茶叶局并入商业局；1963年6月，恢复茶叶科，一直到1966年4月，“文革”时期，茶叶生产由县革委会下辖的生产领导（指挥）组管理；1976年2月，恢复茶叶局。从此，稳定了近9年；1985年1月，再次撤销茶叶局，原茶叶局人员与原林业局的果树股、农业局的甘蔗技术人员合并组成县经济作物局，茶叶生产由该局下设的茶叶技术推广站负责。再看看茶叶购销的组织管理机构：新中国成立以后，随着对私营工商业的社会主义改造，整个茶叶市场逐步由国营商业和供销合作社经销，按照专业归口的原则和安溪茶业生产的实际，1956年县供销合作总社设立茶叶经理部，负责采购全县的茶叶；1957年单独成立农产品采购局；1963年又单独成立了中国茶叶土产进出口公司福建省分公司安溪支公司，业务隶属条条领导，“文革”期间，一度由生产领导（指挥）组管理；1973年，正式成立“安溪县茶叶公司”，隶属县供销合作总社领导；1977年则隶属于县茶叶局，并由县茶叶局领导兼任公司的经理；1980年，又归属于县供销合作总社；1982年，安溪县被省政府列为出口茶叶基地县，茶叶产、购、销归外贸管理，茶叶公司归属县外贸局；1984年9月，县政府根据省政府《关于安溪县乌龙茶体制问题会议纪要》精神，决定茶叶公司由股级升为局级，负责全县茶叶采购站和茶叶精制厂的行政管理工作。

新中国成立以后到1984年底，在这30多年时间里，茶叶一直是国家计划管理的二类物资，作为安溪茶业生产、购销两大组织管理机构，为了适应各个历史时期的“各种”需要，拆并频繁、隶属难定。1985年以前的安溪茶叶“一片茶叶五家管”，县茶叶局管生产、茶叶公司管收购、经委管精制加工（安溪茶厂）、省茶叶进出口公司管出口、科委管科研，各家管各自的事，难以协调发展。

三、目前安溪县的茶业管理机构

自1984年底开始，国内茶叶市场全面开放，改变了过去单一的流通体制为多种经济成分、多种经营方式、多渠道流通的体制、茶叶购销渠道的畅通促进了生产的发展，安溪茶业出现了前所未有的繁荣景象。在这新的流通体制下，安溪县的茶业管理机构及其职能简述于下。

（一）安溪县经济作物局茶叶技术推广站（以下简称茶叶站）

1985年1月成立县经济作物局时设置茶叶站，主要职能范围是开展茶叶生产技术的指导和推广工作，为安溪县的茶叶生产管理部门。1986年6月，农牧渔业部决定在安溪县建立优质乌龙茶商品基地。县政府于1986年12月作出决定，成立安溪县优质乌龙茶开发中心，隶属县经济作物局，开发中心于1988年4月下设“安溪县优质乌龙茶开发中心精制厂”，为全民所有制企业，并由茶叶站技术人员领办。

（二）安溪县茶叶公司（以下简称茶叶公司）

茶叶公司为局级经济实体，归属县外经贸委管理，负责全县茶叶采购站和茶叶精制厂的行政管理工作。1987年2月，县政府决定把茶叶公司下属的茶叶采购站划归安溪茶厂，成为收购、加工、销售一条龙。1988年3月，经省外经贸委批准，同意成立“中国土产畜产进出口公司福建省茶叶分公司安溪支公司”（以下简称茶叶支公司），属县局级的地方国营外贸企业。同时，县政府行文明确规定：“安溪县茶叶公司仍然存在，实行一套人马二块牌子”。1989年5月，茶叶公司、茶叶支公司根据业务工作的需要，决定组建茶叶支公司茶厂，由茶叶公司领导兼任茶厂正、副厂长，各科科长兼任茶厂各股股长。至此，茶叶公司、茶叶支公司、茶叶支公司茶厂实际上是一套班子三个牌子，茶叶公司由单纯的行政管理型转为企业经营型机构。

（三）安溪县茶叶科学研究所（以下简称茶科所）

茶科所创建于1980年，与经作局同隶属于县农委，同时又接受县科委的业务指导。9年多来茶科所边基建、边科研、边生产，开展了“铁观音高产、优质试验”等7个项目的科学研究，在茶树品种、栽培等方面取得了一些科研成果。

（四）安溪县乌龙茶质量检测中心站（以下简称茶检站）

1989年7月19日经县政府决定，成立“安溪县乌龙茶质量检测中心站”，负责管理全县乌龙茶质量。站长由县农委调研员兼任，成员由茶叶公司、安溪茶厂、经作局、工商局、企业局、供销联社等单位抽调人员兼任。茶检站隶属于县标准计量所。

以上仅就全县性的茶业机构做一简单罗列，至于产销自成体系的农垦系统茶叶经营单位，如福前农场、芦田茶场、同美农场等，以及供销系统、乡镇企业系统的茶叶经营单位，据不完全统计尚有几百家的联合体、个体经营者。现在安溪县的茶业管理，可概括为“分散型管理”，其结果是各归各的口、各管各的事，难于在宏观上加以控制。

茶叶站身单力薄，安溪县各乡镇均设有农技站、农机站、林业站、水利站等县直单位的基层延伸机构，唯独没有设立基层茶叶站。面对全县13万多亩的茶园和广大的茶叶生产者，茶叶站人员确实心有余而力不足，往往顾此失彼。而开发中心精制厂还要抽调茶叶站部分技术人员到厂领办，使得茶叶站的技术力量更加不足。

茶叶公司实质上已改变了原定的职能范围，由收缴茶叶管理费支付工资费用变为靠自己经营茶叶，参与市场竞争来维持工资费用，在这种情况下，公司人员无精力再搞管理了。

茶科所建办9年来，虽在茶树品种、栽培等方面取得了一些科研成果，但这些科研成果却难以在生产上推广应用，也难于进行茶叶新产品的开发性研究，难于做到面向经济建设；另一方面，茶科所是一个事业单位企业管理的科研机构，也有一个找米下锅的问题，不得不抽出人员、精力、时间搞茶叶的“产购销一条龙”，这样的科研机构，也无法做到专心致志。

茶叶质量是茶业企业的生命线，目前监测茶叶质量仍然依靠感官审评，没有过硬的师傅是难以胜任此职的。质量管理是一项比较复杂、细致的工作，而茶检站人员均为各单位抽调组成，临时观点比较强，缺乏权威性，很难起到应有的作用。

茶叶市场开放五年来，安溪的茶叶生产、购销两旺，取得令人满意的成绩。这几年要说不足，那就是“重了经营、轻了管理”。大家都把注意力集中在“经营”上，生产单位重视经营，管理部门搞起经营，办科研的机构也抓经营，各行各业都在茶叶经营上大做文章。虽然县政府每一年都要为茶业的发展花费精力、召开会议、研究对策，但由于缺乏一个名副其实的、统一的行政管理机构，制订出来的一些具体管理措施没能很好地付诸实施，产购销“活”而失控，给安溪的茶叶事业带来了一些消极的影响：（1）拥有36名会员的安溪县茶叶学会，已是名存实亡，好几年没有开展活动；（2）筹备三年多的茶史馆工作进展缓慢；（3）《安溪县志》中的茶叶专业志部分，由经作局、茶叶公司、茶科所、安溪茶厂联合编纂，时至今日，初稿迟迟拿不出来；（4）缺乏一个统一的管理机构，产供销不能协调，各单位互相争利，矛盾百出。突出表现在不是质量上比高低，而是茶叶小包装产品的商标、装潢设计、广告说明上，互相攀高。一个“凤山”得了奖、出了名，便有“凤冠”“皇牌”“圣山”“湖山”等商标问世；你是铁观音发源地，我是正宗安溪茶；你有特级铁观音，我有超特级铁观音；你设计一个正溪茶，我来一个真溪茶；诸如津香、茗香、色香、津茗香、奇兰香、四季香……名目繁杂、鱼目混珠，长此下去，不仅影响外销，而且搞乱了内销市场。安溪乌龙茶的自然优势将面临丧失的危机。

四、安溪茶业管理体制的改革设想

目前，安溪乌龙茶已经由供不应求转向供过于求，由卖方市场转向买方市场，生产开始出现滑坡迹象。外安溪的各个乡镇均有发现农民在茶园中不合理套种果树的情况，尤其是茶叶生产区的虎邱乡，农民在茶园中不合理套种果树更为突出。据保守估计，安溪农民在茶园中套种果树的面积至少在1万亩以上。

安溪县生产、经营茶叶的单位已达几百家，县直机关直接或间接管茶叶的也有十几个单位，但真正主管茶叶的却没有一个单位，都管又都不能全管。经作局茶叶站，其职能只是技术指导，没有行政管理权；茶叶公司是一个经济实体，自己必须潜心经营、参与竞争，一则无力顾及茶政工作，二则名不正、言不顺，无权领导全县茶业经济活动；茶检站则是一个质量检测机构，更无法从事行政管理工作。

茶叶关系着安溪的县计民生，而茶叶再生产过程的生产关系又极为复杂，涉及农业、工业、供销、外贸和生产、加工、销售、质检、科研等许多部门和环节，必须根据这些特点，建立健全具备多种功能的管理机构。如今，在安溪县成立一个集茶叶生产、收购、加工、销售、科研、检验、培训、技术推广、产品开发、茶史等于一体的综合型茶业管理机构有着现实而迫切的要求。这样的管理机构，权且暂称为“茶业管理局”或“茶叶管理委员会”，这样的“局”“委”里再设若干个职能科室，比如技术推广科、质量检验科、科研培训科、信息咨询科、销售引导科等，形成一个具有安溪地方特色、又符合安溪县情的茶业管理机构。这个机构实行对外一家，对内分工，各职能科室之间既有相互内联的工作分工，又有各自外延的业务关系。这个机构的主要任务是在党和国家政策允许的范围内，在当地党、行政部门的领导下，从宏观上制订出全县茶业的发展战略、计划和政策，对生产责任制的完善、技术推广和科研方向等方面加以具体指导，并开展茶叶质量的检查监督、产销信息的上传下达等工作。成立这样的行政管理机构，具有以下的优点。

（1）有利于统一领导、统一思想、统一力量、统筹安排，克服过去多头领导、相互扯皮、相互推诿、相互制约的现象。

（2）有利于根据国内外市场的需求，及时地调整产品结构，有计划地发展生产，减少盲目性，提高产品质量，增加花色品种，增强竞争能力。

（3）有利于集中技术力量，加强产品质量的管理，加强科研工作，有利于新产品开发和新技术的推广。同时，还能够在有关部门的配合下，有效地搞好全县的茶业经济活动，开拓国内外更广泛的茶叶市场。

（4）有利于统筹茶叶发展基金，增强茶叶发展后劲。

当然，这样的管理机构相对会较为庞大，领导的配备、人员的组成、科室的设置，以及上下左右、条条块块联系，还需花费很大的精力。旧的矛盾解决后，新的矛盾、新的课题仍将出现，但改革势在必行。

以上是本人几年来从事安溪茶叶生产、收购、加工、销售等管理工作的点滴体会和肤浅见解，文中谬误之处，希予指正。

——《茶叶科学简报》1990-7-2第二期

《闽台本属一家亲》（1991年）

林心炯（福建省农科院茶叶研究所）

茶叶，是中华民族文化的组成部分，是中华民族国饮，无论在哲学、文学、艺术和医学等各个方面都有深刻的影响。闽台两省同产乌龙茶，茶叶科学技术、品饮方法等十分接近。这就促使我们对闽台茶叶的发展，有了共识。因此，这次座谈会的宗旨，在于弘扬中华民族文化，为中华茶业、推动闽台茶叶科学技术现代化作出贡献。

闽台茶叶本是同源。福建是乌龙茶的故乡，台湾于清嘉庆年间（1796—1820年）自武夷山引入茶种。清咸丰乙卯年（1855年），自福建引入青心乌龙种茶苗，至今青心乌龙仍然是台湾种植面积较大的品种之一。清光绪年间（1875—1908年），由安溪引入纯铁观音茶苗，相传为木栅铁观音之起源。闽台茶叶的历史说明了，闽台茶叶是“血缘”相通的。正如吴振铎教授说的：“闽台本属一家亲，血浓于水，茶人之感触更为深刻。”这些为这次座谈会的学术交流，提供了有利的条件。

近几年，海峡两岸呈现祥和的气氛，闽台茶叶科技，茶文化的学术交流增多，从而，推进闽台茶叶学术有了共同的提高与发展。吴振铎教授于1988年返回福安，莅临省茶研所参观考察。1990年吴教授又率领台湾代表团参加“闽台茶叶学术讨论会”，发表了《闽台适制半发酵茶类四个地方名种的比较》论文。从佛手、水仙、铁观音和青心乌龙等四大名种，在福建和台湾的形态和品质的变迁情况，提出了很有价值的学术见解。认为：不论日本的皋卢种或台湾地区的香橼种，都是与福建的佛手（或雪梨）同一地方品种而异名者，且均源自福建。日本皋卢种似福建的红芽佛手，而台湾地区的香橼近福建的绿芽佛手。福建无疑是佛手种的原产地。建议佛手种的学名为Var · Fukiensis有别于Var · Sinensis及Var · Assamica。更为难能可贵的是，吴教授实地考察，证实建瓯桂林村现存的100多年的矮脚乌龙，就是台湾地区的青心乌龙，“寻得台湾青心乌龙之种源始祖”。

胡家俭先生曾任过台湾茶叶改良场茶作系主任等职，对于茶树病虫害有很深的研究，林品才先生曾任过台湾畜产试验所饲料作物系主任，台湾茶叶改良场茶作课课长等职，在饲料作物和茶园杂草研究，造诣很深。这次座谈会重点交流了茶树螨蜱害虫的研究，茶园杂草防除研究，在福建同样有共同之处，通过互相交流，对闽台同类的研究，有很大的促进作用。

二十世纪九十年代是世界茶叶生产进入一个新技术的年代。在这充满生机的年代，我们相信通过这次座谈会，必将向闽台茶叶更深层的学术交流和合作研究领域迈进。

［本刊讯］10月20—21日，台湾茶叶专家胡家俭、林品才先生应我所学委会邀请，到我所进行了为期两天的学术交流。胡家俭先生曾任过台湾茶叶改良场茶作系主任等职，对茶树病虫害有很深的研究；林品才先生曾任过台湾畜产试验所饲料作物系主任、台湾茶叶改良场茶作课课长等职，在饲料作物和茶园杂草方面造诣颇深。在所期间，二位先生就台湾茶树病虫害，茶园杂草防治等方面现状与发展与我所同行专家进行了广泛、深入的探讨和交流，促进了与会者对闽台茶业的相互了解，开阔了视野，沟通了信息。

——《茶叶科学简报》1991-12-31第四期

《乌龙茶与阮旻锡》（1992年）

林英乔（福建泉州市）

乌龙茶为我国今日四大茶类之一，盛产于闽、台及粤东。武夷岩茶、安溪铁观音、色种、黄棪、梅占、闽北水仙、闽北乌龙、台湾乌龙、台湾包种，以及广东凤凰单丛、凤凰水仙、饶平乌龙等均属之。

远于公元1610年前后，荷人东印度公司首自澳门运往欧洲的茶叶即系武夷岩茶，1660年前后英商于厦门购运大量的乌龙茶之后，即采用厦门方言（Tay）并成T-e-a，ea读a之长音，作为西方对中国茶叶的物称。及后乌龙茶的输入欧洲，曾使英国度过“工业革命”中人们精神的劳顿，同时乌龙茶品饮的茶具、茶艺随之注入英伦上层社会，因而十八世纪初一度成为社会时兴的生活象征，为诗人和戏剧家所取材，如1725年英人爱德华·扬（Edward Young）于《嘲讽》一诗中：“两瓣朱唇熏风徐来，吹冷武夷，吹暖郎怀”；另一剧作家于其《击妻记》，描写咖啡室的侍者一出场，高唱：“新鲜咖啡，先生！新鲜武夷茶，先生！”可见其时乌龙茶之盛行已非一般了。

誉为“茶中的香槟酒”的乌龙茶，以独具的幽香加魅力又横渡大西洋，于十九世纪至二十世纪初饮誉北美，至此英语Oolong Tea一名（即乌龙茶的音译）已被各国普遍采用。此外乌龙茶世代以来早为东南亚华人地区所留用，20世纪80年代以来日本又掀起“乌龙茶热”，年销量激增至10000吨，可见乌龙茶自来即起着中外文化使节的功能。

要谈乌龙茶产生的起源，应该回顾我国制茶工艺的沿革，大抵自唐至南宋，均沿留茶叶蒸后碾成细米高层压制为团饼，如龙凤团、小龙团，其间逐渐向蒸青散茶发展，明、清两代五百余年中制茶工艺蓬勃进展，从单一绿茶，继而黑茶、白茶、乌龙茶，乌龙茶处于绿茶与红茶之间属“半发酵茶”，炒青绿茶的制法是其先驱，乌龙茶既有绿茶的清、芬、香，又具红茶的浓、鲜、醇，盖其制法有独特的工艺。

“乌龙茶”一名在此是作为茶类的名称而言，即不问鲜叶的原材料来自何种的茶树，凡以“做青”工艺（包括晒青、摇青、揉炒、烘焙等工序）制成的茶叶均名之，也就是制成的半发酵茶的工艺产品。

乌龙茶的制茶工艺发源于何地，出现于何时，据清康熙末王草堂（1717年）的《茶说》载：“武夷茶自谷雨采至立夏，谓之首春。茶采后以竹筐匀铺，架于风日中，名曰‘晒青’，俟其青色渐没，然后再加炒焙，阳羡岕片只蒸不炒，火焙以成；松萝龙井皆炒不焙，故其色纯，独武夷炒焙兼施，烹出时，半青半红，青乃炒色，红乃焙色也，茶采而摊，摊而摝（摝为震动、摇动之意），香味发越即炒，过时不及皆不可，既炒既焙，复拣去老叶枝蒂，使之一色。释超全诗云：‘如梅斯馥兰斯馨，……心闲手敏工夫细’，形容尽矣！”文中谈到乌龙茶独特的“晒青”工艺（包括摊与摝的工序），及待到茶叶香味发越后，即行炒与焙，两者之手法、火候均须恰当掌握，其次将乌龙茶烹水冲泡后，茶叶色泽半青半红的特征，与上述诸名茶炒焙的迥异。

文中引载释超全的诗名是值得注意，其诗源自何处，全诗如何，释超全是何许人？查《崇安县志》(1808年)有《武夷茶歌》，署名释超全，原文如下。

嗣后岩茶亦渐生，山中藉此少为利。
平洲浅渚土膏轻，幽谷高岸烟雨腻。
往年荐新苦黄冠，遍采春芽三日内。
凡茶之候视天时，最喜天晴北风吹。
搜尽深山粟粒空，官令禁绝民蒙惠。
苦遭阴雨风南来，色香顿减茶无味。
种茶辛苦甚种田，耕锄采摘与烘焙。
近时制法重清漳，漳芽漳片名标异。
谷雨期属处处忙，两旬昼夜眠餐废。
如梅斯馥兰斯馨，大抵焙得候香气。
道人仙山难为粮，春作秋成如望岁。
鼎中笼上炉火温，心闲手敏工夫细。
凡茶之产视地利，溪北较厚溪南次。
岩阿宋树无多丛，雀舌吐红霜叶醉。
终朝采摘不盈掬，漳人好事自珍秘。
重烹山茗沃枯肠，雨声杂沓松涛沸。
积雨山楼苦昼间，一宵茶话留千载。

此七言歌行体古诗，看来前端尚有一段遗佚，但主要内容仍在。《武夷茶歌》以质朴的诗歌语言，清逸的风韵，娓娓地道出明末县令的贪得无厌的征求，造成武夷山茶业的凋零，入清禁绝后才有复苏的情况，更重要的是准确地反映了新兴岩茶(即乌龙茶)的制茶工艺："凡茶之候视天时，最喜天晴北风吹。苦遭阴雨风南来，色香顿减淡无味。近时制法重清漳，漳芽漳片名标异。如梅斯馥兰斯馨，大抵焙得候香气。鼎中笼上炉火温，心闲手敏工夫细。"诗中一再强调岩茶要求达到高香的品质，不仅和炒焙的手法、火候的适当有关，而且与"晒青"的气候关系密切，提出"喜天晴北风"，忌"阴雨南风"的要求，否则"色香顿减"，这条特定经验三百多年来仍为乌龙茶产区所遵循。因而释超全的《武夷茶歌》是先于王草堂的《茶说》，为记述乌龙茶制茶工艺的第一手资料。

然而释超全的身世及《武夷茶歌》作于何时，应进一步查考。据《武夷山志》载："超全俗名阮旻锡，字畴生，号梦庵，同安人（明至清道光前，同安县及厦门均泉州府所属）。明末布衣士人，清军入关迁居厦（门）禾（山），明亡，弃诸生业，自称轮山遗衲，尔后入武夷为山僧。"

然而从零散地方志书，尚可跟踪知其大概；其"父伯宗，字一峰，世袭千户，夙居海上"。"'旻锡'少孤，泛海求赢余以养母，母殁，躬负土石与父合葬鹭门（即厦门）"，"甲申之变旻方弱冠，慨然谢举子业，师事曾樱（南明隆武时为文渊阁大学士）传性理学，患难与共，又得曹石仓（即曹学佺）之友杨能元、池直夫，闻其绪论，讲习风雅如是者十六、七年"（《乾隆同安县志》《道光厦门志》）。康熙二年（1663年）十一月"迨海山破后（即郑经会船金门，为清军与荷夷夹击，弃金、厦，退守铜山之役），弃家行遁，奔走四方，留滞燕云二十余载"（阮旻锡《海上见闻录定本》自序），"后乃逃于释氏，名超全，以教授生徒自给，实郑所南、谢皋羽之流，……年八十余卒"（《乾隆同安县志》《道光厦门志》）。

上述"甲申之变（1644年）旻锡方弱冠"据《海上见闻录定本》阮自序署"丙戌"系康熙四十年（1701年），按此推算弱冠即十八年，则其生年当在明天启七年（1627年），"迨海山破后，弃家行遁，奔走四方，留滞燕云二十余载"，则旻锡逃身于释入武夷山为僧，当在康熙三十年（1691年）之后，那么《武夷茶歌》应作于此段时期，比1717年王草堂之《茶说》要早二十六年，故为之引录。

旻锡及后又作《安溪茶歌》（见于《乾隆泉州府志》）。

安溪之山郁嵯峨，其阴长湿生丛茶。
□□□□□□□，吾衰病肺日增加。
居人清明采嫩叶，为价甚贱供万家。
□□□□□□□，蔗浆茶茗当餐霞。
迩来武夷漳人制，紫白二毫粟粒芽。
仙山道人久不至，井坑香涧路途赊。
西洋番舶岁来买，王钱不论凭官牙。
□□□□□□□，江天极目浮云遮。
溪茶遂仿岩茶样，先炒后焙不争差。

□□□□□□□，且向闲庭扫落花。
真伪混杂人瞆瞆，世道如此良可嗟。
□□□□□□□，无暇为君辨正邪。

诗中记述当乌龙茶从泉州大量输出西方，供不应求之际，安溪茶农仿效岩茶既炒又焙的制法，异军突起达到与之难辨的境地，又为清初安溪乌龙茶的兴起提供了史实。

曾一度邀入郑成功“储贤馆”［见《海上见闻录定本》顺治十二年（1655年）］的阮旻锡，晚年之所以逃身入武夷山寺为僧。除了其身世及所处的时代背景外，还有他个人的思想意识和当时的人文社会因素。

清军入关，郑成功举义金厦两岛，东南海宇一些不甘臣服的文人多荟集是地，因而“鹭岛峰峦竦秀，烟垂云接，异人多栖托其中”[①]，“阮子深究性理，默契六经，自道藏、释典、诸子百家，以至兵法战阵、医卜方技、下及稗官野乘之书，无所不包，而采其精华、去糟粕，故自成一家。人评《史记》只一洁字，阮子之文是当之。”[②]查考《道光厦门志》卷九，艺文略，得悉其著作除《夕阳寮集》（诗词文集）外，尚有《轮山诗稿》《击筑集》次及《诗论》《诗韵》等。纪游史志有《海上见闻录》《幔亭游稿》《燕山纪游》《粤滇纪游》，此外尚有《四书测读》《易阙疑》《金刚经说》《续佛法金汤》《谈道录》等计二十余部。可见阮旻锡涉猎广博，著作颇丰，是位融汇儒、道、释的学者兼诗人，在他早期的诗作就隐隐透露其最终的选择，如鹭岛《万石岩》七律中云：“开云凿架□精蓝，数曲幽溪客共探。孤月夜悬双石壁，千林秋啸一茅庵。馀生摊向闲中老，往事都从梦里参。便与名山期后约，浮名从此更休贪。”迩后，又见南安不老亭（莲花峰）七律：“莲峰峰上起孤亭，亭自萧疏峰自灵。垂地修藤千丈碧，参天古木万年青。仙方秘录无寻处。怪石幽花不记龄。他日名山投老去，飘然尘外作闲丁。”那旷达飘逸的韵味中，却含有几缕凄怆，不难想象其心灵深处的意蕴。

至于他落脚在武夷山寺，除了那杰秀非凡的碧水丹山外，还有当时的社会因素。《崇安新志》（1942）云：“武夷山向为羽流栖息之所，清初闽南释徒多入山修持，嗣而天心、慧苑、玉华、清潭、碧石相继以兴，天心祥寺有释徒百余人可谓盛矣。”嘉庆《崇安县志》亦云：“武夷向多道院，绝少僧庵，近则道院衰而僧庵盛

① 明·纪许国《啸草序》，见于《道光厦门志》。
② 清·陈俞候《文阳寮集·序》，见于《道光厦门志》。

矣，又山北诸胜如弥陀、清源、福井皆后出，住僧悉漳泉人。”可知明末清初风云动荡，兼之沿海厉行“迁界”，闽南一带战祸频仍，当有逃身武夷山为僧者不独士人，其时适武夷山道院随着明末地方官对茶叶无厌的征求而衰落，造成有利于僧庵的发展，从《武夷茶歌》中可窥一斑，入清后由于豁免对茶叶的上供使之仍所更复，再结合郭柏苍《闽产录异》（1886年）载：“武夷寺僧多晋江人，以茶坪为生，每寺请泉州人为茶师……”这正是乌龙茶兴起的客观条件，亦即阮旻锡写作《武夷茶歌》的时代背景，然而他当年的诗作，日后竟是传递乌龙茶问世的第一手资料，却是他生前始料不及的。

阮旻锡故居鹭岛夕阳寮，因而名其诗文集，临投武夷山时，老归旧里搜求杨英《先王实录》、夏琳《闽海纪要》，重订其原作《海上见闻录》，历数载而成《定本》，是书据事直书郑成功三世三十七年之故实，希期“不至久后湮灭”，并于八十高龄时［康熙四十五年（1706年）］自序以志，署名鹭岛遗衲梦庵，其用心之苦可以想象。

“如梅斯馥兰斯馨”，乌龙茶独具的天然幽香、韵味和阮旻锡的操守、品格，一直为人们所赞赏。

——《农业考古》1992-12-30第四期

《读〈安溪茶歌〉有感》（1994年）

张水存

《安溪茶歌》全文：“安溪之山郁嵯峨，其阴长湿生丛茶。居人清明采嫩叶，为价甚贱供万家。迩来武夷漳人制，紫白二毫粟粒芽。西洋番舶岁来买，王钱不论凭官牙。溪茶遂仿岩茶样，先炒后焙不争差。真伪混杂人聩聩，世道如此良可嗟。吾哀肺病日增加，蔗浆茗饮当餐霞。仙山道人久不至，井坑香涧路途赊。江天极目浮云遮，且向闲庭扫落花。朝夕几焙茗香迷，无暇为君辨正邪。”（录自乾隆《泉州府志》19卷）

作者简介：阮旻锡，字畴生，厦门人。《同安县志》载：“甲申（1644年）之变，旻锡方弱冠，慨然谢举子业，师事曾樱，传性理学，患难与共。”其生年为天启七年（1627年），年八十余卒。郑成功在厦门期间，设立六官及储贤馆等，阮氏为储贤馆成员，也就是郑氏的幕僚。阮氏对道藏释典、诸子百家、兵法战阵、医卜方技之书，无不淹贯。其著作有《夕阳寮诗稿》《海上见闻录定本》等二十多种。《武夷茶歌》《安溪茶歌》可能是阮氏出览名山大川，北抵京华，托处数十载，后乃逃于释氏，名超全，以教授生徒自给时所写的。

《茶歌》详细地叙述当时安溪种茶、制茶、茶的品质，洋人买茶等等状况，犹如茶叶行家如数家珍，详细、确切，使人有亲切之感。《茶歌》给我们研究武夷茶和乌龙茶的历史留下了宝贵的资料，并有现实的意义。现就读《安溪茶歌》的一些感想叙述于下。

安溪种茶究竟始自何年，有待查考。北宋统一中国时，安溪就有种植茶叶的记载，《福建续志》《泉州府志》载：五代越王钱倜幕僚黄夷简称疾退隐安溪别业，其山居诗有“宿雨一番蔬甲嫩，春山几焙茗旗香?”之句。又安溪《清水岩志》载：“清水高峰，出云吐雾，寺僧植茶，饱山岚之气，沐日月之精，得烟霞之霭，食之能疗百病，老寮等属人家，清香之味不及也。鬼空口有宋植三株，其味尤香，其功益大，饮之不觉两腋风生，倘遇陆羽，将与补《茶经》焉。”可见，安溪在宋代时寺僧和人家均已植茶。

1.“居人清明采嫩叶，为价甚贱供万家。”

“清明”是采摘采茶的季节，新梢一芽一叶或二叶，用这种初展的嫩叶制作的成茶，条形翠绿紧细，是采茶的珍品，称明前、雨前。乌龙茶采摘的时间在谷雨后至立夏前后，相差一个月左右；再者，如果把初出的嫩叶制作乌龙茶，其外形就完全不像了。因此，可以说，安溪在阮氏写作《茶歌》之前生产的茶叶是绿茶。

2.“迩来武夷漳人制，紫白二毫粟粒芽。”

叙述漳州人到武夷山制造紫毫和白毫这两种犹如粟粒的芽茶。这两种茶叶属现在哪一种茶类？1732年崇安县令刘靖在《片刻余闲集》载：“武夷茶高下共分两种，两种之中又各分高下数种。其生于山上岩间者名岩茶，其种于山外内地者名洲茶。岩茶最高者曰老树小种、次则小种、次则小种工夫、次则工夫、次则工夫花香。洲茶中最高者曰白毫、次则紫毫、次则芽茶。凡岩茶皆各岩采摘焙制，远近贾客于九曲内各寺庙购觅，市中无售者。本省邵武、江西广信等处所产之茶，黑色红汤，土名江西乌，皆私售于星村各行，而行商则以之入于紫毫芽茶内售之，取其价廉而质重也。”可见，漳州人制造的紫毫和白毫是武夷山山外和内地的茶叶，属洲茶中比较好的品种，而商品茶还掺有品质更差的江西乌。1751年，董天工写的《武夷山志》载：“岩茶反不甚细，有小种、花香、工夫、松罗诸名，烹之有天然真味，其色不红。至于莲心、白毫、紫毫、雀舌，皆以外山初出嫩芽为之，虽以细为佳，而味实浅薄。”把“反不甚细”“天然真味”“其色不红”与“初出嫩芽”“以细为佳”“味实浅薄”相比较，显然有很大的差别，说明当时武夷山制造的武夷茶有乌龙茶和绿茶两种不同的制作方法。阮氏在《武夷茶歌》中亦载：“近时制法重清漳，漳芽漳片标名异”一句，指出当时由于注重漳州人的制造方法，已经以创新的漳芽漳片名称作为茶叶的品名。究竟该品名与“二毫”关系如何？1734年，崇安县令陆廷灿《随见录》载：“武夷茶在山上者为岩茶，水边者为洲茶，岩茶为上，洲茶次之。洲茶名色有莲心、白毫、紫毫、龙须、凤尾、花香、清香、选芽、漳芽等类。”“漳芽”排在洲茶一系列品种的最后面，其品质可想而知。阮氏两首《茶歌》叙述漳州人到武夷山制造的紫毫、白毫、漳芽等品种，实属同一类的茶叶，其不同的品种名称只在于区分品质高下的序列。武夷山（崇安县境内）生产的茶叶，按现在的茶类分法，直到新中国成立前为止，有红茶（正山小种或称桐木关烟小种）、绿茶（莲心、白毫等）、乌龙茶（中外赞誉的武夷岩茶）、花茶等。各个茶类之所以能长期并存，可以说乃是武夷山劳动人民因地制宜、因物制宜、因人制宜和各个茶类难以互相替补所形成的格局。崇安县三面环山，南开口为盆地，地广人稀，劳动人民根据气候、土壤、劳力等状况，种植适宜自身管理、加工，而市场又适销的产品，并构成各个茶类。当时的赤石街（现已改建机场），客商云集，厂房林立，专门收购，加工武夷茶，其中如香港客商开设的龙泰茶行，即专门收购莲心、白毫、龙须等绿茶类的茶叶，最高年分多达9000箱（每箱36公斤，乌龙茶每箱18公斤），收购量为七八千担。综上所述，充分说明《片刻余闲集》《武夷山志》《随见录》和《茶歌》中所说的“莲心、白毫、紫毫漳芽”等，都是绿茶类的茶叶。

3.“西洋番舶岁来买，王钱不论凭官牙。”

叙述洋人年年派船前来买茶，而价格完全由“牙行”决定。究竟洋人每年来哪一个口岸买茶？郑成功以厦门作为抗清复明的根据地，其主要的经济来源是靠对外贸易得来的。《厦门史话》载：“郑成功以海外弹丸之地，养兵十万，……又交通内地，遍买人心，而财用不匮者，以有通洋之利也。”可见当时厦门对外是开放的，贸易是自由的，不仅自建船队川走于日本、东南亚，也允许内外商人到厦门来，故郑氏在厦门设立“仁、义、礼、智、信、金、木、水、火、土”等牙行，统管各行各业的买卖。既然洋人买茶的价格由“牙行”决定，说明洋人买茶肯定在厦门进行并由厦门出口；同时说明，茶叶在郑氏驻厦期间，就已经大量出口了。为什么《茶歌》会收入《泉州府志》？厦门早有鹭岛和嘉禾屿之称，至明代又称中左所。1655年，郑成功改中左所为思明州，历来与金门同属同安县管辖，同安县归泉州府

（群），所以厦门发生的一物一事载入《泉州府志》是理所当然的；而《茶歌》是记述安溪茶产、制、销的状况，安溪是泉州府所属的县，《泉州府志》把安溪县的物产情况载入志书，亦是理所当然的。

4.“溪茶遂仿岩茶样，先炒后焙不争差。真伪混杂人聩聩，世道如此良可嗟。”

叙述当时安溪茶全盘仿效武夷岩茶的制法，从外观上很难分出它的差别，商人为了获得厚利，把岩茶与溪茶混杂出售的情况，而阮氏则为此世道而嗟叹。从阮氏诗句亦可说明：安溪茶在十七世纪间或更早些，就仿效武夷岩茶的采制方法制作乌龙茶。安溪周边的南安、永春、德化、大田、仙游等县，直到二十世纪五十年代，大部分还在沿袭着绿茶的制作，唯独安溪茶农仍然对绿茶一知半解，可见安溪制作乌龙茶的时间已相当长久。

安溪是一个种植茶叶的好地方，又那么早就开始植茶，直到十九世纪，安溪生产的茶叶还是贬多褒少呢？《泉州府志》载：“按清源旧甚著名，今几无有，南安英山及他处所产不多，唯安溪差盛，然也非佳品也。”可见，当时安溪茶的品质大部分还是低下的。其原因可能有：①制茶技术没有普及，故贬多褒少；②采制工艺没有讲究，安溪是一个贫穷的地区，茶农无力备足制茶用具柴炭等，为节省费用、减轻成本，在茶叶采制过程中，经踩揉后的湿茶，采取以日晒替代炭火烘焙，成茶含有的“臭日味”难以弃除，自然是质次价贱，恶性的循环造成安溪茶的品质长期低下。这种不适当的制作方法，经宣传虽有改进，但到新中国成立后还有一些地区仍然有日晒湿茶的习惯，足见这种制作方法的根是相当深远和牢固的；③安溪茶别有一番风格，每个茶类的茶叶，其韵味各不相同，要改变饮用茶类的习惯，实是不易之事。喝红茶的人说，绿茶淡如水；喝绿茶的人说，乌龙茶苦如药；喝武夷茶的人说，安溪茶“臭青味”等。乌龙茶最早著名的是武夷岩茶，安溪茶的风味在还未被人们接受之前，贬多褒少也就不足为怪了。现在安溪茶已经是乌龙茶类的主干，喝的人多了，声誉响彻海内外，阮氏要是在今天，将会为它写赞歌吧；总而言之，消费者是“上帝”。

——《福建茶叶》1994-08-15第三期

《安溪“凤山牌”茶叶委托广州地区经销商代理新闻发布会》（1996年）

本刊讯：一九九六年一月二十六日，在广州市广东外经贸大厦，举行安溪“凤山牌”茶叶委托广州地区经销总代理新闻发布会，广东茶叶进出口公司与福建省安溪茶厂，双方经过协商，以共同合作、互惠互利的原则，达成了由安溪茶厂委托广东茶叶进出口公司为安溪“凤山牌”茶叶广州地区经销总代理，代理地区为广州、番禺、珠海、东莞、惠州。双方实行统一品质、统一价格。同时，鉴于目前市场上出现的各种假冒或仿造“凤山牌”茶叶产品，双方加强合作，做好产品的推广宣传，通过工商行政管理部门，共同打假，共同管好市场。

会议上，委托代理双方举行了签字仪式，举行了记者招待会，会后一些经销商签订了购销合同。

广东茶叶进出口公司成立于1952年，历经四十多年的艰苦创业，如今成为集进出口贸易、国内贸易、实业、仓储运输于一体的实力雄厚的外贸专业公司，为国家二级企业。年出口量达一亿美元以上，是全国茶叶出口主要口岸之一。茶叶内销也是主渠道，包括各地区公司在内，销售网普及全省各地，有强大的销售能力。福建省安溪茶厂是全国最大的乌龙茶精制厂，是福建省出口创汇的重点企业，该厂生产的“凤山牌”茶叶系列产品以其优质品味独特享誉海内外，其中特级铁观音荣获国家金奖。一个公司以经销实力雄厚，一个茶厂以名优产品，两者结合必然会创出巨大力量，把“凤山牌”茶叶推向广州地区市场。

——《广东农业》1996-02-15

《闽台专家共同商讨茶机发展趋势》（1996年）

福建省茶机研究会一九九五年年会于十二月十三日至十四日在安溪宾馆召开。

参加这次会议的有中国农科院茶科所、杭州市茶叶机械研究所、福建农大等科研院校的专家教授，有省农业厅、省农机公司、安溪茶委、沙县经作局等茶叶、茶机生产管理部门，有松溪茶机厂、平和信源茶机制造公司、安溪茶机厂、平和新山茶厂、沙县长联茶厂等茶机生产和使用单位的领导和科技人员，台湾家铉工业股份有限公司董事长、茶机专家杨山虎先生应邀专程来参加会议，开创海峡两岸茶机专家共同研讨茶机发展的先例。

本次年会的中心议题是乌龙茶采摘和加工机械设备问题。

台湾杨山虎先生介绍台湾茶机生产和研究情况。报告内容生动丰富，深受欢迎。

台湾省主要农机推广表

（1995 年 7 月至 12 月）累计

机种／地区别	耕耘机	综合播种机	中耕机	曳引机	动力插秧机	联合收获机	豆类联合收获机	花生联合收获机	稻谷干燥机	玉米干燥机	农地搬运车	采茶剪枝机	畜牧机械	柑桔分级机	切花捆扎机	回转犁
外销	20	3	186	3	8			1	33	1						
合计	79	100	1581	506	763	276	6	173	567	74	710	509	40	205	130	73
台湾产	52	100	1572		104	13	6	173	567	74	702	13		205	130	19
进口	27		9	506	659	263					8	496	40			54

——《福建农机》1996-03-30

《安溪乌龙茶史话（一）》（1997 年）

李启厚（福建省安溪县茶果局）

安溪是我国的乌龙茶主产区，福建省乌龙茶出口基地县，名茶铁观音、黄金桂的故乡。境内峰峦叠翠，甘泉潺流，云雾缭绕，气候温和，四季常青，自古就有“龙凤之区”“闽南茶都”之称。1995年3月，农业部、中国农学会在北京举行百家中国特产之乡命名大会上，获“中国乌龙茶（名茶）之乡”称号。

安溪产茶历史悠久、茶树资源丰富，优良品种繁多，种茶经验丰富，制茶技艺精湛，茶叶品质优良，独具一格，驰名中外，是我国六大茶类中之佼佼者，也是我国茶叶宝库中的一颗璀璨明珠。循着这颗“茶中明珠”历史进程的脉络，略谈其产销发展史。

一、安溪茶叶的起源

安溪种茶始于唐末，当时翰林学士韩偓有诗曰：“石崖采芝叟，乡俗摘茶歌。”五代时，种茶逐渐发展，已将茶作为礼品赠送。开先县令詹敦仁在五代时受“龙安岩（今龙门镇溪内村）悟长老惠茶，作此代简：泼乳浮花满盏倾，余香绕齿袭人清。宿醒未解惊窗午，战退降魔不用兵。”宋代，安溪不论寺僧或农家均已产茶了。安溪蓬莱《清水岩志》载："清水高峰，出云吐雾，寺僧植茶，饱山岚之气，沐日月之精，得烟霞之霭，食之能疗百病，老寮等属人家，清香之味不及也。鬼腔口有宋植二三株，其味尤香，其功益大，饮之不觉两腋风生，倘遇陆羽，得与补《茶经》焉。"五代越王钱俶的幕僚黄夷简，在北宋统一中国时，曾称疾退隐安溪别业，其山居诗有："宿雨一番蔬甲嫩，春山几焙茗旗香。"到了明清，安溪茶叶生产有了较大发展，并有了名气。明嘉靖《安溪县志》载："茶名于清水，又名于圣泉""茶，龙涓、崇信（今龙涓、西坪、芦田）出者多""茶产常乐、崇善等里（今剑斗、白濑、蓬莱、金谷）货卖甚多"。安溪八景之一"阆岩夕照"的阆苑岩大门，至今尚留有"白茶特产推无价，厂笋孤峰别有天"的对联。可见当时茶叶生产已遍及内外安溪，并在国内外进行贸易，成为农村的一大产业。

二、安溪乌龙茶的诞生

安溪茶叶生产走过了700多年的漫长岁月，经过劳动人民的反复实践，茶树品种不断选育创优，采制工艺不断推陈出新，茶叶质量不断改善提高，至明末清初诞生了独特的采制工艺，并形成独特的茶类——乌龙茶。据安徽农学院编著的《制茶学》载："青茶（即乌龙茶）起源：福建安溪劳动人民在清朝世宗胤禛雍正三年至十三年（1725—1735年）创制发明青茶，首先传入闽北后传入台湾省。"安徽农学院这个论断是有历史根据的。安溪在明末清初创制乌龙茶后，许多制茶能手被武夷山聘请为制茶师傅，传授乌龙茶制作技术，其中不少人就在武夷山定居，现在天心、水帘洞等地操闽南话的安溪籍村民上千人。安溪乌龙茶的茶种及制作技术传入台湾是举世公认的。据史料记载：清康熙年间，安溪的青心乌龙品种引入建瓯，清光绪年间由建瓯引入台湾种植。该品种目前已成为台湾茶树种植面积最大的当家良种。清光绪二十二年（1896年），安溪福美村张迺妙、张迺乾兄弟将家乡纯正的铁观音茶苗引入台湾，在木栅区樟湖山种植成功，并逐步发展，如今成为台湾最正宗的铁观音产区。台湾的乌龙茶制作技术也传自安溪。清嘉庆年间，安溪人王义程在台湾把乌龙茶制作技术进一步改进、完善，创制出包种茶，并在台北广大茶区大力倡导和传授。清光绪十一年（1885年），安溪人王水锦、魏静两人相继往台，在台北七星区南港大坑传授包种茶产制技术。自1920年起，每年春秋两次，举办包种茶技术讲习会，持续十几年，对包种茶技术的传播与改进，起了重要的作用。至1930年前后，台湾各产茶区都能制造包种茶，产量逐年增加，出口量凌驾于乌龙茶之上。此外，对乌龙茶的诞生，安溪流传着这样一个传说。

据说，明末清初，安溪西坪南岩之麓，住着一位退隐的打猎将军，单名叫“龙”。因为从小饱经烈日炙烤，风雨洗练，长得黝黑健壮，乡亲们都叫他“乌龙”（闽南方言“乌”即“黑”之意）。乌龙上山打猎时，常常身背猎枪，腰挂茶篓，兼采一些野生茶叶。在追赶猎物时，茶篓里的茶叶不时摇动摩擦，猎罢归来后炒制成茶，泡饮甚香，异于他茶。因此，乡里邻人经常在夜晚工余，相约到乌龙家饮茶聊天。有一天，乌龙猎获一头大山獐，晚上到家，急于宰獐至深夜，竟把当日采摘的茶叶搁置未加炒制，翌日清晨，炒制成茶后，其苦涩之味尽除，香醇更胜往常，乌龙大喜，连忙邀来乡亲茶友一起品尝，众人啧啧称奇，且探究其因，仿效采制，广为传开。此后，南岩茶叶声誉远扬，遐迩闻名。于是村民扩种茶树，以茶为生，乡亲们为感念乌龙的情义，就把所制的茶叶都称为“乌龙茶”。世代沿袭，沿用至今。后来乌龙去世了，乡亲们为了纪念他，在山岩上建了一座“打猎将军庙”。如今这座“打猎将军庙”虽已坍塌，但旧址犹存。

这个民间传说虽然不足作为史实，但是与安徽农学院所说的《乌龙茶起源》的时间、内容是吻合的，正如张天福教授等编著的《福建乌龙茶》称：“安溪在历史上选育和繁殖了不少适制乌龙茶的优良品种，并在制造技术上精益求精，虽然缺乏较早有关历史文献，但也不能就此认定安溪与乌龙茶的创制无缘”，这是比较客观、公正的。

三、名茶铁观音的发源

名茶铁观音在清雍正年间发源于安溪西坪尧阳，至今已近300年的历史，这是比较没有争议的。至于铁观音的由来，在它的故乡流传着两种传说。

一是“魏说”。相传，清雍正三年（1725年）前后，西坪尧阳松林头（今西坪镇松岩村）老茶农魏荫（1703—1775年），勤于种茶，又信奉观音，每日晨昏必在观音佛前敬献清茶一杯，数十年不辍。一夜，魏荫在熟睡中梦见自己荷锄出门，行至一溪涧边，在石缝中发现一株茶树，枝壮叶茂，芬芳诱人。魏荫好生奇怪，正想探身采摘，突然传来一阵狗吠声，把一场好梦扰醒。翌晨，魏荫循梦中途径寻觅，果然在观音仑打石坑的石隙间，发现一株如梦中所见的茶树，细加观察，叶形椭圆，叶肉肥厚，嫩芽紫红，青翠欲滴，异于他种。他喜出望外，遂将茶树移植在家中的一口破铁鼎里，悉心培育，经数年压枝繁殖，株株茁壮，叶叶油绿。便适时采制，果然茶质特异，香韵非凡，视为家珍，密藏罐中。每逢贵客嘉宾临门，冲泡品评，凡饮过此茶的人，均赞不绝口。一天，有位塾师饮了此茶，便惊奇地问：

“这是何好茶?”魏荫就把梦中所遇和移植经过，详告塾师，并说此茶是在崖石中发现，崖石威武胜似罗汉，移植后又种在铁鼎中，想称它为“铁罗汉”。塾师摇头道：“有的罗汉狰狞可怖，好茶岂可俗称。此茶乃观音托梦所获，还是称‘铁观音’才雅!”魏荫听后，连声叫好。

二是“王说”。相传，安溪西坪尧阳南岩（今西坪镇南岩村）仕人王士让，清雍正十年（1732年）中副贡，乾隆十年（1745年）出任湖广（今湖北）黄州府蕲州通判，曾筑书房于南山之麓，名为“南轩”。清乾隆元年（1736年）春，王与诸友经常会文于南轩，每于夕阳西坠，徘徊于南轩之旁。一日，见层石荒园间有株茶树异于他种，遂移植南轩之圃，朝夕管理，精心培育，年年繁殖，枝叶茂盛，圆叶红心；采制成品，乌润肥壮，气味超凡；泡饮之后，香馥味醇，沁人肺腑。乾隆六年（1741年），王奉召赴京，晋谒礼部侍郎方望溪，以此茶馈赠。方侍郎品其味非凡，便转献内廷。乾隆帝饮后，甚喜，召见士让询问尧阳茶史，以其茶乌润结实，沉重似“铁”，味香形美，犹如“观音”，赐名为“铁观音”。

从此，铁观音生产不断发展，质量不断提高，市场不断扩大，成为现实中的茶中极品，香飘四海，享誉五洲。

四、安溪的茶树良种

安溪茶树良种资源丰富。在漫长的生产实践中，安溪茶农选育出许多茶树优良品种，目前已收集的茶树品种有50多种，素有“茶树良种宝库”之称，它是构成安溪乌龙茶优良品质“天地人种”四大要素之一。安溪优良茶树品种中不少是我国名、优、特、稀品种，不少是适制乌龙茶的王牌品种，1984年11月，全国茶树良种审定委员会首批审定的30个国家级良种中，安溪就占了6个，即铁观音、黄棪、本山、毛蟹、梅占、大叶乌龙。安溪茶农在长期的科学实践中还创造出先进的“茶树短穗扦插育苗法”，对于提高茶树良种的纯度，加速茶树良种的推广，促进茶叶生产的发展都起了很大的作用，在我国茶业史上写下了光辉的一页，并于1978年荣获全国科学大会科技成果奖。现将六个入选国家级茶树良种简述如下。

铁观音：原产于安溪西坪尧阳，无性系品种。植株灌木型、中叶类、迟芽种。树势开张，枝条斜生，稀疏不齐；叶形椭圆，叶色浓绿，叶质肥厚，叶缘波状，略向后翻，锯齿疏钝，嫩芽紫红。开花多，结实率高。天性娇弱，抗逆性较差，有“好喝不好栽”之说。制乌龙茶品质特优，具有天然的兰花香和特殊的“观音韵”。

黄棪：原产于安溪罗岩，无性系品种。相传，清咸丰十年（1860年）安溪罗岩灶坑村（今虎邱镇美庄村），有个青年叫林梓琴，娶西坪珠洋村女子王淡为妻。当地风俗，结婚一个月，新娘回娘家“对月换花”返回婆家时，新娘带回的礼物中有一项“带青”（即植物幼苗），以象征世代相传，子孙兴旺。王氏“带青”之物为两株小茶苗，种在祖祠旁园地里。经夫妻双双培育，长得枝繁叶茂。采制成茶，色如“黄金”，奇香似“桂”，左邻右舍争相品尝，啧啧称赞，特以王淡姓名谐音命名为黄棪。后来茶商林金泰将黄棪运销东南亚各国，供不应求。为进一步提高黄棪的身价，并根据黄棪的特征，又名黄金桂。黄棪植株小乔木型，中叶类，早芽种。树姿半开展，分枝较密，节间较短；叶片较薄，叶面略卷，叶齿深而较锐，叶色黄绿具光泽，发芽率高；能开花，结实少。适应性广，抗逆性强，单产较高。适制乌龙茶，也适制红、绿茶。制乌龙茶香奇味佳，独具一格。

本山：原产于安溪西坪尧阳，无性系品种。据1937年庄灿彰的《安溪茶业调查》载：“此种茶发现于60年前（约1870年），发现者名圆醒，今号其种曰圆醒种，另名本山种，盖尧阳人指为尧阳山所产者。”本山植株灌木型，中叶类，中芽种。树姿开张，枝条斜生，分枝细密；叶形椭圆，叶薄质脆，叶面稍内卷，叶缘波浪明显，叶齿大小不匀，芽密且梗细长，花果颇多。与铁观音“近亲”，但长势和适应性均比铁观音强。制乌龙茶品质优良，质量好的与铁观音相近似。

毛蟹：原产于安溪福美大丘仑，无性系品种。植株灌木型，中叶类，中芽种。树姿半开展，分枝稠密；叶形椭圆，尖端突尖，叶片平展；叶色深绿，叶厚质脆，锯齿锐利；芽梢肥壮，茎粗节短，叶背白色茸毛多，开花多，基本不结实。育芽能力强，但持嫩性较差，发芽密而齐，成园较快。适应性广，抗逆性强，易于栽培，产量较高。适制乌龙茶，为色种高级茶；制红、绿茶，毫色显露，外形美观，品质尚佳。

梅占：原产于安溪芦田，无性系品种。相传，清道光元年（1821年）前后，芦田有一株茶树，树高叶长，但不知其名。有一天，西坪尧阳王氏前往芦田拜祖，芦田人特意考问王氏那株茶叫何名？王氏不知，一时答不上来，抬头偶见门上有“梅占百花魁”联句，遂巧取“梅占”为其茶树名。梅占植株小乔木型，大叶类，中芽种。树姿直立，主干明显，分枝较稀，节间甚长；叶长椭圆形，叶色深绿；叶面平滑内折，叶肉厚而质脆，叶缘平锯齿疏浅。开花多，结实少。育芽能力强，芽稍生长迅速，易于硬化。适应性广，抗逆性强，产量较高，在不同产地能适制各种茶类，制乌龙茶香味独特，品质较佳，制红、绿茶香高味醇，具兰花香。

大叶乌龙：原产安溪长坑珊屏，无性系品种。相传，清雍正九年（1731年），安溪长坑人氏苏龙，将安溪一种茶苗移植于建瓯县，产量高，品质好，当地茶农认为是优良品种，竞相繁育栽培。没过几年，苏龙辞世，当地茶农以苏龙姓名谐音命名为“乌龙”，后又根据其品种特征，称为“大叶乌龙”，现简称为“大叶乌”。大叶乌龙植株灌木型，中叶类，中芽种。树姿半开展，分枝较密，节间尚长；叶形椭圆，尖端钝而略突，叶面略呈弧状内卷，叶色暗绿，叶厚质脆，锯齿较明显。开花结实率尚高。适应性广，抗逆性高，根系发达，耐旱又耐寒，育芽能力强，产量较高。制乌龙茶品质尚佳，制绿茶品质尚好，制红茶品质次之。

五、香飘四海的历史名茶

（一）世界名茶铁观音

铁观音既是茶树品种名，也是茶叶商品名，系乌龙茶中之极品，它香高韵长，醇厚甘鲜，品格超凡，驰名中外，被评为中国名茶和世界名茶。民国五年（1916年），“台湾总督府”举行茶叶评奖，“万寿桃牌”铁观音获一等奖，奖日本金牌一枚。民国三十四年，在新加坡举行茶叶评奖，“泰山峰牌”铁观音获金牌一枚，金笔一对。1950年在泰国举行茶叶评奖，“碧天峰牌”铁观音获特等奖，奖金1000元港币。1982年6月，安溪铁观音被评为全国名茶。同年9月，安溪茶厂“凤山牌”特级铁观音荣获国家经委颁发的金质奖，1986年在法国巴黎举行的国际美食博览会，“新芽牌”铁观音被评为世界十大名茶之一，荣获“金桂叶”奖，因而被誉为“保健茶”“美容茶”和“长寿茶”。

铁观音色泽乌润，富有光泽；条索肥壮，卷曲紧结，砂绿明显，沉重似铁；汤色金黄明亮；香气清香悠长，胜似幽兰花香；滋味浓郁甘鲜，浓而不涩，郁而不腻，素有“绿叶红镶边，七泡有余香”之美称。饮之齿颊留香，喉底回甘，香中有味，味中有香，尤以独特的“观音韵”把人们带进幽深的传统茶道艺术之中，令人雅兴悠远，诗意盎然，达到超凡入圣的境界。

（二）全国名茶黄金桂

黄棪为茶树品种名，其茶叶商品名为黄金桂。黄金桂系乌龙茶风格有别于铁观音的又一极品。1985年被评为全国名茶，荣获国家农牧渔业部“金杯奖”，素以独特醉人的高香和清醇甘鲜的滋味而饮誉中外。

黄金桂主要是“贵”在“一早二奇”的独特品质。一早即萌芽、采制、上市早；二奇即外形“黄、匀、细”，内质“香、奇、鲜”。条索细长匀称，色泽黄绿光亮，香气高强持久，芳香迷人，滋味甘鲜清醇，奇特优雅，素以“一闻香气而知黄棪”而著称，故有“未尝天真味，先闻透天香”之誉。品饮之后，满口生津，回味无穷，令人神清气爽，心旷神怡。黄金桂历来以其奇异独特的品格和上市早的优势，赢得市场和顾客，备受消费者的青睐。

1980年以来，黄金桂生产有了较大的发展，目前全县黄棪茶园面积达1.2万亩，产量达2000吨，约占全县茶叶产量的16%。相信，黄金桂的明天将会更加芳香迷人。

（待续）

——《茶业通报》1997-12-10

《安溪乌龙茶史话（二）》（1998年）

李启厚（福建省安溪县茶果局）

六、安溪乌龙茶的发展

据史载：安溪乌龙茶至清光绪年间达到了鼎盛时期，清光绪三十年（1904年）全县乌龙茶产量达1250吨。进入民国，安溪乌龙茶逐渐走下坡路。民国二十五年（1936年）全县茶叶产量降为550吨。民国二十六年，抗日战争全面爆发后，外销中断，安溪乌龙茶受到严重破坏，大片茶园荒芜，不少茶厂倒闭，产量一落千丈。新中国成立后，安溪乌龙茶在党和政府的大力扶持下，得到较快的发展。48年来，经历过恢复、受挫、发展三个时期。

（一）恢复时期（1949—1965年）

1949年安溪广大茶农垦复荒芜茶园，改造低产茶园，恢复到29953亩，茶叶产量恢复至885吨。1956年后，党和政府对乌龙茶采取一系列经济扶持政策，到1965年全县茶园面积达51547亩，茶叶产量达921吨，比1949年增长1.2倍，接近抗日战争前水平。由于茶叶生产的发展，必须砍伐大量木材供制茶之用（一般是斤茶需斤柴斤炭），这给封山育林、水土保持造成很大的威胁。1960年以来，县茶叶部门对用煤焙茶进行技术攻关，终于在1965年获得成功，在闽南广大茶区推广使用。

（二）受挫时期（1966—1976年）

1966年开始，是“文化大革命”“十年动乱”的年代，安溪茶叶严重受到挫折。“文化大革命”期间，把发展茶叶生产作为“以钱为纲”来批判，撤销县茶业局，解散县茶叶试验站，下放茶叶干部和科技人员，片面强调粮食自给，提出打倒铁观音，强令毁茶种粮，全县先后砍掉茶树4000多亩，严重挫伤了干部、茶农的生产积极性，影响了茶叶生产的发展。

（三）发展时期（1977—1996年）

1978年党的十一届三中全会以后，在改革开放方针指引下，大面积高产高效茶园不断涌现，平均单产进入全省先进行列。茶叶初制向电力、机械化发展；制茶燃料普遍使用煤炭、电力，小部分开始使用液化气、柴油等燃料；先进的初制机械设备不断引进。到1996年全县茶园面积达125642亩，其中万亩以上的有2个乡镇。全县茶叶产量突破万吨关，达11809吨，平均单产94公斤，其中产茶千吨以上的有3个乡镇，产茶五百吨以上的有6个乡镇。全县茶叶总产值3.6亿元，占全县农业总产值1/3，年创税利3000多万元，占全县财政收入20%。全县茶叶产量约占全省乌龙茶总产量的1/3，占全国乌龙茶总产量的1/5，跃居全省首位，名列全国产茶大县。

七、安溪茶叶的营销

安溪茶叶历史上以外销为主、内销为辅。1985年以后，随着内外销市场的变化，逐渐走向内外销并举。

（一）外销

宋元时期，随着泉州港的兴起，就通过“海上丝绸之路”畅销海外。明末清初创制乌龙茶后，尤其是1725年前后，名茶铁观音的发现和推广，安溪乌龙茶就备受世人青睐。并通过厦门、广州等口岸销往海外。纵观安溪茶叶的外销历史，按外销主要市场划分，大致可分为三个历史时期。

1. 风靡欧美时期

据厦门口岸史料载，明万历三十八年（1610年），荷兰商人首次在爪哇万丹购到厦门商人运去的茶叶。1874—1875年美国从厦门输入乌龙茶3.47吨。1858—1864年间，英国每年从厦门口岸输入的乌龙茶达1800～3000吨，1877年达4500吨的最高纪录（其中安溪乌龙茶占40%～60%）。所以，19世纪被称为乌龙茶风靡欧美时期。后来，由于市场需求量急剧增加，一时生产跟不上，商人以次充好，掺杂使假，导致茶叶品质严重下降，遭到洋行的抵制。同时，英国在印度、斯里兰卡属地引种中国红茶获得成功，并大力宣传饮用印、斯红茶，污蔑中国茶不卫生，营养价值低等，至19世纪末，风靡欧美市场300多年的乌龙茶几乎销声匿迹了。

2. “侨销茶”时期

乌龙茶被排挤出欧美市场后，海外饮用乌龙茶的只有东南亚国家中的一些华侨。因此，乌龙茶就被称为“侨销茶”。1920—1948年，安溪华侨在东南亚各国开办的茶厂、茶行、茶庄、茶店达100家，其中新加坡有林金泰、源崇美、高铭发、林和泰、白三春、张馨泰、高芳圃、茂苑等30多家。马来西亚有王友法的三阳茶行、王宗亮的梅记茶行、王长水的兴记茶行、王蛤蟆的王新茶行、王春吹的振华茶行等10多家。印度尼西亚有王炳炎的王梅记茶行、王长水的万征茶厂、王金彩的大型茶厂等10多家。泰国有白锡碧的义和发茶行和三九茶行、王清时的集友茶行、白金凤的炳记茶行等20多家。越南有冬记茶行、锦芳茶行、国记茶行、泰山茶行等10多家。此外，还有香港王文斗的尧阳茶行、王三元的福记茶行、王成湖的谦记茶行、王国梁的泉芸茶行等10多家。经过80余载的奋力开拓，到1980年外销新、马及中国港、澳的安溪乌龙茶达1800吨，其中新、马达800多吨，港、澳（包括转口）达1000多吨。同时在长期经营中还创出一批名牌，如张源美茶行的“白毛猴牌”乌龙茶独霸缅甸；林金泰茶行的“金花”“玉花”牌乌龙茶风靡新、马；尧阳茶行的铁观音畅销海内外。此后，乌龙茶的生产量和外销量大幅度增加，而东南亚各国的乌龙茶销售量却没有增加，这说明“侨销茶”的时代已经过去了，但仍然是乌龙茶的一个老市场。

3. 日本“乌龙茶热”时期

1979年，正当“侨销茶”市场疲软时，日本却刮起“乌龙茶热”。是年外销日本的乌龙茶从1978年的178吨上升到280多吨。伊藤园株式会社在1981年2月罐装乌龙茶水问世。从此，乌龙茶输入日本的数量迅猛增长，1983年700吨，1984年超千吨，1988年突破5400吨，1991年上升到1.1万吨，1996年达到1.3万吨，其中安溪乌龙茶占20%～30%。液体乌龙茶的问世，是乌龙茶发展史上的一座里程碑。1996年安溪乌龙茶外销量达6000余吨，销往40多个国家和地区，为国家创汇1600多万美元，是福建省农业创汇大户。1996年11月，经国家对外贸易经济合作部批准，安溪茶厂获得自营进出口，1997年春茶起开始自营进出口，对振兴安溪乌龙茶将产生深远的意义。

（二）内销

清代至民国，安溪人就在县内、泉州、厦门、漳州等地开办茶厂、茶行、茶庄、茶店，营销家乡乌龙茶。在县内的商号有60多家；在泉州的商号有10多家；在厦门的商号有40多家；在漳州的商号有10多家。主要销售市场在闽南和粤东一带。内销的特点为：以精茶为主，毛茶为辅；小包装为主，大包装为辅。

新中国成立后，安溪乌龙茶外销占80%，内销占20%。1952—1984年，内销采取计划调拨，供应省内泉州、厦门、福州和省外的北京、上海等几个主要大城市。1985年国内茶叶市场放开经营后，内销市场日益兴旺和扩大，除保持老市场外，南方市场增加并逐步打开北方市场，改变了安溪乌龙茶“只销南不销北”的局面。目前内销市场可分为三大市场，广东市场3000吨，占内销总量的50%；闽南市场1500吨，占内销总量的25%；北方市场1500吨，占内销市场总量的25%。

——《茶业通报》1998-02-15

《加强交往优势互补　发展安台乌龙茶》（1998年）

李启厚（福建省安溪县茶果局）

安溪与台湾乌龙茶同宗同源，地理位置相近，自然条件相似，语言文化习俗相同，有着密切的地缘、血缘、文缘、茶缘关系。在世纪之交，两岸同行相聚一堂，共同研讨如何加强两岸乌龙茶交往与合作，优势互补，取长补短，共同发展，具有重大的意义。下面我就谈谈发展安台乌龙茶几点粗浅意见。

一、安台乌龙茶基本情况

安溪产茶历史悠久，是全国著名的乌龙茶主产区，名茶铁观音、黄金桂的发源地，福建省乌龙茶出口基地县。1995年3月被农业部命名为“中国乌龙茶（名茶）之乡”。全县现有茶园面积1.66万公顷，百分之百为无性系良种。铁观音、黄旦、本山、毛蟹、梅占、大叶乌龙六大良种占茶园总面积90%；海拔600米以上的高山茶园占70%，为生产优质产品奠定了基础。全县年产茶叶1.25万吨，占全省乌龙茶总产量1/3，占全国乌龙茶总产量1/4。产品内外销各半，年外销6000余吨，销往日本、东南亚、欧美等国家和地区；内销6000余吨，销往闽南、广东和北方三大市场。

台湾乌龙茶是台湾茶业的肇基者，至今仍占主导地位。台湾现有茶园面积2.3万公顷，其中乌龙茶茶园面积1.03万公顷，占茶园总面积45%；年产茶叶2.3万吨，其中乌龙茶1.5万吨，占茶叶总产量65%。台湾乌龙茶大部分内销，少部分外销，内销达1.4万吨，占总量93.3%，外销仅1000多吨，占总量6.6%。

二、安台乌龙茶各具优势

安溪乌龙茶，得天独厚，土地辽阔，劳力众多，品种丰富，品质优良，具有多方面的优势。

1. 地理优势

安溪地处福建省东南部，晋江西溪上游，属亚热带海洋性季风气候，境内峰峦叠翠，泉甘土赤，朝雾夕岚，温和湿润，四季常青，年平均气温16～21℃，年降水量1600～2000毫米，十分适宜茶树生长。

2. 土地优势

安溪地域辽阔，是泉州市最大的县份。全县面积3057.28平方公里，山地22.1万公顷，其中宜茶山地4.4万公顷，大部分分布在海拔500～1000米，环境清净，不受污染。

3. 品种优势

安溪自然环境得天独厚，有十分丰富适制乌龙茶的茶树品种资源，目前已发现的茶树达40多个品种，如铁观音、黄旦、本山、毛蟹、梅占、大叶乌龙、佛手、奇兰、雪梨、肉桂、桃仁、白牡丹等，其中前6个品种1985年被定为国家级茶树良种，佛手定为省级良种。

4. 品质优势

安溪由于“天、地、人、种”四者兼备，相得益彰，故茶叶品质优异，独具一格，滋味浓郁甘鲜，香气清高幽长，赢得消费者的喜爱。历年来，共获国际奖6项，国家金奖1项，部优产品8项，省优产品11项。

5. 茶文化优势

安溪茶文化源远流长，绚丽多姿，博大精深，古往今来，安溪茶乡已形成一套茶道、茶礼和茶俗，流传着许多茶的传说、茶的歌谣、茶的谚语、茶的对联。新中国成立后，安溪茶文化更加丰富多彩，涌现出许多茶的戏剧、茶的舞蹈、茶的影视、茶的歌曲；泡茶、品茶发展为“茶艺表演”，“斗茶”活动演变为“茶王赛”，茶文化向更高的层次发展。

不足的是：①茶园基础较薄弱，管理水平较低，尚有部分“三低”（低品种、低产量、低效益）茶园；②制茶机械落后，制作比较粗放；③产品缺乏创新，品种单调，几十年一贯制，中低档茶卖低价，效益不高。

台湾乌龙茶可谓后起之秀，栽培管理、加工技术及其机械等都比较现代化，科技含量较高，形成较大的优势。

一是台湾乌龙茶从选育良种、栽培管理到施肥治虫都认真按科学办事，机械化程度高，丰产园遍地开花，平均单产较高。

二是台湾乌龙茶初制技术不断改进完善，产品不断推陈出新，能够根据市场的需求，按照不同时期、不同销区，及时调整茶类结构，制出不同发酵程度的乌龙茶，如轻发酵的包种茶或清茶（儿茶素氧化8%～10%）、中发酵的冻顶茶或阿里山茶（儿茶素氧化20%～30%）、中上发酵的木栅铁观音（儿茶素氧化30%～40%）等，以适应消费多样化的需要。

三是台湾乌龙茶初制机械比较先进，制出的茶叶色泽美观，外形结实，成球状，销路好，价格高。

不足的是：①台湾由于建设用地的需要，茶园面积逐步缩小；②劳力紧缺，茶叶成本不断提高；③茶叶品质受自然条件的制约比不上安溪乌龙茶。

三、安台乌龙茶发展战略

综上所述，安台乌龙茶各有所长，各有所短。当前应通过不断交流与合作，优势互补，扬长避短，共同推进安台乌龙茶的发展。

1. 鼓励台茶企业到安溪投资办厂

近年来，在台茶面积、产量逐年减少的情况下，台湾茶业界一些有识之士看中了安溪的优势，先后前来安溪承包茶园，投资办厂，开发乌龙茶新产品。目前已在安溪兴办茶叶企业的有三和、郁泉、尚德、隆兴等10多家公司。实践证明，安台经贸往来后，既发挥了安台人才、资源、技术、资金等各自的优势，又使安台乌龙茶技术、管理、质量、效益不断交融和提高，达到了互补互利、共同发展。今后要进一步创造良好的投资环境，制定更加优惠的政策，继续鼓励台茶企业到安溪投资办厂，扩大安台经贸往来和合作领域。

2. 鼓励台茶企业加入“凤山茶叶集团”

安溪乌龙茶已具有产业化的规模和优势。近来一直在设想组建“凤山茶叶集团股份有限公司”。集团公司拟以核心企业为龙头，以中型企业为伙伴，以茶叶基地为依托，采取国有股、法人股、职工股、外资股多种成分相结合，按照利益共享、风险共担的原则，实行“公司+基地+农户”的模式，以振兴安溪乌龙茶。欢迎台茶企业加入“凤山茶叶集团”来，直接参与集团公司的经营与决策，更好地发挥台茶企业的作用。

3. 大力拓展国内外茶叶市场

近年来，在国际市场上茶叶已出现供大于求，乌龙茶供大于求也初见端倪。市场销量难以增长。因此，必须采取新的营销策略，开辟欧美经济发达国家的新市场，运用高新技术，发展袋泡茶、保健茶、罐装茶水等适销对路产品占领市场。在乌龙茶外销方式上，也可采取灵活措施。台湾有一定的乌龙茶外销市场，可以采取“台湾接单，安溪提货”的办法，使乌龙茶外销市场有个新的突破。与此同时，要大力开拓国内市场。中国是世界人口大国，也是个茶叶大市场，茶叶消费量不断增加。1996年全国产茶57.4万吨，内销41万吨，占总量71.4%。安溪乌龙茶1985年以前80%外销，到目前已趋向内外销平衡，这说明内销市场前景广阔。必须下大力气，注重研究市场营销策略，在巩固南方传统市场的同时，大力开拓北方新市场，使乌龙茶产销协调发展。

4. 加大科技投入，调整产品结构

当今世界饮茶趋向多样化、国际茶叶市场趋向多元化已成为主流。因此，必须依靠科技进步，加大科技投入，及时调整产品结构、向不断创新的多样化发展，如初制要根据不同茶树品种、不同采茶季节，选制不同茶类（乌龙茶、绿茶等）、不同发酵程度（轻发酵、中发酵、重发酵）的乌龙茶；精制要根据不同地区、不同消费层次，制出不同焙火程度（轻火、中火、重火）、不同包装形式（大包装、小包装及其形状）、不同包装装潢（颜色、图案）的产品；深加工要根据市场的需求，加工出袋泡茶、速溶茶、罐装茶、水果味茶、保健茶等，以适应多元化市场的需求。

5. 扩大安台乌龙茶各个领域的交往

十几年来，海峡两岸往来不断发展，不少台胞纷纷回安溪寻根问祖，喜结茶缘。1989年台湾南投茶农组成茶叶访问团，一行20多人，赴安溪参观访问，先后参观了茶山茶厂，与茶农茶师座谈。1992年以吴振铎教授为首的台湾茶叶代表团访问了安溪，与安溪茶叶界同行进行了学术交流和切磋茶艺。这次台湾中华茶文化学会理事长范增平先生率代表参加了研讨会。今后要继续扩大安台乌龙茶各个领域的交往，包括生产、加工、贸易、科研、教学、茶艺等领域，通过接触，开展活动，加深了解，增进友谊，建立感情，进行合作，优势互补，共同发展。

——《福建茶叶》1998-02-15第一期

《安溪乌龙茶出口贸易发展战略》（1998年）

林心炯（福建省茶叶学会）、蔡建明（福建省安溪县茶果局）

一、安溪乌龙茶出口贸易发展战略选择的依据

各产品出口贸易发展战略，系根据特定的资源状况、经济发展、科技水平等背

景而定。

安溪乌龙茶出口，具体地说，其依据有以下几点。

1. 资源状况

资源一般指土地、劳动力、资本、技术等方面。

资源构成的差异，影响静态比较优势产业。比较优势产业，具备实现比较效益。安溪所以演变为今日著名的乌龙茶产区，农业部授予“中国乌龙茶（名茶）之乡”殊荣，并非偶然。系在长期的商品交换、市场竞争过程，选择了适合乌龙茶栽制的优越自然资源、品种资源，以及技术、劳动力优势等形成的。据此，安溪有实现乌龙茶出口的比较效益。乌龙茶是全县主要经济支柱之一，茶园面积达1万多公顷，年产茶1万吨以上，产值近3亿元。每亩茶园主副劳动力3人。

技术含量是资源构成的重要组成部分，它决定出口产品的产值如何。安溪乌龙茶技术构成中，已产生经济效益，且有较大比例的有：短穗扦插、良种荟萃、优高栽制技术等。取得成果，有待应用，储备技术有：乌龙茶专用肥、做青工艺与设备、农残降解综合技术、乌龙茶标准等。靠近厦门、福建乌龙茶集散地。

2. 国际茶叶市场环境

总体上看，有潜力、有矛盾、有竞争。

有潜力：国际茶叶产销是上升发展的。1996年全球茶叶生产量269.10万吨，比1995年增长3%，创历史最高纪录。按年增长2%计，2000年为275.6万吨左右。

有矛盾：FAO（编者注：联合国粮食及农业组织）认为，目前面临产大于销，年剩余产量4万～5万吨；出口量增加而需求量下降；成本上升而茶价下降的矛盾。

有竞争：国际茶叶市场的竞争是经常的、多方面的。如进口国与产茶国、产茶国之间的竞争等。

3. 乌龙茶市场规模与潜力

乌龙茶有其特定的市场流向和流量，趋于平稳、前景看好。1996年福建乌龙茶产量4.8万吨，占全国乌龙茶5.5万吨的87.27%；闽南乌龙茶2.5万吨，占全省乌龙茶的52.08%；安溪乌龙茶1.5万吨，占全国1/4，占全省1/3，具有出口规模与潜力。

4. 乌龙茶生产所处的产业发展阶段

试以茶叶加工业发展，作为该产业发展阶段看，随着社会发展和科技进步，产业也随之发展和进步。产业发展过程，伴随比较效益上升过程。

安溪并存传统初精制加工、茶与非茶食品综合加工、速溶茶、液态茶水等制作条件与技术。也即蕴藏传统产品、产业升级和高新技术的生产力。

运用美国经济学家维农“产品周期论”分析，指产品上市，即开始导入期、增长期、成熟期和衰退期四个阶段演进。针对不同阶段，采取相应战略，可实现持续效益。

二、发展战略选择的几个问题

根据战略选择的依据，乌龙茶出口发展战略可以从这些方面探讨。

1. 搞“大合唱”形成联合力量

把产品打入世界，在国际市场开展竞争，要有力量。并非茶叶业务部门“独唱”可奏效，组建乌龙集团公司的设想是方向，目前拟以茶业总公司为主体，贸工、贸农、贸技、贸商紧密结合，协同发展，共同繁荣。充实通晓外贸的人才等。

2. 当前和长远结合

随着我国恢复关贸总协定（GATT）缔约国地位和参加世贸组织（WTO）的日期日益临近，茶叶进口国，特别是欧洲共同体、美、日等发达国家，明显扩大提高限制农药种类和标准，对未来茶叶出口将有所威胁。现已注意到并落实了农残降解和管理，已取得社会、生态效益。

面对一个即将到来的新世纪，以可持续发展战略为指导思想，保持茶业长远地、协调地发展，既是当前，又是长远的问题。

建设安溪四大名茶基地，即西坪、祥华、感德、虎邱、剑斗、长坑的铁观音基地，虎邱、金谷、蓬莱、参内的黄金桂基地，西坪、尚卿的本山基地以及大坪的毛蟹基地。坚持以公有制为主体、多种经济成分并存，走市场配置资源，推动茶业现代化建设。

3. 根据世界茶叶市场多元化和消费格局多样化的趋势，确定“以质取胜”和“市场多元化”战略

曾主宰世界茶叶的伦敦拍卖市场，其地位和作用削弱，丧失左右能力，国际贸易趋向多元化。

世纪之交，传统加工产品仍占主导地位，但新加工工艺及其产品，将有较大的发展。

面对市场形势、世纪之交，安溪乌龙茶，宜以传统产品为主，巩固提高铁观音、本山、黄金桂、毛蟹四大名茶传统产品。保证质量品位，并根据市场需求，积极创新，提高产品相应的技术含量、产品质量和产品档次。并在款式、包装装潢和方便消费等方面推陈出新。同时，有条件地开发新产品，实现产品升级换代，注意

增值产品开发。

巩固发展新、马、泰及中国香港等市场；同时，加强新市场开拓，开辟广阔的市场空间。

4. 总结研究乌龙茶产品营销策略

当今茶叶市场，不仅满足市场需求，更重要的是创造市场。福建乌龙茶进入日本开辟乌龙茶新纪元，就是创造市场成功的范例。

总结提高营销策略：营销方式将发生变化，拍卖市场将下降，个人销售将增加，电子拍卖市场正在酝酿中。要调研市场潜力，保持特有质量特征，提高科技含量，产品宣传科学性、经权威机构认定，力争名牌国际化和正式注册的商号、商家等。

不妨重复提出保护铁观音、保护乌龙茶茶类声誉问题。目前市场“铁观音”比比皆是，良莠不分、鱼目混珠，削弱铁观音声誉。在出口贸易中，安溪具有保护铁观音的能力。建立定点市场窗口，宣传铁观音、宣传乌龙茶。

——《福建茶叶》1998-02-15第一期

《乌龙茶在泰国》（1998年）

——在海峡两岸乌龙茶座谈会上发言

郭应道（泰国茶商公会理事长）

泰国茶叶销量不多，主要以乌龙茶为主。本国茶叶年产约2000吨，主要是阿萨姆种，制成普通的乌龙茶。市场上销售较好的乌龙茶靠进口，主要是从中国进口，每年约500吨。近年来市场有些变化，喜欢饮清香乌龙茶。经反映外贸部门按市场需要，改变进清香口味的，特别是安溪乌龙茶，“香气浓郁，音韵独特”得到喜爱饮茶人士好评，和台湾茶比较胜在“音韵”。因此，近年来台茶销泰已减至很少，闽茶销泰有所发展。茶是健康饮料，展望21世纪，前途是美好的。

关于品质和价格方面，台茶的香气比较清香，但“音韵”却不足，而价格与中国安溪乌龙茶比较，差价很大。乌龙茶在国际上没有多少竞争对手，台茶产量也很少，为什么台茶能卖高价，而中国安溪乌龙茶只能卖低价？茶价太低，影响茶农收入，生活未能充分改善。

在出口方面，虽然有出口许可证及商检保证质量的管理制度，但安溪县有个体户茶商没有出口权也能将茶叶出口到泰国，同时价格特别低，影响了市场销售。我们建议要管理好出口，并保持标准质量，同时希望海峡两岸共同联手，取长补短，发扬优势，拓展更大的国际市场。

在宣传方面，在国际上很需要有更多的有关茶叶保健方面的宣传，使青年人懂得“饮茶有益健康”。现在有些汽水因含有糖分，已不适合中、老年人饮用，所以希望在各国能够加强宣传，如举行茶文化活动、茶叶展览、茶艺表演、广告宣传等等，以利进一步推广。

——《福建茶叶》1998-02-15

《茶乡的魅力》（1999年）

凌冰（福建省安溪茶厂）

自古就有“闽南茶都”之称的“中国乌龙茶之乡”——安溪县，有一家誉满五洲的现代化制茶企业——福建省安溪茶厂。

凤山茶叶商标图

创建于1952年，有着40余年发展历史的安溪茶厂，在改革开放的大潮中，秉承艰苦奋斗的传统，不断深化改革，转换经营机制，无论在管理、工艺、产品质量或产品开发等方面，一直是同行业的一面旗帜。目前，已发展成为集生产、加工、国内销售、进出口贸易、科研，多元化经营为一体的现代企业。年加工能力5000吨，是全国规模最大的乌龙茶精制厂、福建省百家重点企业之一，更是乌龙茶精制加工业中唯一获得自营进出口权的企业。

“高投入，高产出，高质量，高效益”是安溪茶厂始终恪守的生产经营方针。近几年来，他们不断加大资金投入，改造更新加工设备和场所，先后建成了一流的原料、成品仓库，拣剔工场和拣杂自动成箱流水线，大大提高了原料存放、筛分、拣剔、烘焙、匀堆、摊凉、拣杂和成箱等工序的生产效率。为了维护产品名牌信誉，他们还从美国引进气相色谱仪，设计开发产品质量微机监控系统，对生产过程中的数十道工序进行严格的全程监控，从而通过了国家ISO 9002质量认证。由于重视产品质量，安溪茶厂生产的“凤山牌”特级铁观音早在1982年就荣获国家金质奖，特级黄金桂、一级铁观音、一级色种分别被商业部、轻工部评为优质产品，且历经复评，连年保优。“凤山牌”注册商标被认定为福建省著名商标，并在日本、中国香港和新加坡等地延伸注册。据有关机构评估，其品牌无形资产已超过2亿元人民币。

适应市场需求，不断开发新产品，是安溪茶厂在激烈竞争中立于不败的奥秘。除了“凤山牌”大、小包装系列产品一直是国内外市场的主导品牌外，近年来他们还注重在深加工产品上下功夫，先后开发生产出袋泡茶、速溶乌龙茶、乌龙茶罐装茶水和“凤山牌”纯天然苦瓜茶等十数种“凤山牌”系列产品。这些产品不仅备受国内消费者的喜爱，还远销日本、中国香港、东南亚及欧美等国家和地区，并被誉为“长寿茶”“健美茶”“茶类中之香槟”。

安溪茶厂历经47年的艰苦奋斗，为中国的茶叶事业、为乌龙茶的发展做出了极大的贡献。厂长林宏恩是一位有着30多年从事茶叶制作管理经验的老同志，谈到安溪的茶园、茶厂，他的脸上无不流露出一种自豪感。他十分有信心地表示要率领全厂干部职工，“立下愚公志，敢为天下先”，进一步深化企业内部改革，强化管理，提高产品质量，加强售后服务，不断推出新产品，使企业在激烈的竞争中立于不败之地，迎接新世纪的挑战。

——《亚太经济》1999-06-10

《清水祖师从安溪过台湾和台湾的茶叶生产》（1999年）

林其泉（厦门大学历史系教授）、
吴天发（省民俗学会咨询委员会办公室主任）

清水祖师也称“清水真人”，是谓“洁白公平”之神，或说系宋代永春人陈应的神化。

传说，陈应生前曾在南安某乡寺庙里出家，法号“普足”，因不堪寺僧的虐待，愤而出走，独自到安溪清水岩，在那里建造道场修炼，面壁参禅。清水岩有石穴甚深，常有白米饭流出，祖师深感可惜，每将它捞起，并晒干，用以施舍附近贫苦民众，民感其德，在他升天后为之建庙以祀，供之为神。

陈应神化后，多次受到封建统治者的褒封，封号颇多：昭应大师、三代祖师、蓬莱大师、显应祖师、辉应祖师、普庵祖师等。这些褒封，扩大了他的影响，更多的人前往朝拜，人们对清水祖师的信仰，经久不衰。当然，人们对清水祖师的信仰，并不是因为封建统治者的褒封，主要的乃是民众出自生活上的需要。

太阳、月亮、星星都是人们可望而不可即的，但它们会给人们带来光和热，这是人们所需要的。神呢！会给一些人带来某种希望和安慰，也是人们在某种情况下所需要的。有时，当人们在没有具备足以压服群类的力量和武器而又需要一种权威时，也求之于神。

神令人崇敬，因为它会安慰人心，给人精神上依托。清水祖师也正是这样的神。正因为这样，清水祖师受到人们的崇拜和恭祀，统治者也往往看到民心可畏，不时也顺应民情，褒封那些受民众崇仰的神灵。清水祖师也正是这样多次受到封建统治者的褒封。

民众崇仰加上统治者的褒封，使得神灵显得形象高大。

如果我们把早期的将某些超自然力量加以人格化的做法，称为早期的求神，把被人格化的对象称为早期的神，那么，不妨把后来的生前为人类做过贡献，死后受到人们怀念和崇拜的人，称之为后期的神。那些活着时为众人做出贡献、死后为众人所称颂、所追思、所崇敬的人，可说是虽死犹生，这就是通称的神了。清水祖师也正是这样的神。

福建向来是造神比较多的地方，这大体上与福建的形势有关。福建地处边陲，历史上这里天灾人祸不断发生，给人民带来巨大的灾难，而历代的封建统治者，多只会搜刮民膏民脂，不顾民众死活，政治极端腐败。清人徐宗干曾说，中国吏治之坏，“至闽省而极”。腐败政治给人民群众带来的只是痛苦。人们在痛苦和绝望时，不免会呼天唤地，祈求神灵的保护。就是说，当年福建民众，为避过天灾人祸，为抗议腐败的政治，多求助于各种神灵。就这样，成批成批的神灵被制造出来，所谓乱世神灵多。清水祖师正是这样被尊为神的。

在中国历史上，被尊为神的，多是完善之人的升华。所谓完善之人，通常指具备思维力、意志力和心力，即所谓理性、品性和爱好的完善性。清水祖师具备了这种完善性，是个完善的人。因此，在他死后人们尊他为神。就是说，他的人虽死了，可精神不死，一直活在人们的心中。

清水神师成神后，人们编了许多神话传说，用以美化他，使之更加完美。在许多神话传说中，流传于闽南一带的关于祖师黑脸的成因最为生动。传说，清水祖师在其嫂嫂生孩子后身体甚为虚弱的情况下，答应代她上山砍柴火来烧饭，可他并不上山，只是把自己的脚伸到灶里当柴烧。一次，嫂嫂见了，甚为惊讶，欲上前抢救他的脚，可他竟一口气把身体钻进灶膛内，结果被烧得满脸变黑了。人说，就因此闽南有些清水祖师寺内清水祖师神像的脸是黑的。

清水祖师崇奉，随着安溪移民到台开发宝岛，亦从安溪传入台地，作为安溪移民的保护神。或说，最早在家里供奉清水祖师的是台湾北部淡水的一位姓翁的安溪移民。人们照样加以学习，此后更多的安溪移民在台湾奉祀清水祖师神灵。为了让到台的安溪移民集中而方便奉祀清水祖师，清乾隆五十二年（1787年），在台湾北部的安溪移民，经过商议后决定：在台北艋舺（后改为万华），建造清水岩。三年后，艋舺清水岩建成，供奉从家乡安溪分香而来的清水祖师（称蓬莱大祖）。

在台北艋舺清水岩，与台北的保安宫、龙山寺一起被称为台北的三大庙门。几百年来，台湾各地建造了许多供奉清水祖师的清水岩，大多是从艋舺清水岩分香而去的。

台湾的许多清水岩中，三峡的清水祖师庙最为有名。这三峡清水祖师庙初建于郑成功收复台湾后，后经多次改建和扩建，1895年日本占领台湾后被焚毁，日本战败，台湾回归中国后，三峡清水岩又再重建，历三十多年，到1989年才告最后完成，庙宇美轮美奂金碧辉煌，堪称台湾名刹。这名刹名闻中外，与万华（艋舺）清水岩、淡水清水岩一起合称为台湾三大清水岩。

台湾的清水岩所供奉的清水祖师神像有七八种形象，主要有黑脸、金脸和红脸三种，也都是从大陆（主要从安溪）传去的，或根据大陆的神话传说而塑造的。

台湾也流传许多有关清水祖师的神话传说，大多也是移植自大陆，其中落鼻的传说尤其有趣。相传，某一次清水祖师岩为海盗所袭击，祖师神像的鼻被挖掉，盗寇退走后，该寺僧取四祖师鼻加以修复，使之形象保持完好。不过，自此之后，每逢天灾或其变故，祖师神像的鼻子老是容易掉落，故有“落鼻祖师”之称。

台湾的清水岩和清水祖师崇拜，是安溪移民所造成的，是安溪与台湾两地关系密切的象征，是安溪移民开发和建设台湾的历史见证，永远值得闽台人民所珍重。

安溪移民开发和建设台湾，最突出的表现在促进台湾茶叶生产的发展。

台湾原来只有野生的山茶，生长于台湾中南部的水沙连山中，茶树高达丈余，色如松萝，能辟瘴去暑，最早是汉族同胞加以焙制和饮用。这大概是在十七世纪末即清政府统一管理台湾前后的事。因为野生的山茶味道不如人工种植和制作的茶，所以在台湾人工种植茶叶的事很快被大陆移民所注意。

讲到台湾茶叶的种植和制作，首先要提到乌龙茶。这是台湾最早由人工种植和制作出来的茶，至今在国际茶市中仍享有盛誉。

乌龙茶原为福建十大名茶之一，其色、味、香俱佳，色绿中带红，香高味醇，有生津、止渴、提神、涤烦、助消化、防病、消暑等的功能，其制法介于红茶和绿茶之间，即半发酵的，这种乌龙茶，原名叫“黑蛇茶”，“老家”在福建沙县吕峰山草洋乡。那里山高，天气荫凉，终年浓雾笼罩。传说，当地农民常见有黑蛇盘卷于茶树上，而茶有异香，能去烦去腻，为清血贵品，可当药，人称“黑蛇茶”。此茶传到闽南后，改了名，因闽南话“黑”与“乌”同音，加上古代人好龙忌蛇，称蛇为龙，于是黑蛇茶方成“乌龙茶”。乌龙茶的原品种已绝迹，如今流传的乌龙茶乃它的近系。

乌龙茶传入台湾，最早大约在清朝嘉庆年间（1796—1820年）。这前后，随着福建移民到台开发人数的增多，种茶技术也传进了台地。当时有位叫柯朝的福建人，从福建带去武夷茶种子二斗，种于台北鰈鱼坑，生长良好，收成亦丰，附近的人争相传植。有人从安溪运去这种茶苗，在台湾各地加以种植。于是，乌龙茶在台湾很快发展起来，当中有一种叫“包种茶”的种植尤多，而南投鹿谷的冻顶山所产的乌龙茶被认为是乌龙茶的正宗。

十七世纪末清政府统一管理台湾后，台湾社会经济得到了新的发展，乌龙茶生产尤其迅速发展。十九世纪初，厦门、汕头的茶商多到台湾设茶行，招雇安溪等地的茶工和技术人员到台种植茶树，春去冬来，不误茶时。这前后，台湾北至大屯山，东到宜兰，南延新竹、苗栗，茶行越设越多，茶业大兴。大规模种植茶树，使茶叶得到大量收成，人们将它们运到福州等地加工精制，而后抛向市场。把粗茶运到福州加工精制，自是有些不便且费时，因此，有人想到就地加工，即招聘福建制茶技术人员到台从事这项工作。

清光绪七年（1881年），同安茶商吴福元带着从大陆招聘的茶工来到台湾设立“陆源号”茶厂，获利颇丰。不久，安溪茶商王安定、张元魁等亦带领安溪的茶工和技术人员到台湾设立“建成号”茶厂，合伙经营包种茶叶，极大地推动了台湾的乌龙茶的加工业。

眼看台湾茶叶加工有利可图，当年在台的英国商人大为眼红，亦投资经营茶农，派人到福建安溪引进良种茶苗，并加以推广。在大量生产的基础上，英商大量收购台湾乌龙茶销售英、美等国，大受欢迎，打开台湾茶叶外销门路。其他国家的商人步英商后尘，接踵而至台湾，纷纷招雇安溪茶工到台生产和加工乌龙茶，提高茶叶质量，使台湾茶叶更大宗地打入国际市场。

1885年台湾建为行省，第一任巡抚刘铭传在台湾大兴洋务运动，注意扶植茶叶生产和加工，并帮助茶商联合起来，成立台湾“茶郊”（茶商行会组织）“永和兴”，改良制茶技术，奖励增加出口，使得台湾的茶叶更进一步得到发展。六年后的1891年，台湾茶园面积达两万多公顷，茶叶出口量达八万多公斤，销地遍及东南亚和欧美国家。由于安溪移民和安溪茶工的努力，在不到半个世纪的时间里，台湾茶叶（主要是乌龙茶）的外销量增长了150多倍。十九世纪中叶是台湾茶叶生产最盛的年代。也是安溪移民到台的高潮年代，也是安溪茶工被招去台人数最多的年代。安溪人对台湾茶叶生产的贡献不言自明。

1895年后日本占领台湾期间，台湾茶叶生产受到了严重的破坏，茶园荒芜，茶叶制作处于停止状态，后来因为日本国内需要，而台湾有种茶的优越条件，加上又有安溪籍的茶农、茶工可以利用，日本在台的统治者一反常态，强迫台湾茶农从事茶叶生产，主要生产绿茶和红茶。与此同时，铁观音也被注意到。

铁观音，色泽似铁，含有感谢观音菩萨所赐之意。在台湾早引人注目。1896年，台北木栅茶农张福堂派祖籍安溪的张乃妙等人回祖籍引进良种和制作技术，不久在台北种植并推广开来。它成了台湾铁观音茶的鼻祖。

在安溪籍茶农的努力下，日据时期台湾茶叶一度得到相当的发展，1934年前后，年产量达二万多斤。但好景不长，1937年抗日战争全面爆发，为适应战争需要，日本侵略者把台湾的许多茶厂改为军用工厂，驱赶茶农上前线为之卖命，台湾的茶叶生产又一蹶不振。

1945年日本战败投降，台湾回归中国，台湾的茶叶生产又得到恢复。二十世纪四十年代后期，福建茶商，特别是安溪的茶工纷纷前往台湾，从事茶叶经营活动。在茶农的努力下，二十世纪五十年代初台湾茶园面积达四万四千多亩，各种茶厂四百余家。

近几十年来，台湾的茶叶生产又有新的发展。目前，台湾的茶叶主要仍是乌龙茶，以“山背茶”品种为最佳。台湾茶叶以茶质优良，适合不同品茗人士的口味而大受欢迎，畅销全球。

可惜的是，台湾茶叶生产的潜力并未全部得到发挥，这因为它未能与大陆的茶叶生产者首先是安溪的茶叶生产者进行联系和交流，从而使台湾茶叶生产受到了限制和阻碍。如何尽快改变这种局面，值得人们深思。

到台的安溪移民对台湾所作的贡献，自不止在茶叶生产和制作方面，但单就这一项已够发人深思了。

到台的安溪移民，每每念念不忘清水祖师的保佑，这是他们不忘祖籍思念老家的情感表露。祖籍老家是他们的精神寄托，给他们带来力量。正是这种力量帮助他们去创造新的生活。在台湾，清水祖师崇拜与语言、风俗的生活方式等等一样，都是安溪移民及其后代与祖籍地沟通的感情纽带。正是这些，使得他们身在台岛，心系祖家，就因此，可以这么说，清水祖师沟通了两岸同胞的骨肉之情。人们应该珍重这种骨肉之情啊！

——《闽台清水祖师文化研究文集》1999-07-01

《来自中国乌龙茶之乡的报告》（1999年）

严文斌

今年6月11日在钓鱼台举行的北京茶王邀请赛上，福建安溪县西坪镇荛阳村茶农王文礼生产的100克铁观音以7万元的价格，被香港茶人协会副会长施迹筑先生代表香港茶人协会买走，创下当今铁观音的天价。这个价格比1998年茶王邀请赛每100克4万元高出3万元。

竞价结果刚刚宣布，北京及全国各地很多品茶专家纷纷奔走相告。而更多的行内外人士在纳闷、在深思，是什么名茶创下如此高的纪录？

中国乌龙茶之乡

原来创下这种天价的铁观音来自我国著名的乌龙茶主产区和名茶铁观音、黄金桂的故乡，同时又是国家农业部授予的“中国乌龙茶（名茶）之乡”——福建省安溪。

安溪县地处福建省厦（门）漳（州）泉（州）金三角地带，全县面积3057.28平方公里，人口105万，现辖24个乡镇、458个村（居），是国务院批准的首批沿海对外开放县，是福建省主要侨乡和台湾同胞主要祖籍地。据考证，安溪产茶已有1000多年历史，早在宋元时期，随着泉州港的兴起，安溪茶叶就作为一项重要商品，通过“海上丝绸之路”走向世界；据记载，250多年前，安溪人在东南亚各国开设茶行100多家，形成了初具规模并较为完整的产供销体系，产品畅销新加坡、菲律宾、泰国、缅甸、越南、印尼、美国及中国澳门、台湾等30多个国家和地区。新中国成立前，安溪铁观音曾先后3次在国际性优质产品评定中获得金奖。

目前，全县茶园面积已达25万亩，年产量1.5万吨，产值3亿多元，是全国最重要的乌龙茶生产基地。在质量上，自1982年以来，安溪“凤山”牌特级铁观音连续17年保持国家金质奖荣誉，“凤山”牌已注册“钓鱼台”牌，作为钓鱼台国宾馆专用茶，成为“中国第一的乌龙茶”和国宾茶；安溪黄金桂被评为全国名茶，有30多项产品获省优、部优称号；并先后研制出速溶乌龙茶、铁观音健胃、铁观音茶水等新产品，初步形成了具有较强市场竞争力的深受消费者喜爱的系列产品群体。目前，产品畅销国内市场及东南亚、欧美40多个国家和地区，每年为国家创汇2000多万美元，是国家确定的出口茶基地县。1995年3月被国家农业部和中国农业学会等单位命名为“中国乌龙茶（名茶）之乡”，在众多乌龙茶产茶县中独获殊荣。1997年元月经国家外贸部批准，安溪茶厂获得了茶叶进出口经营权，使安溪县茶叶市场前景更加广阔。

——《科技潮》1999-08-05

《安溪乌龙茶生产现状及发展对策》（1999年）

李志刚（福建安溪县教师进修学校）

一、概况

安溪县地处北纬24°50′~25°26′，东经117°36′~118°17′，属亚热带季风气候，年平均降雨量1500~2000毫米，年平均气温16~21℃，≥10℃积温4700~6900℃，气温年日较差大，光热资源丰富；地形多中、低山，以黄、红壤及砖红壤性红壤为主，有机质丰富；境内峰峦叠翠，甘泉潺流，云雾缭绕，茶叶栽培具有得天独厚的自然条件，是全国著名的乌龙茶主产区，名茶“铁观音”的故乡，素有“龙凤之区”“闽南茶都”之称。安溪茶叶栽培历史悠久，至今已逾千年，“天时、地利、人和、种良”四者兼备，相得益彰，尤以名茶“铁观音”“黄金桂”闻名遐迩，饮誉中外。被列为全国茶叶生产基地县和省茶叶出口基地县。1995年3月，国家农业部、中国农学会等单位联合授予安溪县“中国乌龙茶之乡”光荣称号。

二、茶叶生产现状

（1）据统计现有的茶园总面积达1.33万公顷（1980年航测面积21883.52公顷），其中采摘面积1.2万公顷，茶叶总产量1万吨，居全省首位，约占全国乌龙茶生产总量的1/5。1996年，茶叶创税利3000多万元，约占县财政收入的20%，1996年总产值3.8亿元，约占全县农业总产值的1/3，提供国家出口茶叶6000多吨，销往40多个国家和地区，为国家创汇2000多万美元，是全县的支柱产业。

（2）现有茶树品种面积、产量（1996年）见表1。

（3）现有茶园面积及产量分布情况（1996年）见表2。

（4）茶叶销售及市场流通情况（1996年）见表3、表4。

表 1　茶树各品种种植面积与产量

	面积		产量			面积		产量	
	万公顷	(%)	万吨	(%)		万公顷	(%)	万吨	(%)
合计	1.33	100	1.24	100	大叶乌龙	0.13	10	0.12	10
铁观音	0.27	20	0.20	16	梅占	0.13	10	0.12	10
本山	0.20	15	0.20	16	奇兰	0.04	3	0.03	2
黄旦	0.07	5	0.05	4	其它	0.22	17	0.12	10
毛蟹	0.27	20	0.40	32					

编者注："其它"应为"他"。

表 2　茶园面积及产量分布

		主产区 西坪、虎邱、大坪、芦田、祥华、蓝田、长坑、感德、剑斗、金谷	一般产区 龙涓、尚卿、龙门、官桥、参内、蓬莱、湖上、福田	次要产区 城厢、凤城、魁斗、湖头、白濑、桃舟
面积	公顷	11 569.3	4 179.3	918
	(%)	69.4	25.0	5.6
产量	吨	11 906	2 599	495
	(%)	79.4	17.3	3.3

表 3　茶叶销售量及其销售渠道

		精茶（万吨）	折合毛茶（万吨）
总销量		1.00	1.25
其中：1. 外销	(1) 福州、厦门口岸	0.41	0.51
	(2) 广东口岸（包括内销）	0.21	0.26
2. 内销	(1) 闽南市场	0.10	0.13
	(2) 北方市场	0.09	0.11
	(3) 其他市场	0.05	0.06
	(4) 本县	0.06	0.08
3. 库存		0.08	0.10

表 4　茶叶销售市场分布

	外销市场　占 50%	内销市场　占 50%
主要地区	亚洲：日本、新加坡、菲律宾、缅甸、泰国、马来西亚等 北美洲：美国、加拿大　大洋洲：新西兰、澳大利亚 欧洲：英国、法国、德国等　非洲：刚果、毛里求斯 拉丁美洲：古巴、智利等	广东、福建、北京、上海、西安、沈阳、辽宁、长春、新疆、香港等

三、茶叶生产存在的主要问题

1. 茶园分散经营与大市场的矛盾

茶园生产经营在联产承包后一方面带来了生产效益，另一方面也带来不利的因素。一家一户的茶农难以及时、全面、准确地掌握与预测市场行情。仅凭经验盲目生产、经营，经济效益逐年下降；同时，家庭"作坊式"的经营经济实力脆弱，无力抵御市场竞争带来的风险，竞争力不强。

2. 小规模经营与现代化茶业生产的矛盾

小规模生产方式，使茶农之间在生产技术上互相保密，销售价格上彼此压杀，既不利于新技术的大面积推广，也不利于劳动生产率、商品率和经济效益的提高。尤其实行承包责任制后，经营个体数大量增加，茶农由于经验、思想意识、文化程度、生产技术之间的悬殊，给茶叶新技术、新机具、新农药、新肥料的推广带来了很大的困难，造成施肥的品种不变，施肥方法不变，茶叶“农残”控制进程缓慢等症结，使茶叶经营体制的改变与服务措施滞后的矛盾，阻碍了茶叶生产力的发展。

3. 茶叶经营主体的改变与茶叶深加工、新产品开发的矛盾

家庭“作坊式”的生产方式分散，削弱了资金、技术等力量的发展，众多茶农只好“摸着石头过河”，凭着经验生产，难以进行茶叶深层加工及新、特产品的开发，创造不出名牌产品，从而严重影响了经济效益的提高，挫伤茶农生产积极性。

4. 销售市场管理失控，经营秩序混乱

外销市场，目前由于出口乌龙茶利润高，因此各口岸公司想方设法出口乌龙茶。竞争的结果是相互杀价，乌龙茶在国际市场上的卖价大幅度下跌。以我国出口日本的乌龙茶平均单价为例，1986年每千克3.82美元，1996年跌到每千克2.60美元，下跌32%，同样，销往中国香港、新加坡、马来西亚和美国等国家和地区的价格也逐年下跌，外销卖价逐年下降，而乌龙茶产区的生产成本却在逐年上升。内销市场存在的最主要问题是不法商人利用国内市场不规范，采取各种卑劣手段，投机钻营，蒙骗消费者，以次充好，以劣充优，严重损害乌龙茶的声誉。1996年底，国家技术监督局对全国6大城市茶叶质量抽查，铁观音合格率只有12.5%；1997年6月，安溪县茶业总公司组织人员在几个大城市抽查，铁观音的合格率也不足20%。

5. 茶业经济效益低与社会效益高的矛盾

茶业生产具有经济效益、社会效益、生态效益三重性。茶业生产属弱质产业，存在社会效益较高，生态效益明显，但经济效益低、风险大等问题。如何提高经济效益，促进社会效益及生态效益同步提高，实现茶叶生产的飞跃，这是今后茶叶生产必须重点探讨的。

四、茶叶生产对策

（一）茶叶生产的指导思想——茶业产业化

实施可持续发展和两个转变，走“资源节约型”“产品优质型”“市场开拓

型”“规模效益型”道路；依靠科技，在“特”字上做文章，创造名牌，走茶业产业化道路；实现一种以茶业资源为依托，以国内外市场为导向，三大效益为目标；以茶业区划为依据，实行区域化布局、专业化生产、系列化开发、规模化经营、企业化管理、一体化服务；通过市场带动“龙头”，“龙头”带动基地，基地联结万家，形成农工商产（加工）销、农科教一体化及一条龙的生产经营格局。

（二）茶业产业化的可行性

外部环境：①国家和地方政府积极倡导和大力扶持产业化的发展，为安溪茶业产业化提供了政策依据；②全国各地各行业近年来涌现出来的产业化建设的成功经验提供了理论指导和实践借鉴；③脆弱的个体经营面对风云变幻的市场经济，迫切需要茶业产业化。

内部环境：①拥有全国产茶县中最为齐全的茶业机构；②拥有全国规模最大的乌龙茶精制加工企业——福建省安溪茶厂；③茶树良种化程度高，茶叶主产区分布集中连片，有利于集约化经营；④茶叶生产历史悠久，经验丰富；⑤技术力量雄厚，人才济济。

安溪茶业产业的发展成就为安溪茶业产业化奠定了良好的基础。

（三）措施

1. 茶叶生产方面

第一，以10个主产茶乡镇为重点，建成规范化的茶叶生产基地。在基本稳定现有茶园的基础上，一手抓低产茶园改造，一手抓茶园布局调整，做到“三兼顾”，即微观发展方向和宏观发展方向的兼顾，经济效益和生态效益的兼顾，茶树品种和市场需求的兼顾。但更重要的是搞好规范化的基地建设，对名茶生产基地（即西坪、祥华、虎邱、感德、剑斗铁观音基地，虎邱、金谷、蓬莱、参内黄旦基地，西坪本山基地，大坪毛蟹基地）要增加资金投入，分类指导，运用各项科技成果，提高科技含量。解决千家万户分散生产与千变万化的大市场的矛盾，实现区域间资金、技术、人才、劳力、土地、生产资料等要素的最佳配置，促进区域优势、产品优势向商品优势、市场优势转化。

第二，健全科技网络，加快科技成果转化，统一组织供肥和病虫害防治。要建立一支茶业科技队伍，健全县、乡、村三级科技网络，在人工气候做青工艺与设备、农残降解技术、平衡施肥技术等方面给予指导、推广，彻底解决茶叶“农残”等问题。

第三，针对市场需要，有计划培育推广新品种，建立“绿色食品”基地，生产无公害茶叶、改良茶品结构。安溪在我国茶业中素有“茶树良种宝库”之称，在漫长的生产实践中，广大茶农培养了许多优良品种，但同时也存在茶树老化、茶品结构不合理等问题。随着市场经济的发展，茶业竞争的加剧，人们对茶品要求的提高，培植新品种，改善茶品结构，创造名特产品，生产“无公害茶”“自然茶”“有机茶”等“绿色食品”势在必行。

第四，密切各部门的联系，搞好服务性工作。如与气象部门合作，对采茶期间的天气状况进行事先预测；利用科技手段，调整茶树萌芽期，避过雨季的集中，提高名茶的制优率。

2. 茶叶加工方面

第一，发展深度加工，多次转化增值。根据目前国际市场的需要，外引内联，加大投入，组织专家、技术人员，开展茶叶深度加工、系列产品开发等方面的研究，使传统的“热饮”向多功能、多品种的茶制品以及时尚的“冷饮”迈进。生产罐装茶水、茶混合饮料、茶食品、保健茶、速溶茶、袋泡茶等，逐步实现高档化、液体化、食品化、保健化、礼品化，提高茶品附加值和占有率。

第二，规范茶叶品种及等级。根据市场的不同习惯及不同规格的系列产品，统筹规划，统一款式、包装；统一质量标准，规范加工生产。

3. 茶叶销售方面

坚持内外销并举，建立茶叶拍卖市场。外销方面：1996年11月，经国家对外贸易部批准，安溪茶叶开始自营出口，在原有的基础上，应该以安溪茶厂等集团公司为龙头，带动其他中小型厂家，积极拓展国际市场，同时，利用安溪旅外乡亲多、分布面广的优势，多联络，争取有一个新的突破。内销方面：在茶叶主销区选择资力雄厚、信誉好、网点分布广、有经营实力的贸易公司作为伙伴，建立长期的贸易关系。鼓励各厂家到全国各大城市设“窗口”，开茶行、茶庄、茶馆，建立销售网；同时，要有一支高素质的营销队伍，建立茶叶拍卖市场，加大宣传力度，使广大消费者逐步认识、接受安溪茶。

五、对安溪乌龙茶生产的几点建议

1. 加大政府行为，提高对茶业产业化的认识及领导

传统生产模式的改变需要相当大的力量和较长的时间，所以应组建一个以政府为领导、各部门领导参加的班子，加大政府行为的力度，并设立专门的办事机构，尽快进行产业整合，走产业化道路。

2. 重视专家及专业技术人员的作用

一方面要聘请专家，帮助搞好产业化规划和集团公司的组建；另一方面，要充分发挥专业技术人员的才能，指导茶农科学种茶，科学产茶。

3. 尽快成立茶叶集团公司，实行产、加、销一条龙

必须成立以安溪茶厂为龙头，以中型茶叶企业为伙伴、以茶农为依托的茶叶集团公司，实行公司+基地+农户的模式，按股份制的形式，采取风险共担、利益共享的原则，共同振兴安溪茶业。

4. 加强茶业科学技术研究，提高茶业效益

茶业效益的提高，最终取决于茶业科学技术的重大突破和推广应用。要制定优惠政策，重奖有发明和突出贡献的科技人员，鼓励他们在茶业研究方面有所创新，及时进行科研成果的转化和推广，实现科学技术生产力的转化；同时，要加大实用技术的培训，让广大茶农掌握茶叶生产管理的整套科学技术，提高安溪茶业的整体效益。

5. 加大宣传力度，让更多的消费者认识、接受安溪乌龙茶

除了形成茶叶拍卖市场，吸引国内外茶商外，还要充分发挥茶叶同业公会的作用，采取茶王赛、展销会、新闻介绍会、茶艺表演及新闻媒介等途径，及时捕捉市场信息，宣传茶文化。同时要打击假冒伪劣产品，用法律手段保护名茶，维护安溪乌龙茶的质量和声誉。

——《福建地理》1999-12-30第二期

第三编 报纸

（1887—1989年）

《厦门茶信》（1887年）

厦门自午节后茶市停滞。淡水茶叶虽源源而来，无如各行茶师每早泡茶看样，而茶价竟不能起涨。本地安溪茶售价亦不能旺，恐本年茶商又不免有亏折之虞也。

——《申报》（大清光绪十三年六月十六日）

《厦门茶讯》（1890年）

淡水茶现方开市，本月十三日福建轮船载来广合和茶栈新采摘头春芽茶一百八十余箱，包种一百二十余箱。此为本年淡水茶到厦之始，闻后班科么沙轮船到时有义吉等栈。新茶一千数百箱入口，说者谓，每年新茶到厦西人必待多至万余箱。始肯开小盘择善而购。至四月望后，方开大盘，本年淡水开价甚昂，较去年每担加至二三元之谱，恐茶帮又虽望起色矣。

——《申报》（大清光绪十六年三月二十五日）

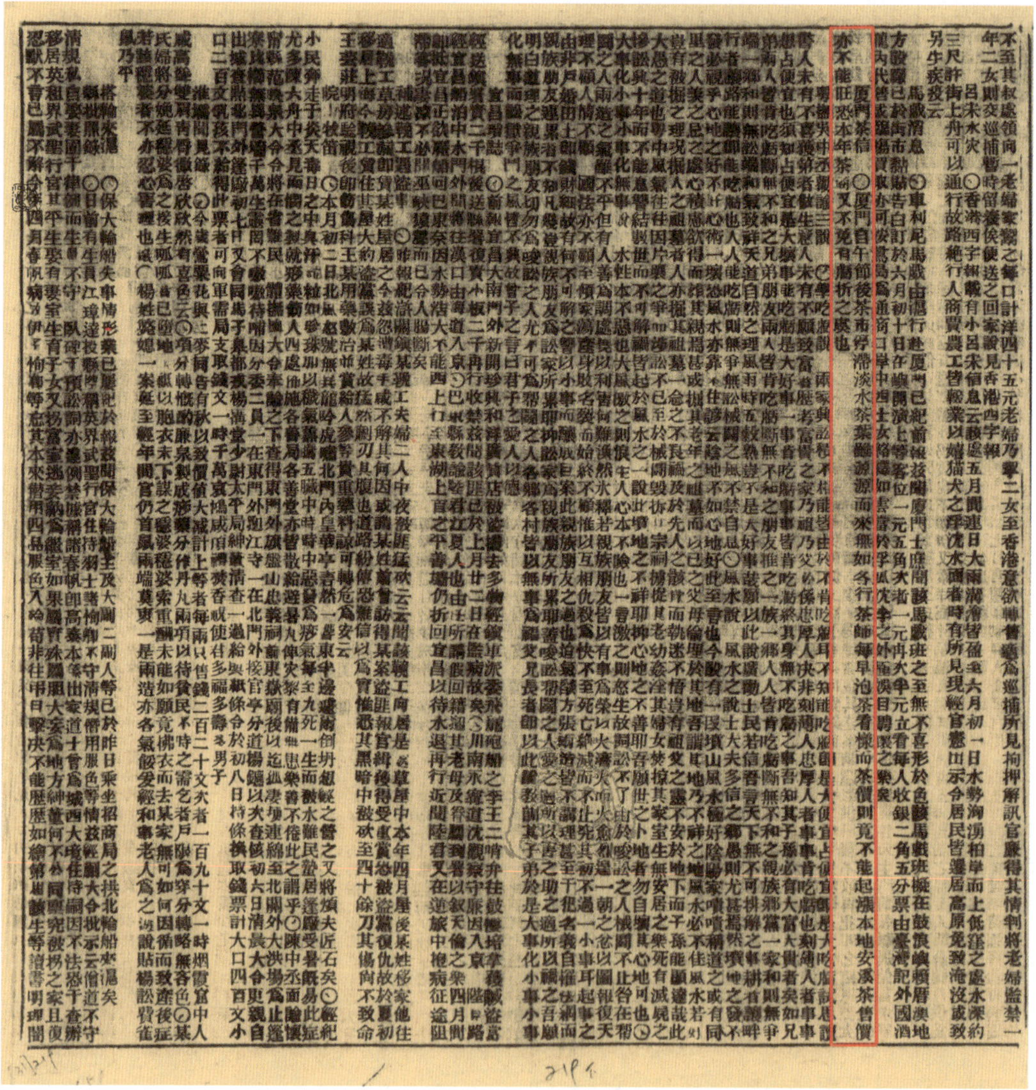

厦門茶信 ○厦門自午節後茶市停滯淡水茶葉源源而來無如各行茶師每早泡茶看樣而茶價則竟不能起漲本地安溪茶售價亦不能旺恐本年茶商又不免有虧折之虞也

厦门茶信（《申报》）

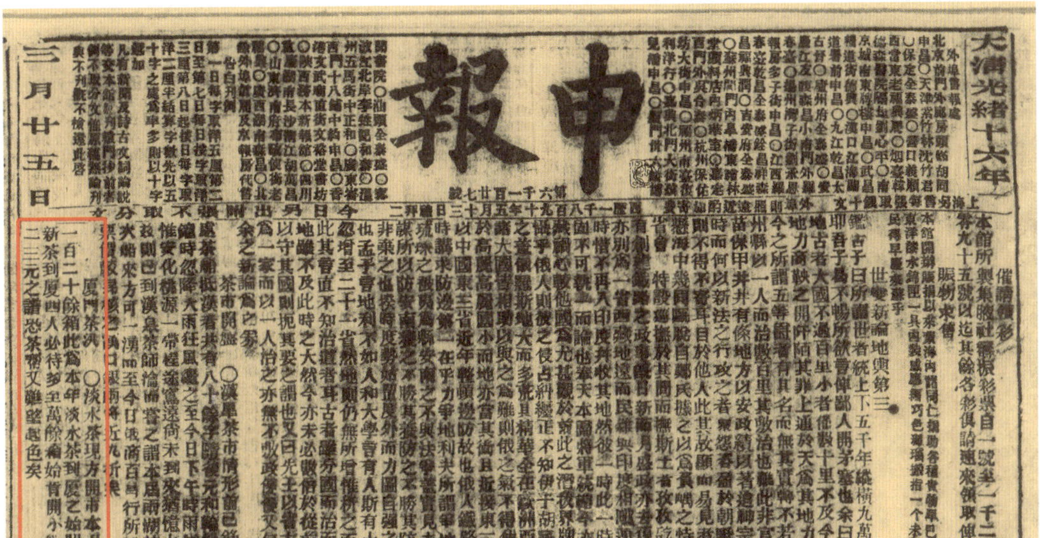

申報

大清光緒十六年

三月廿五日

厦門茶汛 ○淡水茶現方開市本月十三日福建輪船載來廣合和茶棧新採頭春芽茶一百八十餘箱包種一百二十餘箱此爲本年淡水茶到厦之始聞後班科麽沙輪船到時有義吉等棧新茶一千數百箱入口說者謂每年新茶到厦西人必待多至萬餘箱始肯開小盤擇善而購至四月望後方開大盤本年淡水開價甚昂較去年每担加至二三元之譜恐茶商又難望起色矣

厦门茶讯（《申报》）

《春茶价值》（1906年）

闽省台北基隆一带产茶最多，而制茶工人皆泉州安溪同安人居多，春往秋归，岁以为常。近日，厦门某茶行接该处茶工，函告云：台北各处春茶尚未上市，然约略价值上等，每担二十七元，中等每担二十五元。乌龙茶价略高，上等者每担约三十元，中等二十七八元而已。（福建）

——《津报》（丙午闰四月十八日）

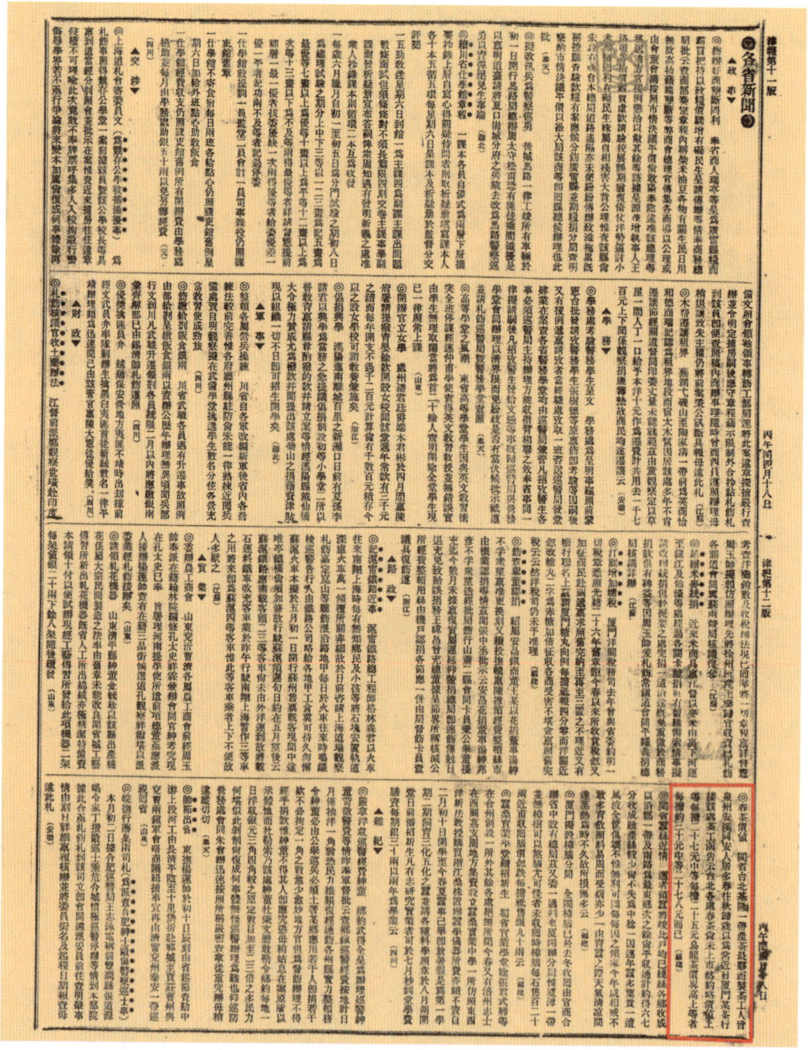

春茶价值（《津报》）

《安溪茶斤旺收》（1908年）

泉州府属安溪县所产之乌龙茶、铁观音二种最为有名。计铁观音茶每斤价值百元出产甚少，祗限于五里以内之地。去年安溪茶出口约六七十万，较前递减。今届雨水适宜，较往年倍收云。

——《新闻报》（明治三十八年二月二十四日）

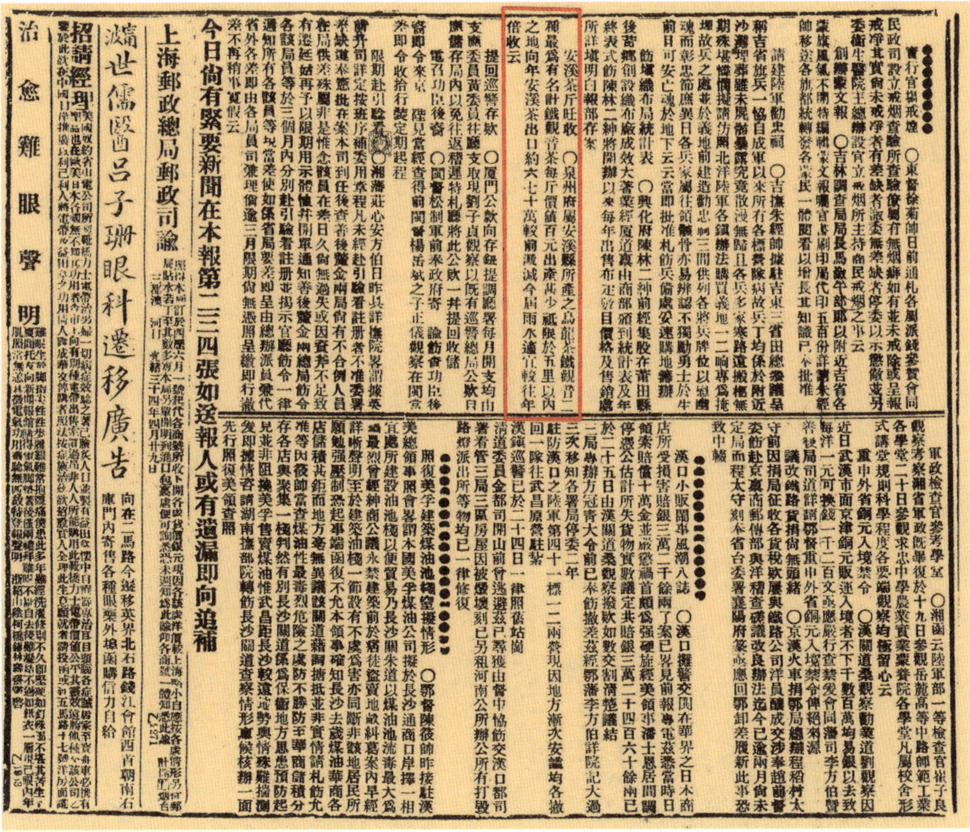
安溪茶斤旺收　〇泉州府屬安溪縣所產之烏龍茶鐵觀音二種最爲有名計鐵觀音茶每斤價值百元出產甚少祗限於五里以內之地向年安溪茶出口約六七十萬較前遞減今屆雨水適宜較往年倍收云

今日尚有緊要新聞在本報第二三四張如送報人或有遺漏即向追補

上海郵政總局郵政司諭

安溪茶斤旺收（《新闻报》）

《安溪茶务振兴》（1908年）

福建茶业惟武夷、安溪为最。近来安溪业此者复重加整顿，将昔年所植之桐茶种，旧悉皆芟除净尽，特种新奇名色小种，即如罗岩乡之太苍、大红、铁观音、水仙、水金龟；金泰号之玉花、金花；尧阳乡之铁观音、奇兰、毛猴；松林乡之黄金桂、桃仁；蓝田乡之水仙、乌龙；三洋乡之梅占；西坪乡之乞食仙；留山乡、赤石乡之白牡丹，名目繁多，几难备载，种种皆佳色，色新奇且安溪之制法善，能因时变通，不拘成规。故其茶叶新妍夺目，气味清香、韵雅，饮之令人清心明目。今之言振兴实业，挽回利权者，果能力图改良精益求精，是一茶业大转机也。

——《神州日报》（戊申年十二月十七日）

（戊申年十二月十七日）（第六百四十號）第五頁 神州日報（西曆一千九百零九年正月八號）（星期五）

商業新聞

各國錢幣計略考

安溪茶务振兴（《神州日报》）

《福建 安溪茶务之特色》（1909 年）

闽省茶叶惟武夷安溪为最。近来安溪业此者复重加整顿，将昔年所植之桐茶种，悉皆芟除净尽，特种新奇名色小种，即如罗岩乡之太苍、大红、铁观音、水仙、水金龟；金泰号之玉花、金花；尧阳乡之铁观音、奇兰、毛猴；松林乡之黄金桂、桃仁；蓝田乡之水仙、乌龙；三洋乡之梅占；西坪乡之乞食仙；留山乡、赤石乡之白牡丹，名目繁多，几难备战，各种类皆新奇之品，且安溪制法尤善，能因时变通，不拘成法。故其茶叶新颖夺目，气味清香，饮之令人清心明目，振刷精神，

福建 安溪茶务之特色（《津报》）

诚妙品也。按我国出口货，茶为大宗，果能如安溪之实力，改良精益求精，又何患茶利之外溢哉。

——《津报》(己酉二月初二)

《闽南茶产之调查》(1930年)

首推安溪所产最富最佳

(厦门特讯)福建茶产颇富，每年由厦门转运者，凡二万余件(每件三十斤)，此皆为闽南北溪、安溪所产也。闽北崇安所产之岩茶，亦尚丰富，唯记者未黯其产额及销路，姑付阙如。兹将安溪、北溪茶额，由厦门出口者，笔志如下。

(1)北溪产额　每年经浦南运厦转销者约五六千件。

(2)安溪产额　每年经同安运厦转销者约一万四千余件，所销之货物，大半为“铁观音”“乌龙”“大仁”“水仙”数种。

(3)产茶地点　安溪为最富茶区，茶场占全县三分之一。在五年前，每年产额在二万六七千件以上。近年因土匪滋扰，茶山荒芜者甚多，产质、产量均因以减低。近年销出者，仅及二万余件。崇安武夷之岩茶，在近来由建瓯各县，直运厦门，或由福州转运厦门，转配出口者，日渐增多。年产二三万件，大有喧宾夺主之势。安溪茶质，以“铁观音”为上乘，而以该县尧阳产者为佳，每年可销出二十万元左右。产地即在安溪十八里内之崇信里、还一里、新康里、龙涓里、西坪、三洋、卓源诸乡。

(4)茶之种类　安溪茶种本极繁多，兹以茶商多半经营好茶，普通茶遂被天然淘汰。其产量最多，销路最广者，为“铁观音”“乌龙”“大红”“水仙”数种。“雪梨”“白毛猴”“白牡丹”“黄金菊”“奇兰”诸类之产量次之，“梅占”再次之。铁观音每斤价在四元至六元或八元之谱，然亦有价在二元五角或一二元之次等也。大红、乌龙、水仙、奇兰之价每斤约在八角至三元半者为最普通，此茶种及价格之概况也。

(5)烘焙方法　安溪茶树，每于春间剪老树枝干，插入松泥中，日日灌溉。待三年以后，茶苗之根以发育强健，遂行移植茶地。大约种植茶地每平方丈仅可种植十二株。茶地售价，每方丈约二元。工人日需工资六角。茶树在十年后高可至五尺，枝叶周围之径，约达三尺。除草之工夫，四季不能间断。苟稍不注意，则杂草丛生，肥力薄弱，茶产遂不佳矣。茶树尤忌施肥，若施肥料，则茶味转劣，故遂逐年仅添、堆新土而已。

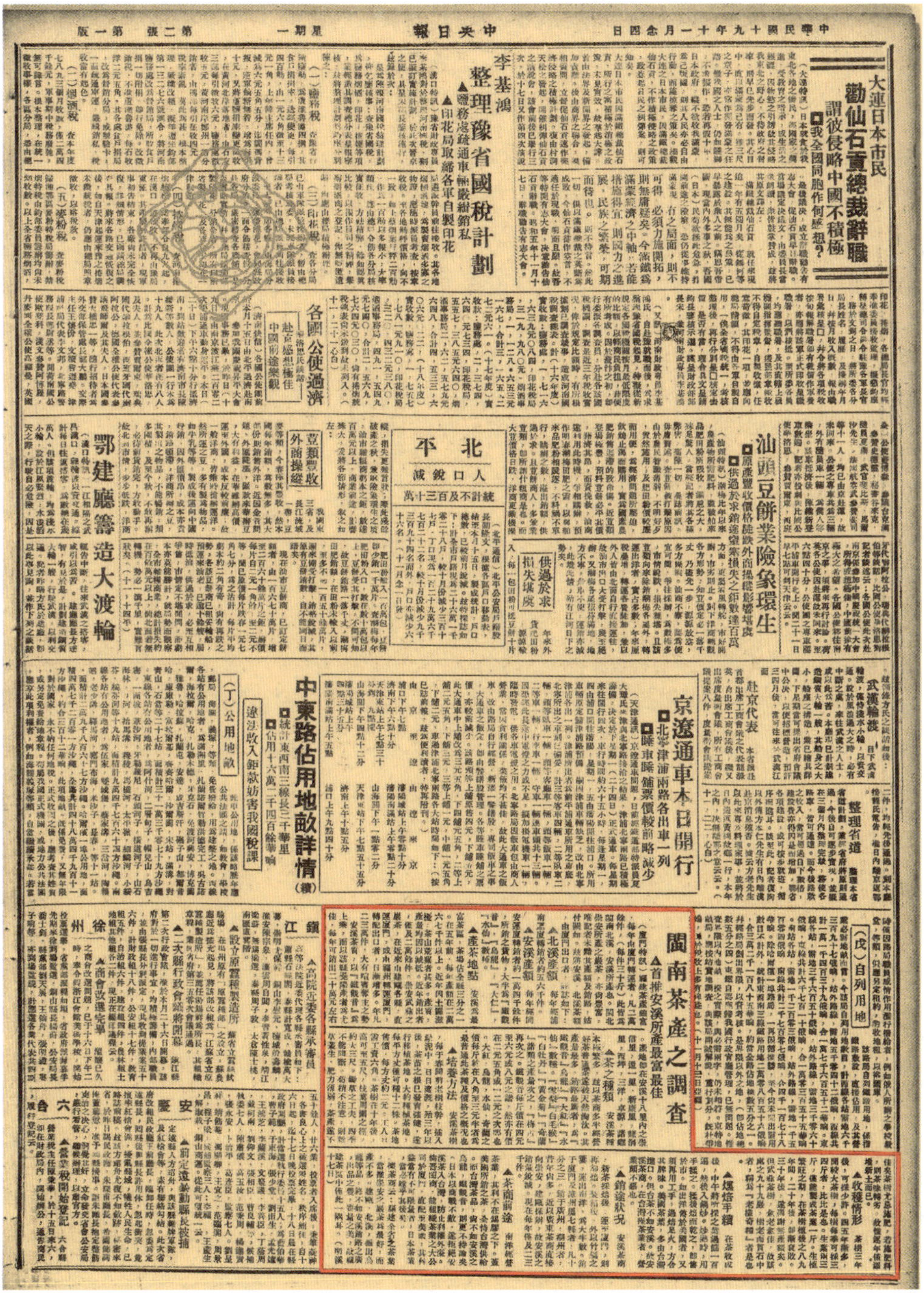

闽南茶产之调查（《中央日报》）

（6）收获情形　茶树三年后，可采少许。四五年渐多，闻较大茶树，每树每季可采三四斤者，比比是也。生叶两三斤，仅能制成茶叶一斤。生植繁旺之期，在茶树植后之八九年间，二十年后，即渐衰败；三十年后，遂凋谢无产额矣。但武夷茶树，愈老愈佳，故该处之九十九岩，树老而贯石中者，称为“老丛奇种”者是也。

（7）熏焙手续　在茶收成后，中午将所采之茶过筛一百遍，然后入锅炒。炒熟时，用手揉之。揉后焙而干之，即售于市。如出洋售于美国者，又须再用工手，过焙足火，方合其脾味。美国茶叶，多由台进口。但台茶不如安溪。故安溪茶商，在台湾操茶叶者，营业颇不恶也。

（8）销途状况　安溪茶商，新茶采焙后，运至厦门，则再加焙。装箱后，外以竹编之篓，运出南洋，为大半数。销于厦门及漳州属七县者，凡十分之三。销于广州、潮州者，昔年尚多，近以广东茶商直接向崇安、建瓯采办，故安溪之销量锐减。现在每年仅及二三千件。

（9）茶商前途　南洋经营茶业，其利不在锡胶之下。盖美国所销之茶，全恃台湾供给。而台湾茶品，尚不如安溪之乌龙、铁观音，则更不待论矣。日本以商战不敌，遂拒绝安溪茶入台湾，防止权利外溢。倘吾闽商，能组织茶业之大公司于厦门，直配至美国，其利益当有不可限量者，日本茶叶，当必瞠乎其后矣。据茶商云：福建全省之茶叶，当推崇安之岩茶为最好，而产不多。建瓯、北溪，种出乌龙等品，终不如安溪销路之广、出品之丰、质量之美，故福建茶区中仅此一隅耳。（明溪十七日）

——《中央日报》[中华民国十九年十一月二十四日]

《华茶在南洋销路顿滞》（1931年）

昨据返自南洋者云：该埠华人业茶者，近数年来迭有增加。计闽籍方面，约有十余家，粤籍方面亦有相埒。粤方所销售之茶，以古劳、普洱为大宗。我国产茶，以闽省为有名，如武夷、安溪等处，均为产茶名区，闽方所销售之茶，多系来自武夷等号。台湾茶叶，前固畅销于市面，后受金融影响，销路顿滞，考其前之获得畅销，乃因价廉。但目下则以闽之北溪、建瓯等处，及浙之温州等处茶叶起，而代之矣。故华茶之在南洋，实已获得相当地位。

——《中和日报》（中华民国二十年三月二日）

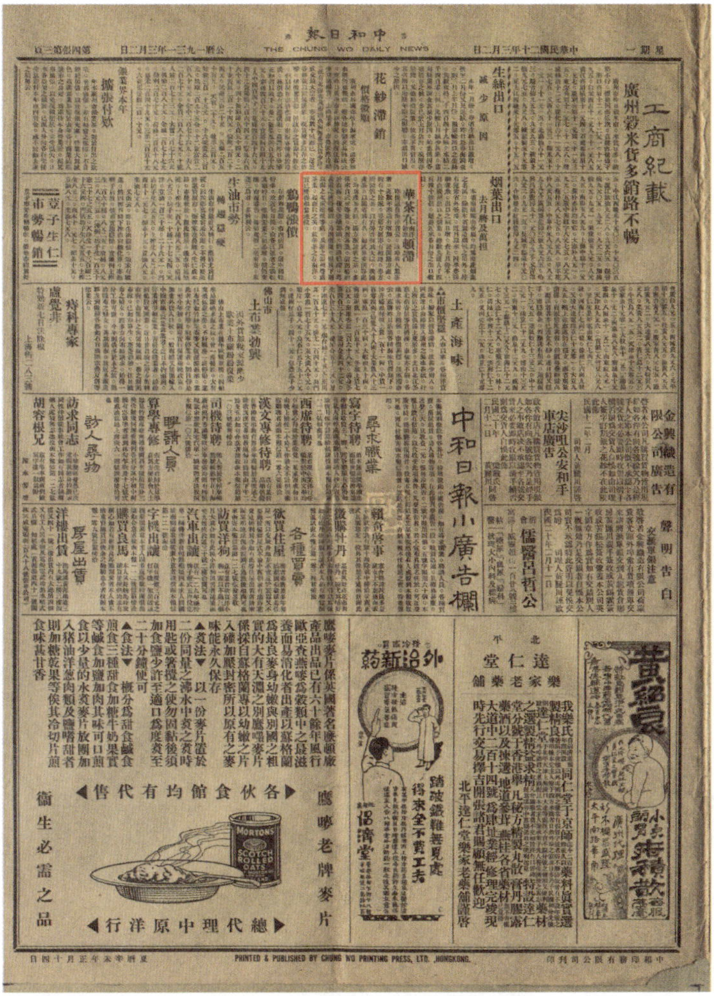
中和日報

工商紀載

廣州穀米貨多銷路不暢

生絲出口減少原因

花紗滯銷

華茶銷路頓滯

中和日報小廣告欄

鷹嘜老牌麥片

衞生必需之品

各伙食館均有代售

總代理中原洋行

华茶在南洋销路顿滞（《中和日报》）

《马来亚华茶滞销》（1934年）

原因：茶税苛重、台茶竞争

吾国茶叶产品，运销南洋一带，向称旺盛，惟近年来华茶南输大减。就星洲一埠而言，过去该埠茶商茶号，无虑四五十家至六七十家之多，近年已递减至二三十家。兹将其滞销原因，分述于次。

① 华茶来源　茶之来源，率自厦门、福州、温州等处，而大部分即系安溪及武夷山二地。所采摘焙制者，其质量佳者，有名色种、奇种、铁观音、白毛猴等，

其次则为水利（编者注：水仙）、乌龙、雪梨等。就安溪一县计，每年出口茶叶销售于南洋等地者，达国币二百万元，现因茶叶滞销，故其情况，已衰落万分焉。

② 原因滞销　查华茶滞销，其最大原因，虽与世界不景气有关，然台湾茶叶之售价，每箱（一百包二十五斤装）仅值二三元，或四五元叨币，较之华茶自厦门、福州、温州输出须达七元以上，加以日□□□，台可获四五元至七八元以上，商人重利，乃多舍弃华茶，而取台湾茶代之，此华茶滞销之唯一原因也。

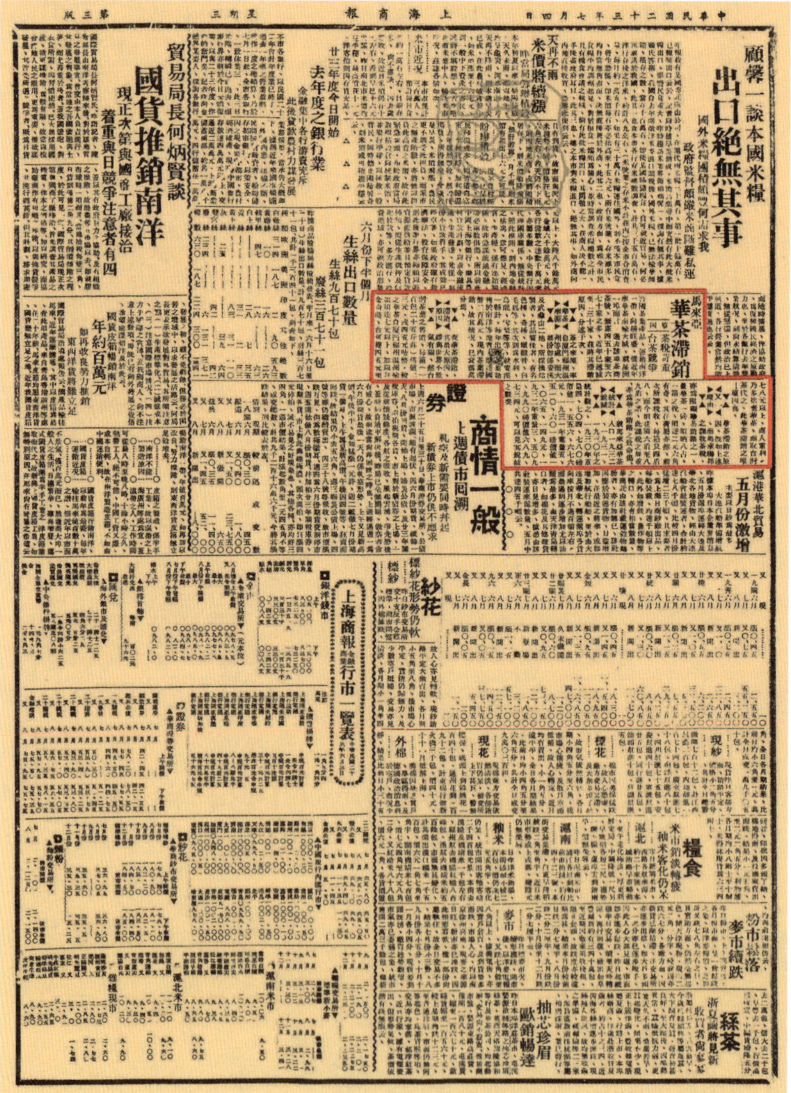
中華民國二十三年七月四日　上海商報　星期三　第三版

顧譽一談本國米糧 出口絕無其事

國貨推銷南洋 貿易局長何炳賢談

去年度之銀行業

生絲出口數量

馬來亞華茶滯銷

商情一般

證券

上海商報各種行市一覽表

紗花

糧食

絲茶

馬来亚华茶滞销（《上海商报》）

③ 又一理由 华茶滞销之原因，既如上述，而马来联邦之课收茶税，亦为阻碍华茶销路之一。华茶一磅须纳八占，一箱之税须二元六角有奇，其荷属亦然。前次所课税收，每箱只四盾八，而今竟须六盾至八九盾之谱，此课税之加重，亦为华茶销路之致命伤。

④ 统计锐减 就马来亚华茶入口一九三二、一九三一、一九三〇年之统计观之，一九三〇年重量四、七〇四、七八〇（编者注：4704780）磅，价值一、五五六、六七六（编者注：1556676）元，一九三一年重量五、五一〇、六〇一（编者注：5510601）磅价值一、〇六五、一四九（编者注：1065149）元，一九三二年重量三、五〇九、九九〇（编者注：3509990）磅，价值六八九、七三四（编者注：689734）元，可以见其锐减之数矣。

——《上海商报》（中华民国二十三年七月四日）

《星洲茶商限同业专售华茶》（1934年）

华茶在南洋销路已衰 茶商议绝不准售外茶

新加坡通讯 我国特产，除瓷器之外，首推丝茶两项。近来因日丝倾销，在世界市场上，华丝业已无立足地。而我国茶业近年亦有一蹶不振之势，即以南洋群岛言，此间华侨极众，大部分仍喜用茶叶为日常饮品。故我国华南武夷、安溪等地所产之茶，每年输入南岛者，本亦为数颇巨。但近年以来，已大形锐减。南岛销路一落千丈，考其原因有三：一，因日茶之倾销；二，因洋茶（即锡兰茶）之竞争；三，因当地茶之出产渐多。此外更因我华侨之操茶业者，多墨守旧法、不知改良，致以良好之南岛市场，日渐衰落。华茶数年来之输入星洲者、已不及从前十分之二三。最近星洲茶商深知长此以往，华茶在南洋势将不能立足，故曾于日前召集同业会议。当场议决要案数起，其最可注意者即限制同业，兹后祗准专售华茶，不准兼售外茶，并拟注重宣传，传唤侨胞采用华茶。又向星洲中华总商会提议，请其赞助华茶之宣传。最近该会所发起之大规模国货展览会，对于国茶之推销，会加以特别注意。（二十二日）

——《申报》（中华民国二十三年七月十八日）

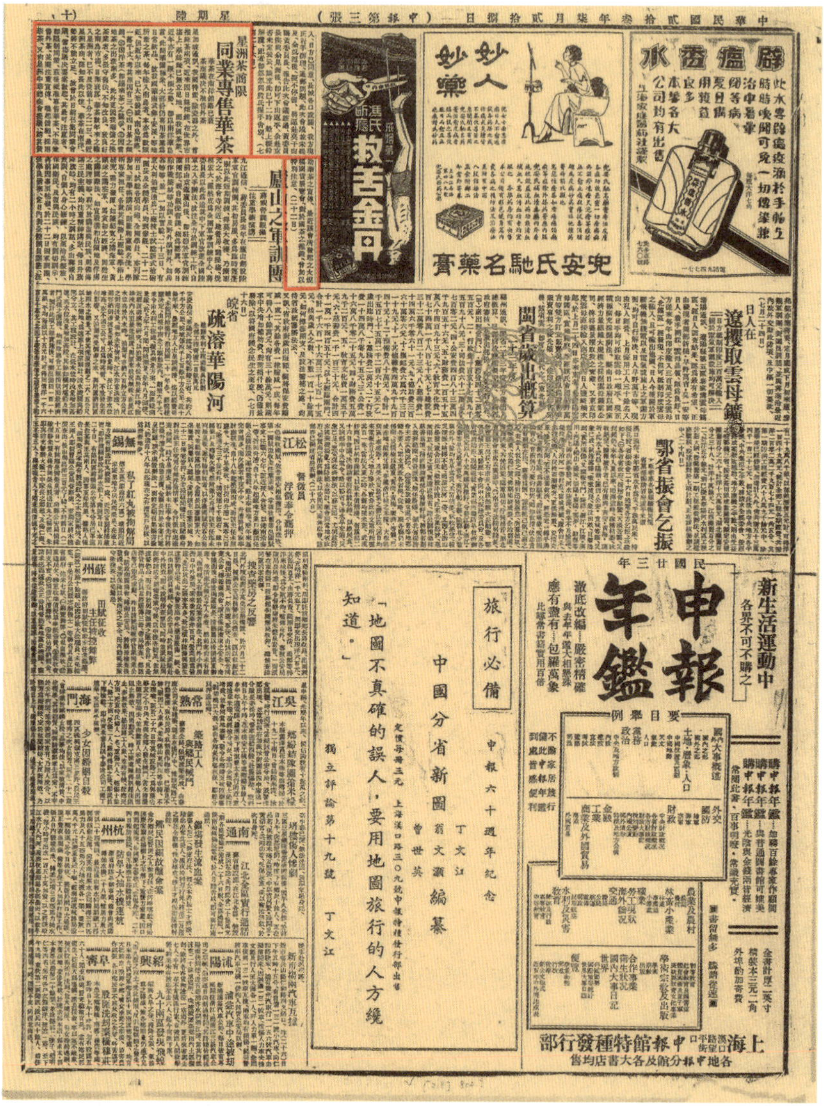
中華民國貳拾叁年柒月貳拾捌日 （申報第三張） 星期陸 （十）

星洲茶商限 同業專售華茶

廬山之軍訓團

皖省 疏濬華陽河

閩省歲出概算

遼擾取雲母礦

鄂省振會乞振

救苦金丹

妙人妙藥

安氏馳名藥膏

辟瘟香水

旅行必備 中國分省新圖

「地圖不真確的誤人，要用地圖旅行的人方纔知道。」

新生活運動中 各界不可不購之

申報年鑑

星洲茶商限同业专售华茶（《申报》）

《闽南茶业萧条》（1934 年）

南洋英属经济不振　影响出口产量减少

（厦门通信）闽省以产茶著，产地为闽北之武夷，闽南之安溪、厦门一埠，为闽南茶叶集散地，供本省之消费及外洋之出口。五六年前茶叶极盛，茶行有百零家。近年来以不景气影响，南洋商业萧条，大受打击。本年仅存峣阳、奇苑、金泰、黄泉圃、芳茂、锦洋、裕祥、崇茂、万春、万泉、万发、德记、南岩、岩泉、三阳、福胜、协昌、泉茂、锦春、可成、奇春、龙芳、秀志、有记、梅芳、辉记、文记、龙泉、茶芳、甘圃、清记、民彰及其他较小茶行七十余号，出售武夷及安溪产茶。据最近调查，溪茶年销三万余箱，销售本地者半，出口南洋英荷属者半，英属辖地征税较轻，故又以英属为多年来南洋经济不振，销路日越狭窄，茶价亦步

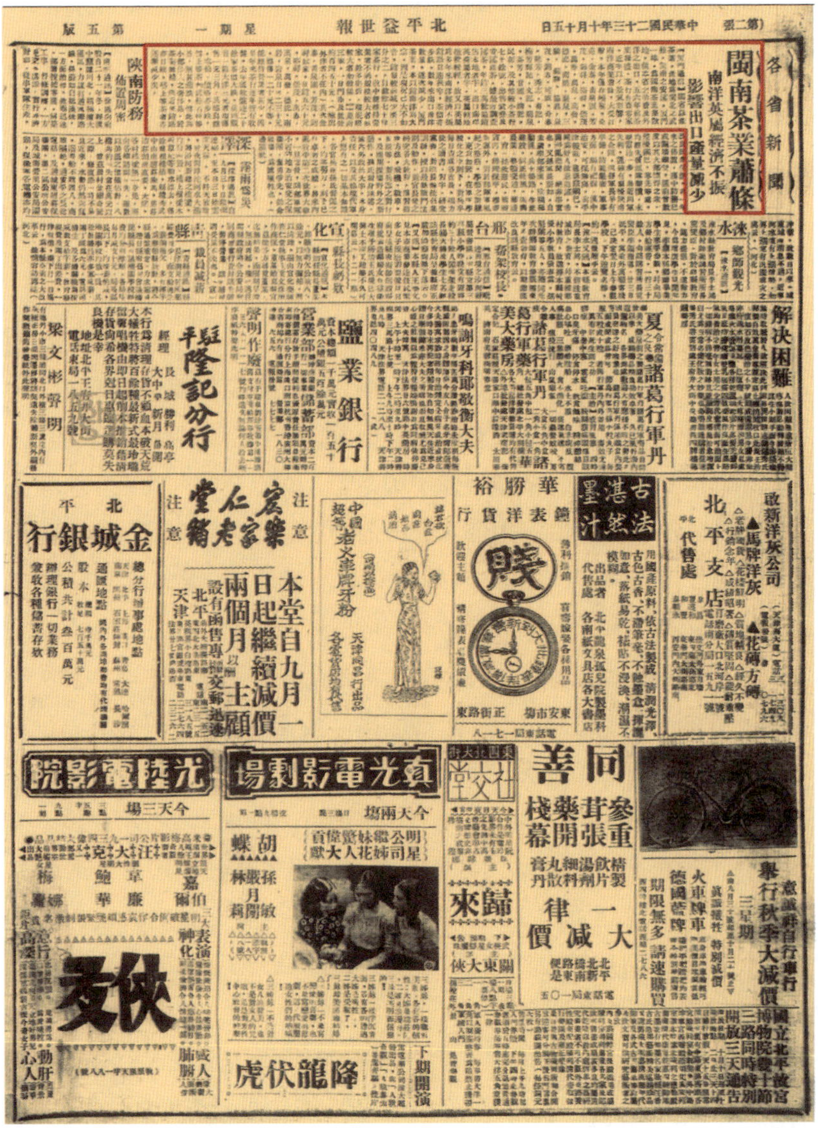
第二張 中華民國二十三年十月十五日 北平益世報 星期一 第五版

各省新聞

閩南茶業蕭條

南洋英屬經濟不振 影響出口產量減少

闽南茶业萧条［《益世报（北平）》］

跌。数年来出口南洋数量，逐次减少。厦门茶叶，本以销南洋为大宗，因现况已大不如昔，销量较前减少至三分之二。目前七十余家茶行，就中能维持营业者不过规模较大者数家，余多亏折。现规模较大者如峣阳，奇苑两三家，一日门市及批发约百四五十元（输出外洋者不在内），其次金泰、黄泉圃、芳茂、锦祥数家，日销五六十元；裕祥、崇茂、万春、万泉、万发、德记、南岩、岩泉日销二三十元；他仅一二十元不等。能维持经营者甚少，因近年来茶行逐年皆有收盘，去年底收盘，达二十余家茶价大跌。前铁观音一箱大洋二元者现仅售一元三角，其他乌龙、水仙价格亦步跌。惟上等茶如武夷名种等茶，无甚涨跌，惟此为小部分人之奢侈品，于茶叶无补，但近来销路亦日绌，嗜上等茶者亦逐渐减少矣。

——《益世报（北平）》（中华民国二十三年十月十五日）

《马来亚华茶销路锐减》（1936 年）

我国茶叶在马来亚之销路，在昔每年约十余万箱，自锡兰及台湾茶出而倾销之后，华茶销路已有今不如昔之感。国际贸易局，近据驻槟榔屿领事馆报告，详述我国茶业，今昔盛衰情况，兹特节录其报告如此，以供经营茶业者之参考。

（1）华茶商店相继停业　槟城经营中国茶者，在十余年前约三十余家，自台湾茶输进马来亚，竞相倾销之后，大资本者拼命挣扎，得以安全渡过。而小资本者，则不堪受其打击，渐次崩溃，例如天峯、安峯、茗泉、奇岩、天香、大进等十余家，现已相继停业。至今硕果仅存者，只有椵罗新街之龙泉茶庄及建春、发美、建泰、正泰以及小数零星贩售者，如有分茶庄等十余家。龙泉为李敬堂君所经营者已有二十余年之历史，全年销数达五六千箱之多，其规模之大可以想见，且其所销之茶百分之八十为安溪茶及武夷茶，而台湾茶亦有所售。

（2）星洲槟城销路锐减　国茶在马来亚之销路，以新加坡占第一位，槟城占第二位，其他各小埠鲜有直接向国内采购，多系由星梹两处输进者。据调查十余年前，国茶在马来亚之总销量约十余万箱，新加坡占全数百分之八十，而梹城亦销至万余箱之多。现在新加坡之销路既锐减，而槟城亦远不如前。闻去年全年约销七八千箱，比较往昔减少全数百分之四十。

（3）槟城茶销衰退原因　槟城国茶最畅销者，向为安溪茶武夷茶及建宁新茶。十余年来，一再衰退，其原因为：一，锡兰茶（俗称西朗茶）在马来亚竞争甚烈；二，台湾茶在日本政府鼓动种植之下，出产日多，品质亦不逊于国茶（编者注：祖国大陆茶），而其价钱则因汇率关系，输进马来亚倾销甚为合算；三，国茶年来因地方扰乱，收成既减，价钱自高，因而成本比前约贵三分之二，销路阻滞，原有市

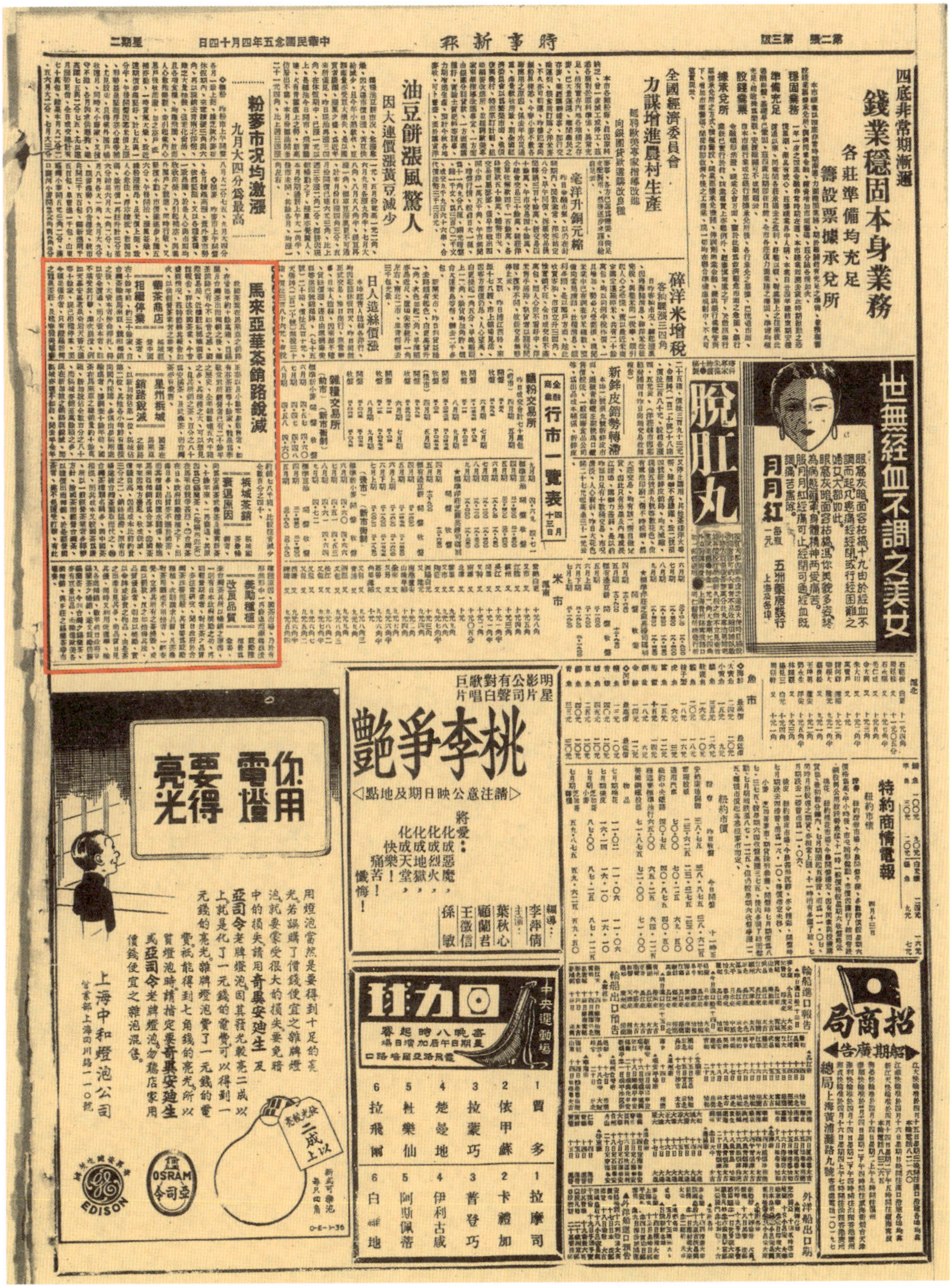
時事新報

中華民國念五年四月十四日 星期二

第二張第三版

四底非常期漸邇 錢業穩固本身業務 各莊準備均充足 籌設票據承兌所

全國經濟委員會 力謀增進農村生產

粉參市況均激漲 九月大四分為最高

油豆餅漲風驚人 因大連價漲黃豆減少

馬來亞華茶銷路銳減

行市一覽表

脫肛丸

世無經血不調之美女

月月紅

特約商情電報

桃李爭艷

你用電燈要得亮光

上海中和燈泡公司

招商局

马来亚华茶销路锐减（《时事新报》）

场遂被台湾茶叶取而代之；四，台湾茶种类名称多，与中国茶（编者注：祖国大陆茶）相混，而其成本又较国茶为廉，所以一些经营茶叶者多转变方针，舍国茶而经营台湾茶，以贱价出而倾销，于是经营国茶者，遂不免遭受打击。有此种种原因，国茶市场，乃于有形无形中一再衰退而渐趋崩溃。

（4）奖励种植改良质量　鼓动种植最为急要。查台湾茶其所以畅销之原因，一则有日本政府奖励之功；再则经营斯业者，对于茶之品质，亦注意研究。闻日政府于台湾茶法善而严，其首要为鼓励种植，次则讲求质量。凡茶农对茶用晒而不用焙者，一经察觉，立即将其所有之茶烧毁，或处以罚款。反之如焙得其法，质量优良者，则加以奖励，赏以金牌或珍贵之物品。由是茶之出产日见其多，而质量日见其优，同时又利用低汇率，输入各处倾销。数年前日政府见锡兰茶之畅销，遂又鼓励仿制锡兰茶。锡兰茶，今则台湾之锡兰茶，亦有巨量出品，而输进欧美各国倾销，与正庄之锡兰茶争市场矣。

——《时事新报》（中华民国二十五年四月十四日）

《闽南人的泡茶》（1936年）

黎清

并不是闽南人个个都会泡茶，我所想说的只是云霄、诏安、津浦、东山的四五个县份的人。那边的风气，家家户户都泡茶，天天泡，顿顿泡。有些人，整天泡茶给人吃而不倦。当然，泡的并不是北方的绿茶，乃是武夷和安溪出的红茶。这种红茶跟祁门红茶味道又不一样。武夷多出水仙，安溪多出铁观音。安溪离云浦诏东近，在理那边的人应该吃安溪的铁观音才对。事实却不如此，大家想吃的倒是武夷茶。安溪茶是茶馆子泡大茶罐用的，泡小盅茶的人多不用安溪铁观音，因为太“寒”了，吃多了会伤胃，虽然味道香，色泽也美。

泡茶的功夫，有的终生训练犹未毕业。我常在一位云霄朋友家喝茶，看他忙碌的神气，全身抖动的样子，真觉未免过于不怕麻烦。

普通泡茶，一只小茶罐子配四个茶杯子，比较卫生的便一个人一只茶杯子，多添一个人便多添一只茶杯。依次序各人认定第几杯，大家看定自己的，不容他人胡混过去。茶罐子最好用“孟臣”，这种罐子现在已经很少了。随便点的多买嘉兴制的罐子用便是。罐子好的，据说冲好茶，盖上盖，上面再淋一点开水，等罐子上淋的水干了，色泽味道都相当浓厚。初用的罐子干，收水快，茶也快一点出味道。泡过几番了总难吸收水分，所以会刚好浓厚。新罐子来要常用绒布蘸水揩擦，目的在使它发亮。罐子最先要喷口香烟进去消除味道，再用开水冲进去，原本所有味道都

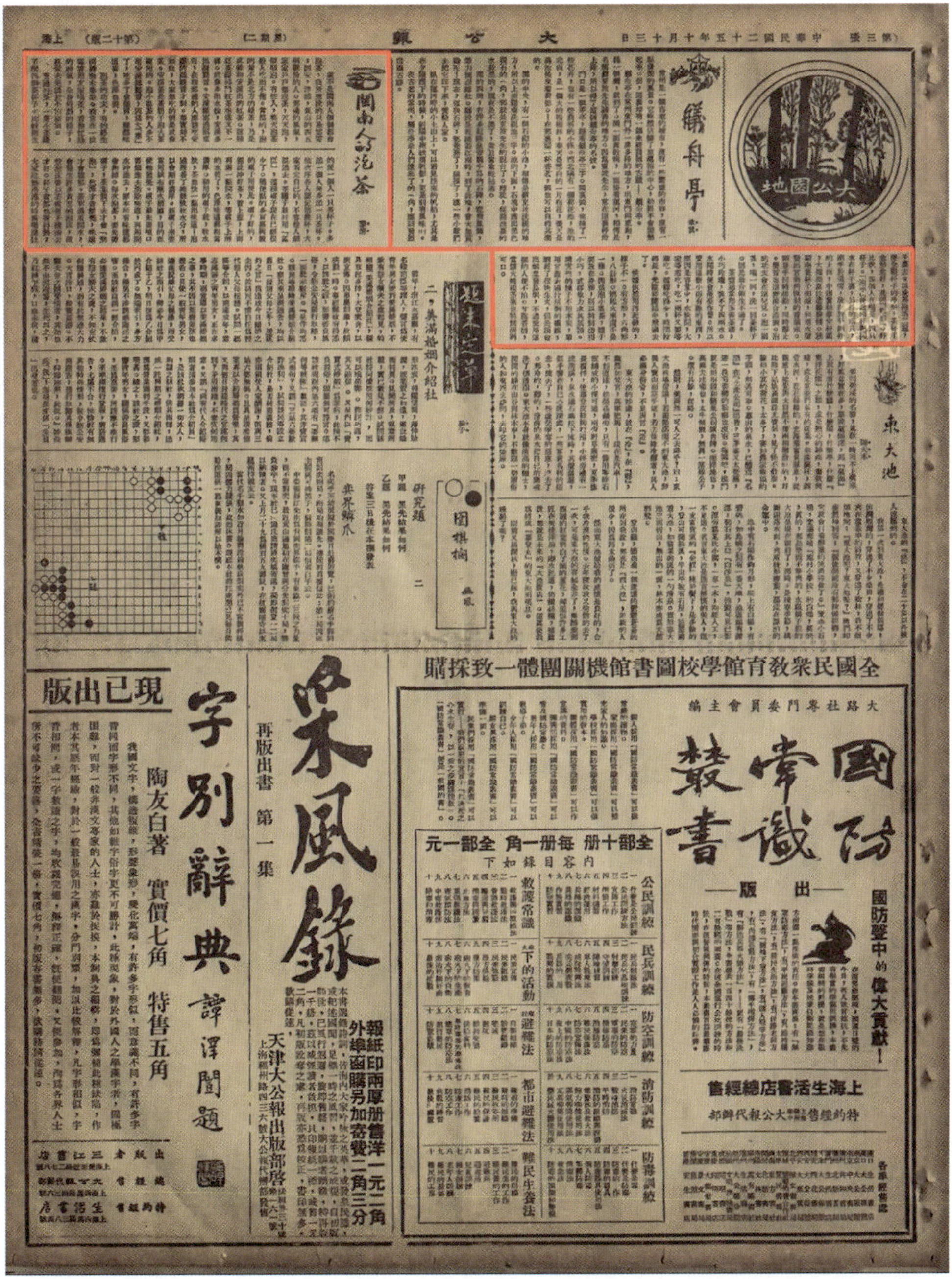
大公報

閩南人的泡茶

大公園地

全國民衆教育館學校圖書館機關團體一致採購

國防常識叢書

出版

上海生活書店總經售

宋風錄

再版出書 第一集

天津大公報出版部啓

現已出版

字別辭典

陶友白著 實價七角 特售五角

闽南人的泡茶［《大公报（上海）》］

会跑掉。每次泡茶，要先烫罐子，茶叶装下去才会“热泡”、色泽才会鲜亮、味道才会馥郁。茶叶遇着开水，会发生许多黄黑的泡沫，这些泡沫要以茶罐盖子横过去才好。杯子当然也烫得热，大家趁热沸沸的时候喝进肚子里去。以后再泡第二遍，便全顾杯子的冷热，茶杯子愈热愈好，是谓“起泡”。好比说，四个人在喝茶，四只杯子。“泡手”便送两杯热开水在杯子里，另外的两只，两手于偏旁，放在放平两杯的上面，中指当轴拿定杯底，大拇指靠住边缘旋转。务期两只杯子相敲，和着水声发出宫商角徵羽的音韵来两只手同时振动，同时静止。声音也这么凑合谐调，泡的功夫会在这儿见。泡一回茶，喝一回，洗一回茶杯子。这是最卫生不过了。

茶壶通常用玉书茶煨，小巧玲珑，装不了四两水。水开时便会戛戛作声。所以爱用这么小而有趣的东西，原因是容量少，水快开，大家等着吃，吃一两杯又要等着吃。这样吃得少，时间拉得长，光阴从闲话中飞过去了。

烘炉依然用污泥做的，样子不一，有方形、六角形、八卦形。烧起火来还不是一样。因为泡小盅茶，炉子要放在身旁，所以特别造得小巧，式样也力求其新颖。讲究些的炉子不用木炭，单用甘蔗去过汁所剩的纤维，晒干了很快生火，但是顶会出烟臭发乌烟，不过爱用这个的人便不怕。甘蔗香甜，当炉火烧起茶来也特别清冽可口。

——《大公报（上海）》（中华民国二十五年十月十三日）

《闽茶为天下之最》（1936年）

安溪县府拟定救济办法

安溪县府为救济茶业起见，拟定办法三项：

（1）就安溪设立茶叶学校，以固根本挽救；

（2）请暂派技师到县指导种植制造；

（3）饬农村台委会派员组织合作社，以期统制运销。

前项办法已呈由省府发交建厅核办，闻建厅已指令该县谓：不必设学校，可派专员到县指导。至于种植制造方面，业经由厅令派福安茶业改良场技师庄灿彰前往调查指导，并饬拟具救济办法呈核。关于派员主持组织合作社一节，亦已由建厅，函请农村合委会核办。

——《华报（福州）》（民国二十五年十一月十七日）

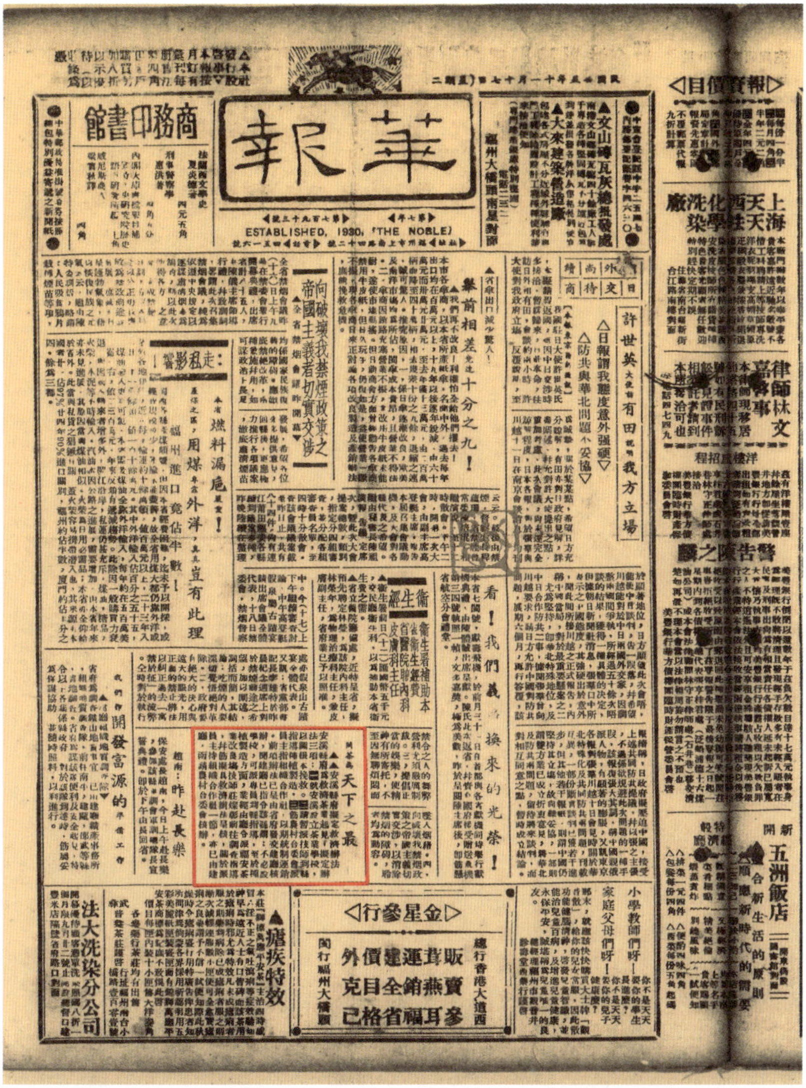
華報

ESTABLISHED, 1930. 'THE NOBLE'

向破壞我禁煙政策之帝國主義者切實交涉

燃料漏卮

閩茶為天下之最

瘧疾特效

金星參行

閩茶为天下之最［《华报（福州）》］

《闽茶概况》（1938年）

港闽茶管理负责人谈话

（本报特写）我国茶叶，对外贸易：在全盛时代，每年不下数千万元。二十年来国人因多墨守成规，不求改良，遂使此一大宗之对外贸易，逐年递减。现在出口数仅及盛时六分之一强，其中尤以闽茶之销路，所受打击最大。闽省府为求补救起见，本年组织茶叶管理处，集中管理统一推销，并设茶叶管理处处长柯仲正为茶业专员长期驻港，主理一切对外贸易事宜。在港设有茶楼，将闽产各种名茶分类陈列，使买家购货可以一目了然，法良意善，诚可作推销上一大助力。记者昨特前往调查，蒙柯处长殷勤招待，并将闽茶最近对外贸易情形，详加解释。兹将各情分录如下。

（1）茶之种类　据柯处长云，闽省全省除西区外，东南北三区，多有产茶。茶

闽茶概况（《大公报》）

生山中繁殖亦易，其山之愈高者，则所产出之茶叶亦愈佳。若以种类分之，则各国不下百数十种之多，惟大致可分为红茶、青茶、岩茶各种。红茶产自闽东；青茶多生于闽南；岩茶则产自闽北。而闽东则更有一种名贵出品，名为白猴，乃茶叶中之最上品。而红茶又有正山小种及普通茶之分。

（2）销路情形　闽东之红茶及正山小种，其市场全在欧洲，白猴则只销于俄国；正山小种在德国最为欢迎，该种茶叶乃为世界任何土地所未有生产者，故在欧洲为最有名；闽南之青茶，则多产于安溪，其销场以南洋。及华南为尾闾。至闽北之岩茶，品质虽不及正山小种及白猴，惟比青茶，则为稍胜，故价格亦比青茶为略高。上述数种茶叶，因品质及销路之不同，故其价钱亦各异。另有一种名为乌龙者行销美国，在前十余年每年出品，不下八百余万元。迨后因管理之不善，又为日人每用劣货冒充向美行销，使购者每留不良之印象，迄今此年中之八百余万元生意，已陷于完全停顿。至红茶、白猴两种，在前二十年间，去年可销二千万元，目下只得三百万元左右，闽北之岩茶现在计算，每年仍可销流四百余万元，以之比诸全盛时期已不及一半矣。闽产另有两种茶叶，一名茉莉花茶，一名绿茶茉莉。花茅乃是用闽省所特产之茉莉花，与一种茶叶互相混合，使茶叶染有花之香气得名。此种茶叶半产自闽，半由徽州，运来加花后，重复出口者绿茶则有长叶，短叶之分，此两种茶，都是行销于华北各省，每年销数约有八百万元至一千万元。（未完）

——《大公报》（中华民国二十七年九月二十六日）

《选择本省名产参加世界博览会》（1938年）

省府令各县准备优良出品

一九三九年四月为美国第一任总统华盛顿就职一百五十年纪念。美政府特在纽约举行世界博览会，中国已决定参加，并组织全国参加世界博览会筹备委员会。负背征集产品，送美展览。本省方面，顷已接该会电请征总特产及有关对外贸易之重要产品送会，以便汇办。需经省府选定闽侯县之漆器、木刻、竹则、雨伞；龙溪县茶叶、漳绒漳纱、印泥；永春县织画；德化县瓷器；龙岩县竹帘；建瓯、安溪、崇安三县茶叶及三都特种区之镶蓝银器等，为参加物品，并分令上开各县区派员，督同商会全区各商，先期准备优良出品云。

——《闽北日报》（中华民国二十七年十月九日）

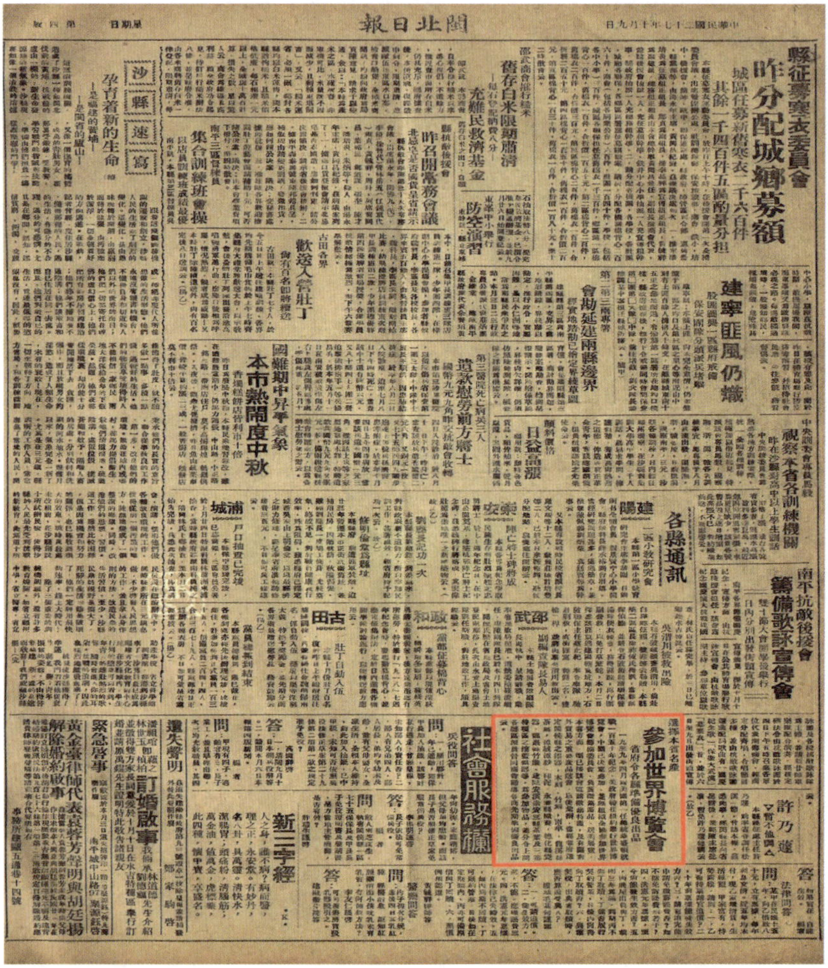
閩北日報

縣征募寒衣委員會
昨分配城鄉募額

建寧匪風仍熾

本市熱鬧度中秋

各縣通訊

南平抗敵後援會
籌備歌詠宣傳會

沙縣速寫

參加世界博覽會

社會服務欄

新三字經

訂婚啟事

緊急啟事

遺失聲明

选择本省名产参加世界博览会（《闽北日报》）

《战时闽南的生产运动（一）（节选）》（1940 年）

张法祖

福建这一省，是典型的丘陵地区，岗峦起伏，交通梗塞。萦流全省的闽江，好像分布得很均匀的叶脉，这叶脉的枝梢，直伸入闽南、闽西各大山脉里。这岗峦绵亘的山地，一向是很出名的贫瘠区域，农产不足自给，工业更是绝无仅有，国内的资本家和政府当局的目光，平时自不会注视到这些贫瘠的山城里去。

但自海口交通受阻，外货不能畅通以来，一般物质上的要求，刺激着这里的农业和工业，尤其各种日用必需物品，在急切的要求之下，呈现蓬勃新生的气象。在这偏僻闭塞的山城村镇里，不断地耸立起现代化的工厂烟囱，一缕缕的青烟，吐露出中华民族更生的活力，从它们的汽笛里，不时放出睡狮已醒的吼声。这是中国工业从日军焚掠摧残中逃出来的“劫后余生”，选定了这偏僻安全的地区，恢复了他生产的岗位，还在不断地增加新的力量。这不是别的，是去年春夏之交开展在闽西、闽南的“工合”生产军。

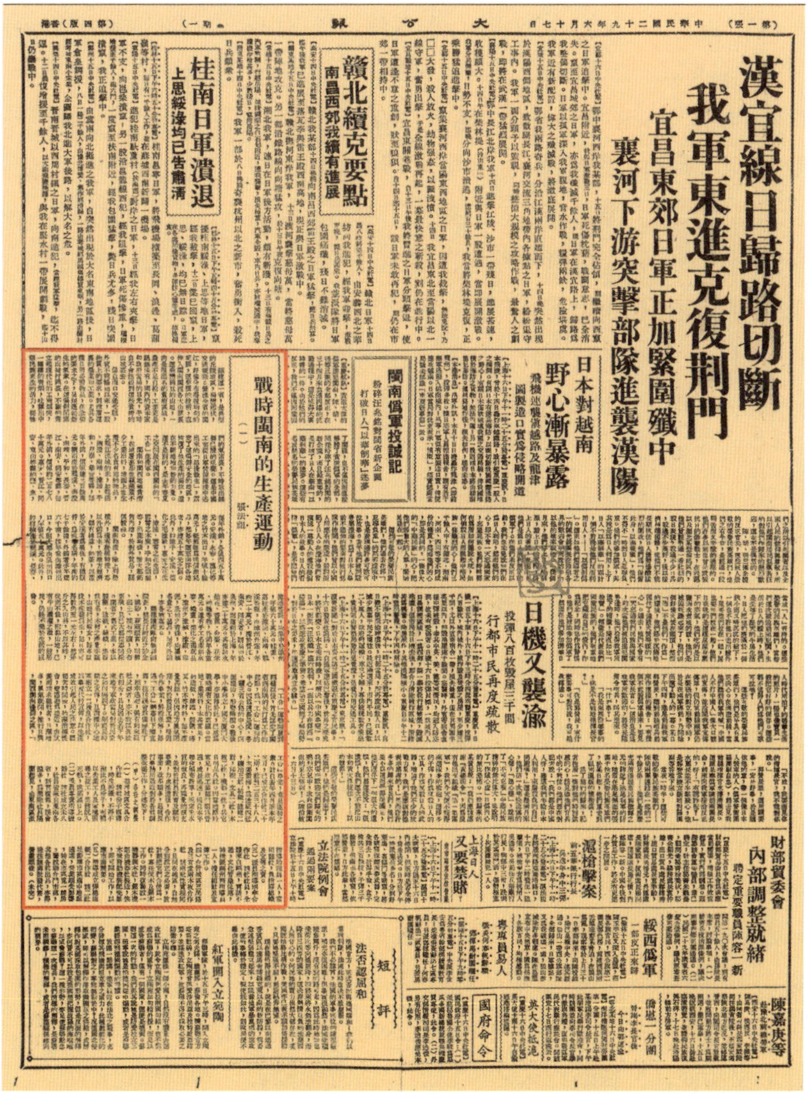

战时闽南的生产运动（一）［《大公报（香港）》］

闽南和闽西地虽贫瘠，在地層里却也蕴藏着不少工业原料，地面上也生着不少名贵有用的物品，九龙江流域的米，如龙溪、海澄、南靖、漳浦、平和、长泰、华安等县，每年外销，价值达三百余万元；糖则产于龙溪、海澄、南靖、平和、长泰、晋江、南安、同安等县，每年外销，价值约二百七八十万元；惠安、晋江、同安、东山等县的盐、鱼，每年外销，各值四五十万元；安溪、永春、德化等地之竹木出口，年值十余万元；纸箔虽为迷信消耗品，然每年运至南洋各地者，亦达五十万元之钜。此外，如漳平、安溪、德化之毛边纸；惠安之花生；漳浦、云霄之花生油；云霄之木炭；平和之烟叶等，出产均盛，惟大都销售内地，于对外贸易，关系较轻。

闽南物产，除上列几种外，还有几种特产，专以外销为主，于地方经济，颇有裨益。如茶，以产于安溪者为最佳，有铁观音、乌龙名种，年产七千余担，外销者亦年达六千担，往年常由漳州出口，今则大都由泉州出口，年值五十万元。此外，如柑柚产于龙溪、长泰、漳浦等县，均集中于漳州，年值六十万元；桂圆、荔枝产于漳浦、南靖、龙溪等县，由漳州外运，年约二十万元，产于晋江、南安、同安者，则集中于泉州，而运销于上海，年亦达二十万元。其他如水仙花、香蕉、金枣、花米、神曲等物，外销年各数万元。还有手工名产如永春织画；德化之瓷玩品；漳州之漳绒、漳缎、印泥；泉州之香珠，均属极名贵之工艺品，每年外销，亦各数万元。

……

——《大公报（香港）》（中华民国二十九年六月十七日）

《茶叶走私另辟新途径》（1940年）

茶管局为杜流弊　决定取消旧运证

（本报讯）查安溪茶叶走私，自经一度在南安之溪尾被破获后，此路既告不通，若辈奸商，自不能不另辟新途径，兹悉安溪柏叶乡茶商×××，金榜乡茶商×××与安海×××茶号，近又联合组设大规模茶叶走私绕关，以廉价向安溪三四区各茶农收购，日必有四五十担，源源由安溪之大路运出，沿官桥、龙门、坂头，经南安之象运山边沿娘仔桥，官桥而集中安海，再由安海分运晋属二三区各港湾出口。

又息，本市茶管局，以迩来茶叶走私，势至猖獗，奸商或执有旧发运销证，或冒造伪证，流弊滋生，为求杜绝斯患，决将旧发运销证，一律取消。自十月十日起，或再重发新证，惟在新设未颁发以前，所有移动者，均以私运论处之。

——《抗建新报》（中华民国二十九年十月四日）

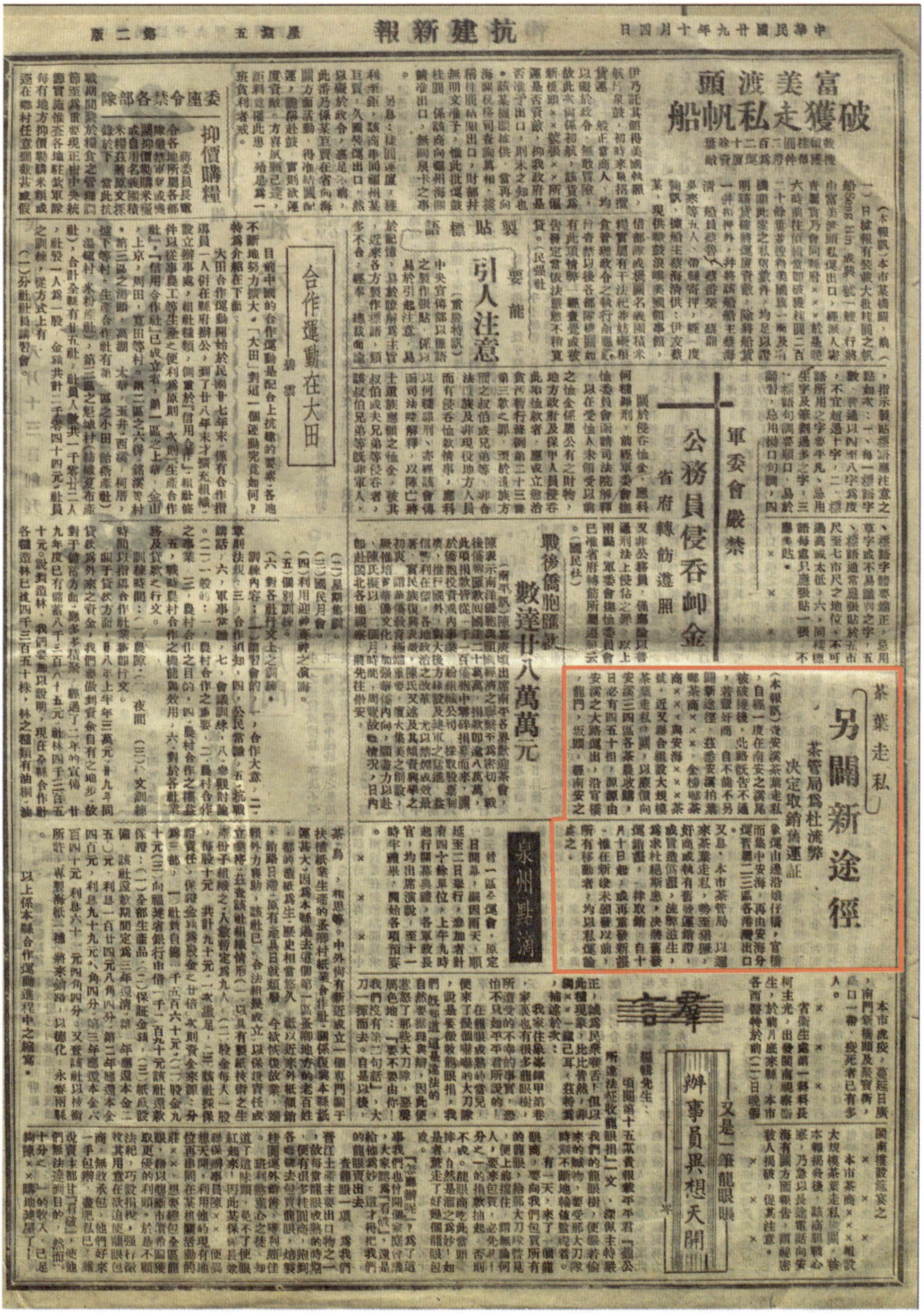

茶叶走私另辟新途径（《抗建新报》）

《中茶公司收购外销茶品》（1943年）

（福州五日电）中茶公司今年收购闽产外销茶品，规定红茶二万箱、绿茶一万箱。贷放制茶货金二百余万元，省农林公司为扶持安溪崇安茶业生产，商请农民银行贷款七十万元，放两县茶农，俾便及时采制。

——《大众报（澳门）》（中华民国三十二年三月陆日）

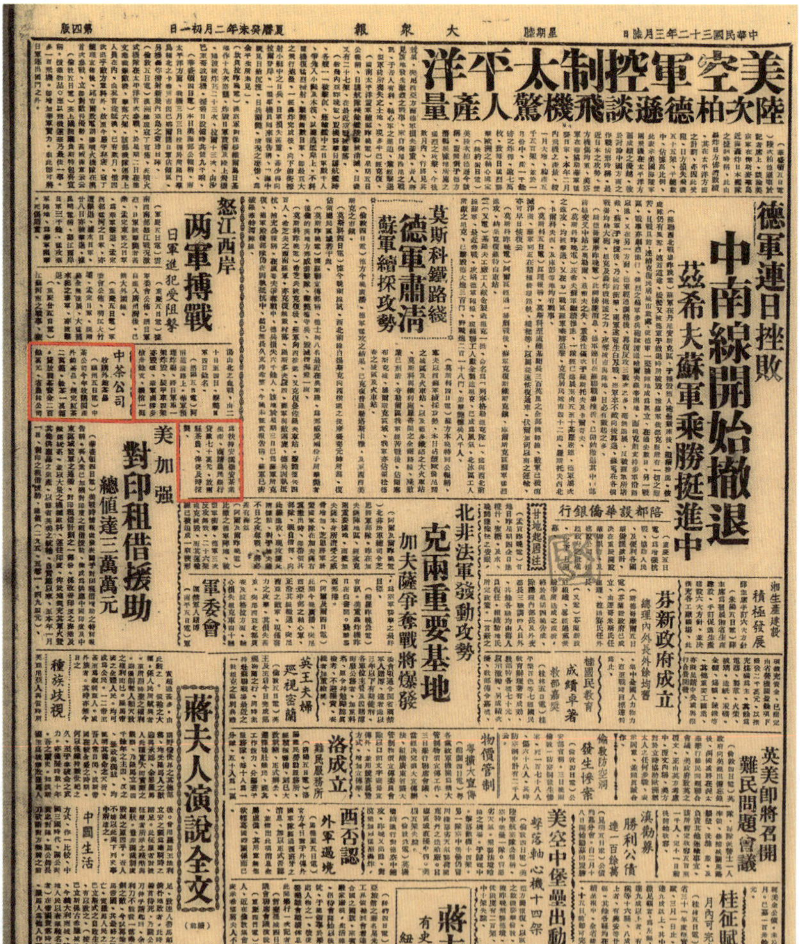
中華民國三十二年三月陸日　大衆報　夏曆癸未年二月初一日　第四版

美空軍控制太平洋
陸次柏德遜談飛機驚人產量

德軍連日挫敗
中南線開始撤退
茲希夫蘇軍乘勝挺進中

莫斯科鐵路綫
德軍肅清
蘇軍續採攻勢

怒江西岸
兩軍搏戰
日軍進犯受阻擊

中茶公司
收購外銷茶品

美加强
對印租借援助
總值達三萬萬元

北非法軍發動攻勢
克兩重要基地
加夫薩爭奪戰將爆發

芬新政府成立

英美即將召開
難民問題會議

蔣夫人演說全文

蔣夫人之榮譽

動員之蘇聯婦女

昨日金融行情

中茶公司收购外销茶品［《大众报（澳门）》］

《夙负盛名的安溪铁观音（节选）》（1945年）

（安溪通讯）安溪“铁观音”，是安溪的特产，也是安溪人的经济命脉。安溪“铁观音”茶叶能够驰名中外，能够博得中外人士的赞誉，自然它具备着它的优越的条件，才得每年大量销售于中外市场的。

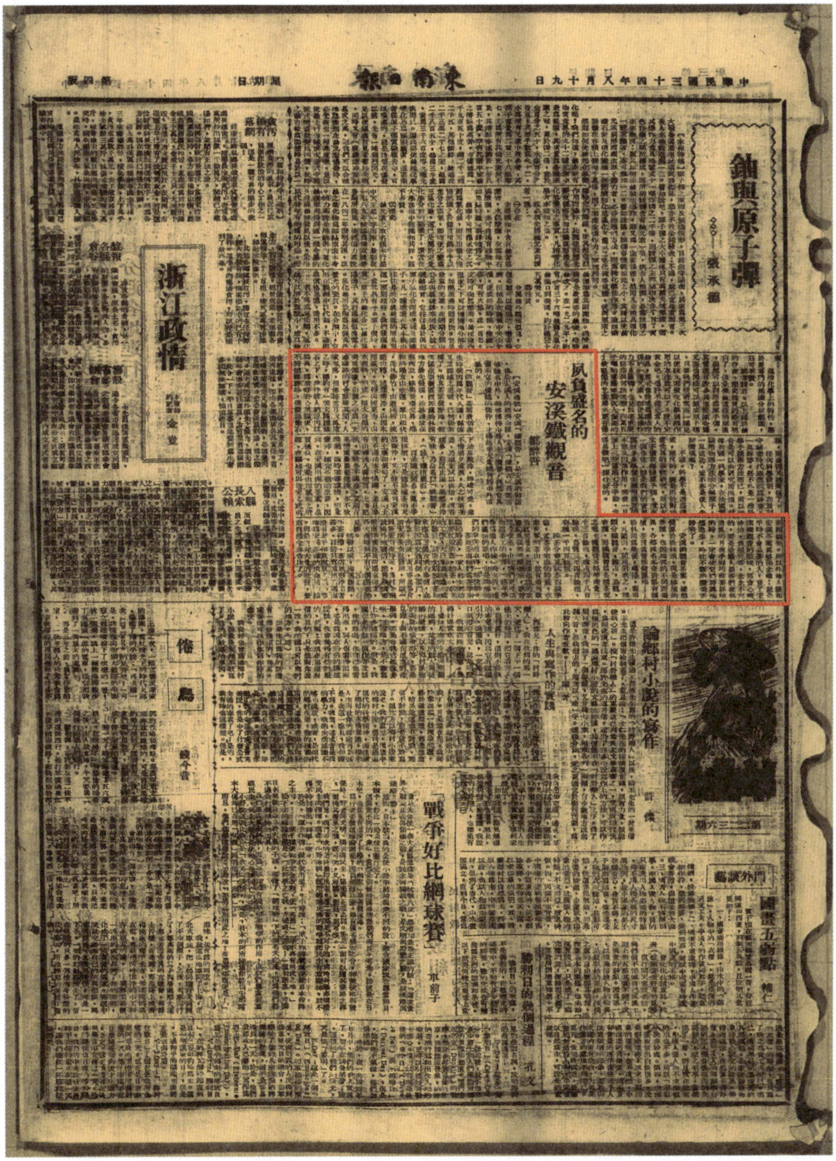
東南日報
鈾與原子彈
浙江政情
夙負盛名的安溪鐵觀音
論鄉村小說的寫作
戰爭好比網球賽

夙负盛名的安溪铁观音（《东南日报》）

“铁观音”茶叶最初产生时候因为年代久远，县志又乏详细之记载，已无从考据了。惟其茶叶发源地，相系在崇新区西坪镇松林头地方最先发现。松林头位在县西北，辖与长泰交界，乡和尧阳宝山毗连，群山起伏，茂林修竹、山回溪折、流随山转、流涧清淙。山因水而益清，水得山而更秀，山水相映，形成一幅大自然的美丽图像。山峦之中为一支离破碎的村舍点缀其间，人家寥落。相传每当月夜风清之时，隐约有一美女蹒跚岩石之下，户外村人因以为异，为着好奇心所驱使，不惜追踪循迹，仅发现岩石下幼苗数株，峥嵘可爱，遂不惜朝夕灌溉，久之枝叶茂盛，乃撷叶试以烘焙，清香扑鼻，煎以津止渴，果然津津有味，乃命名曰“铁观音”（注：铁指岩石）。

自是远近闻名，莫不争相移植，可是适于种茶的天然条件又不能不说到安溪的土壤和气候了。安溪的土质不过枯亦不过砾，并且有山壤流入腐殖质，土地肥沃，气候冬不过冷，夏则有峰峦重叠岩壑遮掩，亦不致酷热，四时云雾环绕，雨量充沛，极宜茶树的生长。因此，在安溪出产的茶叶，品质优良，也是山川气候之所种。在福建可与崇安之武夷茶相媲美。

……

在战前因为交通便利，厦门、香港、汕头、广州等处都有着安溪茶商批发所，所以到新茶出产时候，农村金融就格外地灵活。销售最远要到南洋群岛及荷属东印度，各大商埠无不有安溪茶商的足迹。

——《东南日报》（中华民国三十四年八月十九日）

《闽台茶出口衰落》（1947年）

（中央社香港二十二日电）闽台茶经港出口，日益衰落，战前自港输入华茶之暹、越、马来亚、荷印等地。战后人民购买力弱，多用廉之土茶。战前经港运销越南华茶数量年约十余万件，去年仅二千件。近茶价较去年低跌，普通包茶由四百余元跌至一百一十元；闽北武夷茶大岩水仙由二千余元跌至一千八百元；台湾BOP红茶由三百九十元跌至一百三十元。惟安溪铁观音价稳，仍售一千二百元。

——《益世报》（中华民国三十六年五月二十三日）

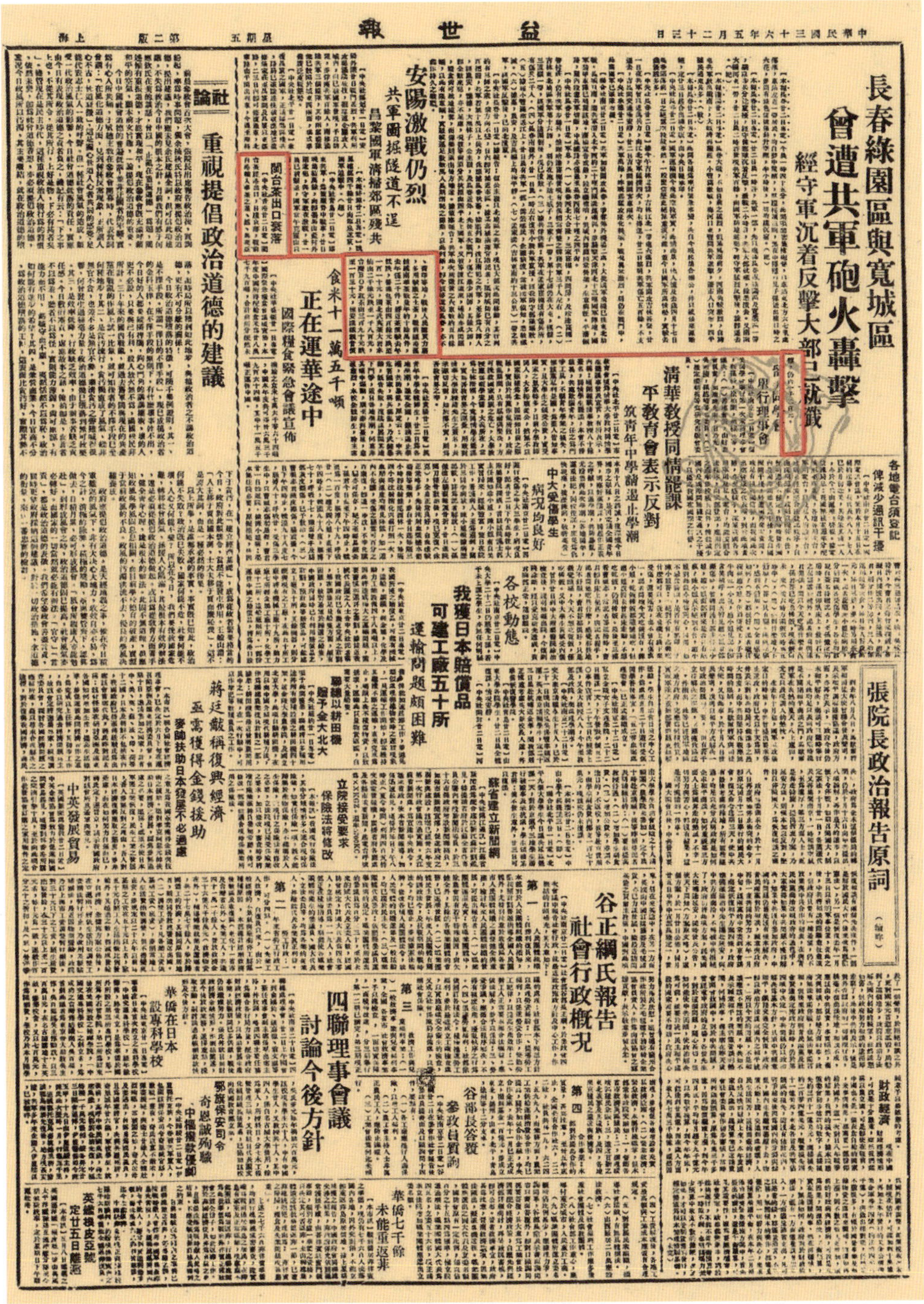

益世報

中華民國三十六年五月二十三日 星期五 第二版 上海

長春綠園區與寬城區 會遭共軍砲火轟擊 經守軍沉着反擊大部已就殲

安陽激戰仍烈 共軍圖掘隧道不逞 昌黎國軍清掃郊區殘共

閩台茶出口衰落

食米十一萬五千噸 正在運華途中 國際糧食緊急會議宣佈

社論 重視提倡政治道德的建議

清華教授同情罷課 平教育會表示反對 勸青年中學請退止學潮

中大受傷學生病況均良好

各校動態

各地電台須登記 俾減少通訊干擾

我獲日本賠償品 可建工廠五十所 運輸問題頗困難

聯總以耕田機贈予金大北大

張院長政治報告原詞（續昨）

蔣廷黻稱復興經濟 亟需獲得金錢援助 麥帥扶助日本發展不必過慮

中英發展貿易

蘇省建立新聞網

立院接受要求 保險法將修改

谷正綱氏報告 社會行政概況

四聯理事會議 討論今後方針

華僑在日本 設專科學校

谷部長答覆 參政員質詢

鄂旗保安司令 奇恩誠殉職

財政經濟

華僑七千餘 未能重返菲

英艦械皮亞號 定廿五日離滬

闽台茶出口衰落（《益世报》）

《台茶输暹激增》（1948年）

两月输入八千余件

（本报曼谷十六日航讯）本京茶叶市场，素来以福建安溪出产的溪茶称霸。皆因溪茶质地优越，极适茶客口味，销途之畅，居本京茶市的最高地位。至于潮汕出产的炒茶及水仙茶、鸟嘴茶、暹罗土产清迈茶等，多属用于拼配，未能单独饮用，故价格的消长，每决定于溪茶市势的盛衰。但本年以来，因台湾基隆茶产量增加，输出南洋倾销数量亦扶摇直上，尤以运销暹罗者更居首位。仅以本年六月份起至本月十日为止，就短短的七十天中，输入已达八千余件（每件三十三斤）之巨。因此，整个茶市经受到极大的威胁。同时，因此时正逢雨季，销途呆淡，平均销量比较旺月减三分之一，但因各有特长，对溪茶打击程度仍不十分重大。

刻下虽因雨季影响，溪茶销量大不如前，惟以质地优越，欢迎者仍不乏人；台茶则以成本比较低廉，故亦有独特销途；其他独产茶叶，则全数用于渗配，运销各内地。至于暹罗土产清迈茶，在大军打击之下，已呈一蹶不振，但幸系本地产物，免纳一切关税，刻下尚能勉强维持。

价格方面，虽然目前正值雨季，销量减少二分之一，惟门市兑价仍未见跌落。计四两盒装红心铁观音每包一五铢；四两盒装南岩玉观音每包一二铢；四两盒装三唛观音每包一零铢；四两包装三九唛铁观音每包九铢；四两包装三六唛铁罗汉每包七铢五零丹；四两包装白毛猴每包七铢；四两包装正小种每包五铢五零丹；四两包装青莲花香每包五铢；四两包装雪梨香每包四铢；四两装黄金桂每包三铢；四两包装奇甘珍每包二铢。兹将近两月来货统计如下。六月份：台茶一千九百九十二件、福建安溪茶三百零三件、福建红茶粉及鸟嘴茶六十九件、潮汕炒茶十四件、清迈茶二十六包。七月份：台茶三千五百五十五件、福建安溪茶四百五十七件、鸟嘴茶五十八件、水仙茶二十件、炒茶十三件、清迈茶三十二包。本月一日至十日止，运到台茶二千七百六十四件，安溪茶一百四十一件。（又讯）将由台抵暹之“南昌”轮，亦载运一批台茶约千余件抵此。

——《大公报》（香港）（中华民国三十七年八月二十一日）

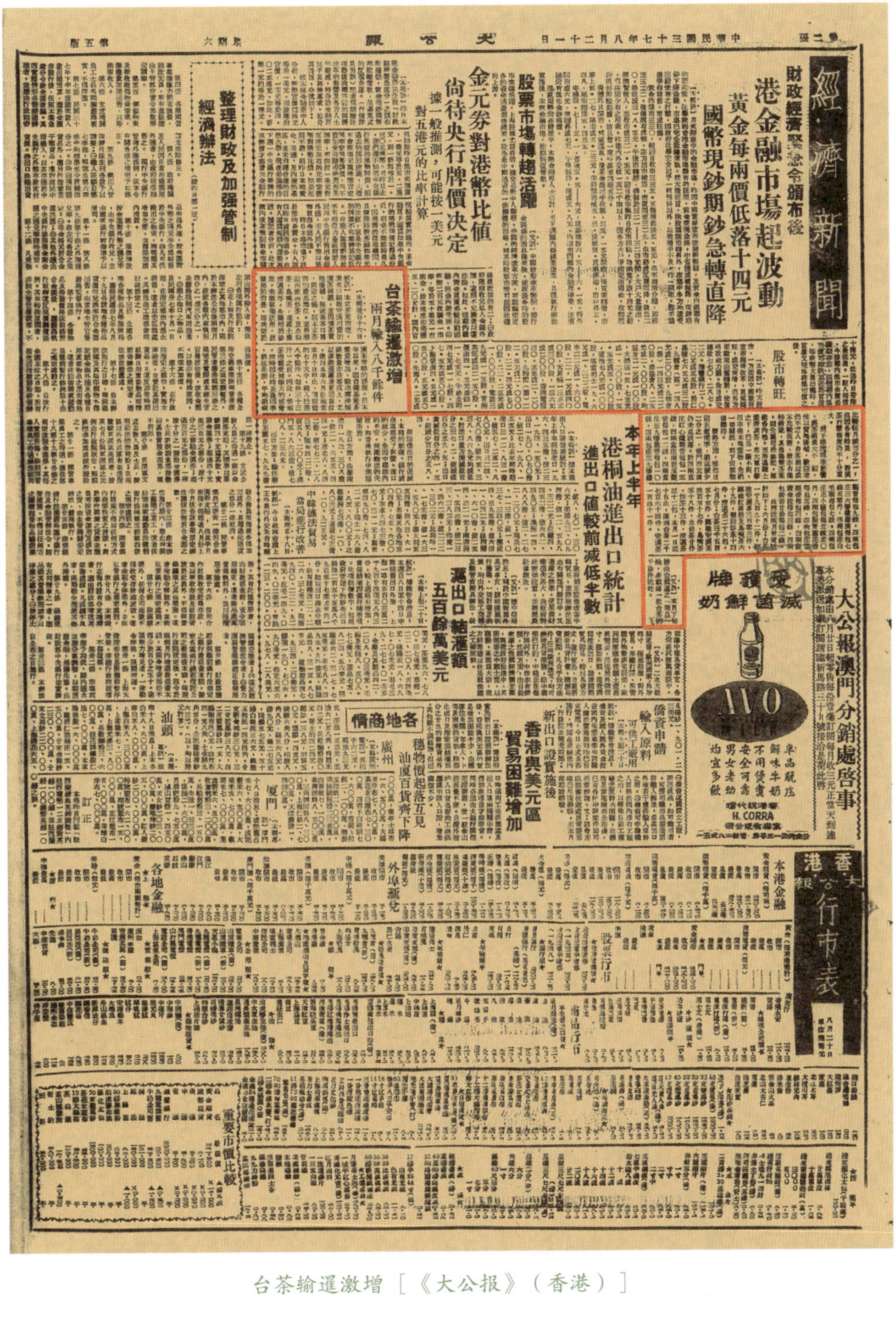

台茶输運激增［《大公报》（香港）］

《厦门的茶叶》（1948年）

鲁纯

茶乃福建特产，以崇安之武夷品称最，而武夷亦有南岩与北岩之别；北岩地土丰腴，气候亦较南岩为佳，茶之上乘，名称甚多，而以“大红袍”“水仙”为最著。原大红袍只有两株，专制时代为贡品，今虽民主，亦不例外，由县府派人保管“产量既有限，尝试能几人?”当然不会流落人间耳。然而，市肆茶庄，仍有大红袍之出售，即非赝品，亦为枝蔓，正如广东增城“桂绿”荔枝同一名贵，同闻名不能见面之物品也。

战前，武夷名茶远销及于安南、新加坡、菲律宾、南粤省之汕头、本省之浦、云、诏及晋江尤嗜之，每年吸收内外汇不少。战时，中国茶业公司统制建茶，因办理不善及种种困扰，致崇安、建宁各县茶农多放弃而改植他物，一部分之安溪茶如铁观音等品，见旁走岐路，越出省界，远销□粤川湘各省，故战后安溪铁观音名较武夷产品为主。

战后，新加坡各埠对华人所营之茶摊，取缔丛岩。同时，新加坡之万华隆埠，亦有出产，且来招来之□，视华商为胜，故建茶销路，日形减少；菲律宾方面，战后，老成凋谢，品茶风味，亦远逊夙昔，大部分青年华侨多尚西化，嗜饮咖啡。于是，购茶外销，远不及战前百分之五十，而战时产区荒芜，战后复苏不易，致产量减少，茶质薄弱，亦为外销不畅原因之一。年来台湾茶外销达百余万箱（每箱卅斤），而建茶不过万余箱，江河日下，殊可慨叹。

目前，福建茶约言之有三部分：一，武夷茶，销路为闽南及南洋各埠；二，安溪茶，销闽南南洋外，兼及汕头，香港；三，福州之香片，销华北及长江一带，南洋则极少数，华南北地气候不同，习惯亦异，北地亢旱，喜食煎炒，非多饮水量，不足以闽□火候。据经验者谈，北方人饮茶每日平均一洋火水桶，茶叶愈冲愈淡，非藉香味，则纯然灌水耳。故香片茶百分之三十，须渗以茉莉花。战前，茉莉花亦为福州特产，今较台湾产量远较福州为多，台湾香片茶之销流上海华北者，亦几乎夺福州市场而有之，乃战时日人在福州移植之所致也。

武夷茶畅销闽南各县者，以三印水仙为第一。旬前，每市斤售至金圆券二十四元，超过战前六倍，日来恐尚不祗此。按武夷茶除大红袍、水仙、雪梨等外，名称甚多，统名之曰“奇种”。每年采茶，多在清明，快则十五日，迟或十八日即可毕事，工人多为江西上饶人。届时，此辈采茶者辄运□而至，其数不止千人。男者采，女者拣，各不相紊，工资战前每人仅十元左右而已。当其采茶也，腰间悬一筐，徐摘徐放，风吹日晒，叶多卷缩或憔悴。于是，另以茶与倾置，徐徐舒散，放入冷坑中，久之取出，复呈生色矣。然后用锅焙之，当日取采之茶，须当晚毕事，不能延宕过夜，此武夷茶采制之特点也。

安溪茶，因茶性凉冷，气质不及武夷远甚。战后，虽稍有进展，销路多开，故产量大减，培植焙制亦远不如前。此由于战后生活艰难，无论任何作业，都提不起精神，□不独一茶而然耳。按安溪之铁观音茶，系由插枝而生者，其法，将茶枝之末端曲引而下，俯插泥中，俟枝旁长根，即从中割断，或者直接将枝干割断，随地安插，亦能生长。非如武夷茶子，落芽萌，自然化育也；因此，武夷茶枝干极粗，寿命亦长，安溪则枝干细弱，十年八年即萎，如以种子培植，虽亦能生长，但形质气味均变。故历来皆因习成规，以抻枝延续其生命，又一不同之点，则安溪茶有时焙制二三次，武夷茶则仅一次而已。此外，安溪植茶，多为农民副业，一般田农多有茶山，自种自采自拣自焙，非如武夷茶，茶岩广泛，设有工厂，整个拣制与装售也。

目前，厦市茶叶行栈，大小三四十家，有武夷帮、安溪帮、台湾帮。金圆券发行后各物冻结。“八・一九”限价，茶虽名列“柴米油盐酱醋”开门七件之内，但时代不同，经济家及卫生家，多饮白滚水，豪商贵客饮咖啡，茶已落后，不为大众所注意。故价钱三印水仙，斤价每奖一次便是四金圆，由十六至二十四圆，虽亦有卖十四或十六金圆一斤者，然茶质已异，非纯粹“三印水仙矣”，三印水仙以武夷曼陀峰产品称最，市上惟奇苑茶庄有之，价视他家为昂，一般不知饮茶者，多购价廉之茶叶而烹饮，其实乃矣大误也。盖劣茶至多冲二三遍，即淡然无味，三印水仙每“小种罐”可开泡至十五六遍，仍浓厚有味，饭后饮之，有助消化，无伤脾胃，胜于饮劣茶多矣。然四两之茶，须化五六金圆，似非普通人所能办。目前，市上茶摊，饮一泡名种，不及三钱重，价为金圆五角，若三印水仙则非一圆不办。

闽南人经商虽有术，但对于生产方面，多不注意，以致畸形发展，供求不相应。兼之内地不靖，交通艰难，个人经营，虽感财力不足，犹可维持小康，一经政府管制，或公营合作，则百弊丛生，更不易发展矣。岂独武夷茶叶，至今犹不能占得国际市场，与台茶争位竞胜而已耶。

——《公论报》（中华民国三十七年十一月二日）

公論報
厦門的茶葉
監院巡察團抵臺東 聽取縣府工作報告
慶祝本省第三屆光復節 台灣省博覽會開幕
永樂大戲院
臺灣總辦事處
臺灣省農會

厦门的茶叶（《公论报》）

《扶植特产争取外汇》（1948 年）

闽请拨发茶贷　总额十四万配贷十三县

茶为闽省特产，畅销中外，国际素负盛誉，全省据估计原有茶园五十余万市亩，分布为东南西北四路，凡三十三县。全盛时期年可输出达四十余万担，惜因（全面）抗战八年，继之战乱时局不靖，外销困难。加之茶贷数目有限，茶商无力收购，茶农无力采制，多仰求于高利贷，成本增加，销路益形一（蹶）不振。省府有鉴于此，为扶植特产，争取外汇，充裕民生，昨特电请中枢贷给金圆十三万八千元，用为三十八年度闽省茶贷，以增加生产，改良焙制，加强外销，其茶贷分配亦经决定先行分配十三个县，计有福安、安溪两县各一万六千元；崇安、建瓯、水吉、寿宁、周宁五县各一万二千元；罗源九千元；政和、屏南、福鼎、宁德四县各八千元；霞浦五千元。

——《干报》（中华民国三十七年十二月二日）

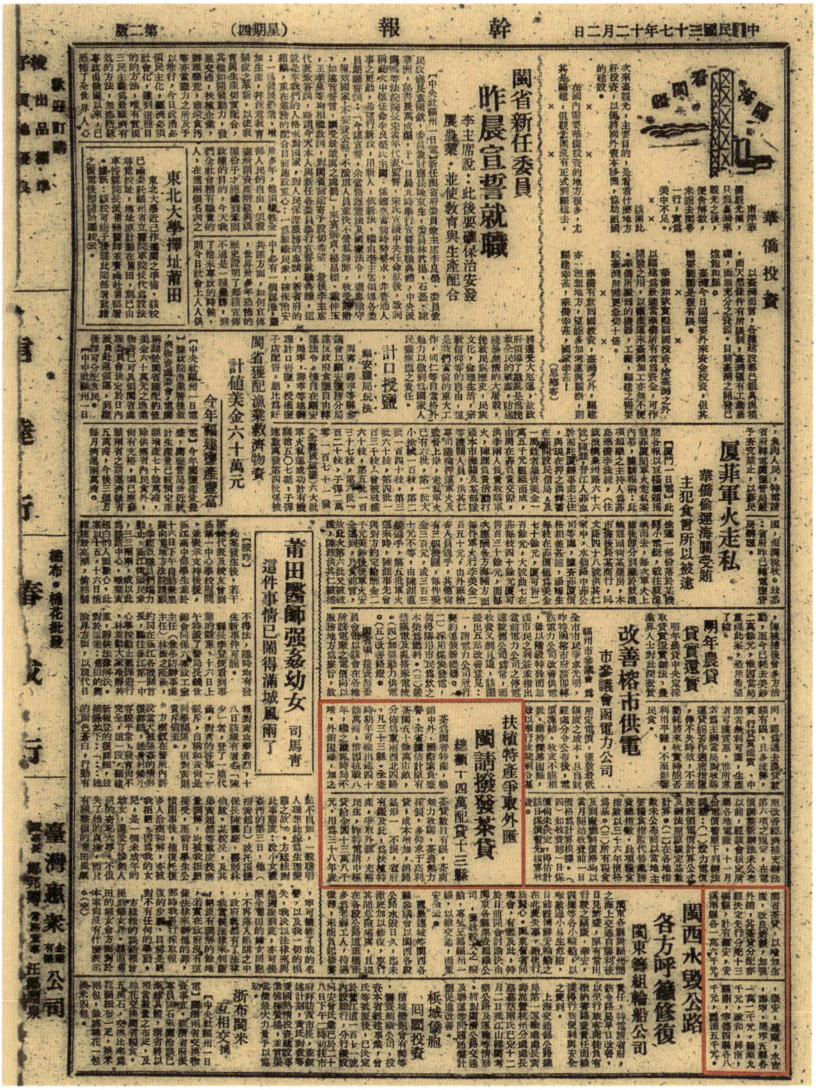

中華民國三十七年十二月二日 幹報 （星期四） 第二版

閩省新任委員 昨晨宣誓就職

東北大學擇址莆田

華僑投資

廈菲軍火走私

改善榕市供電

扶植特產爭取外匯 閩請撥發茶貸

莆田醫師强姦幼女

閩西水毁公路 各方呼籲修復

扶植特产争取外汇（《干报》）

《闽茶到港三五〇箱》（1948年）

（本报讯）昨日福建安溪运销三五〇多箱茶叶，其中包括铁观音、乌龙茶、梅占茶及奇兰茶等，来价（运输费在内）最高每斤十元多，低者三元多。

——《大公报》（中华民国三十七年十二月二十四日）

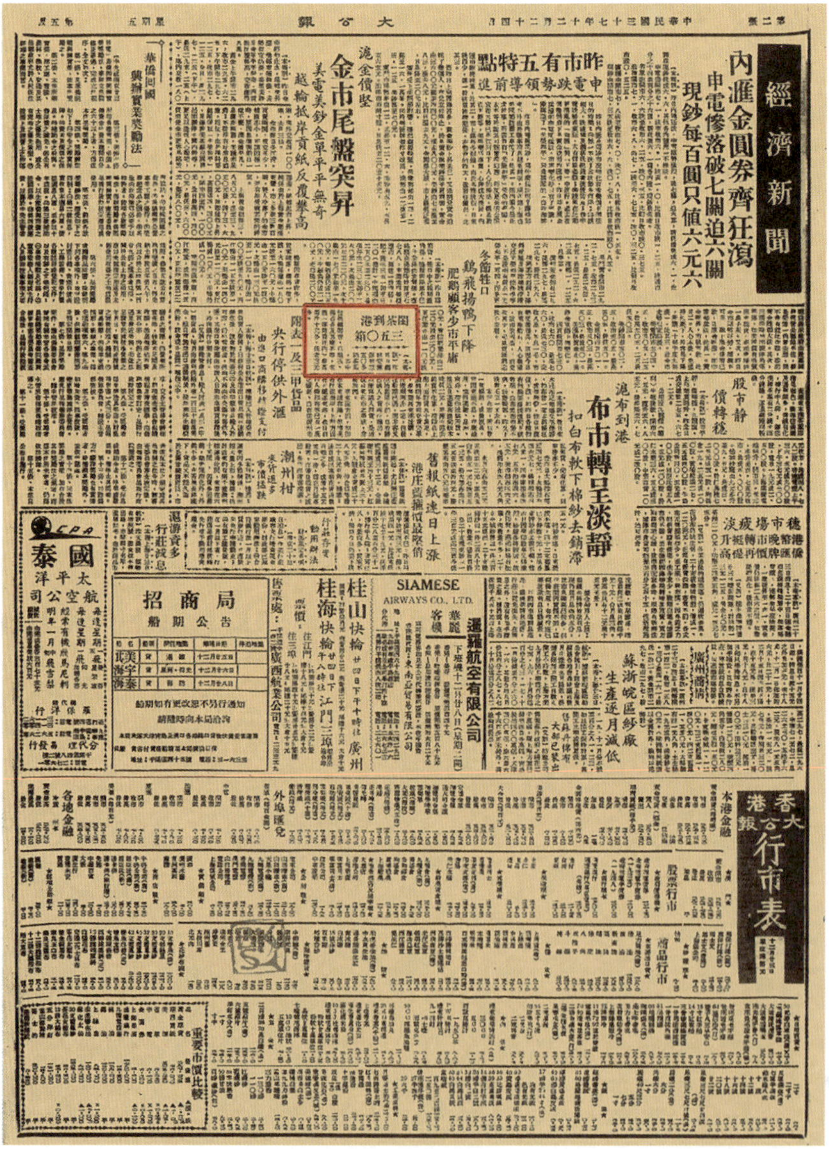
闽茶到港三五〇箱

闽茶到港三五〇箱（《大公报》）

《台茶闽茶盛销国外各地》（1949年）

（本报广州十七日专电）港讯：据悉，法国北非最近来港订增大批台湾包种茶，在日间至少□有五六百吨由香港付船交货。闽茶市道亦相当俏秀，因星洲、暹罗两地最近赴□，大量抢购，致价格亦大为挺升。如铁观音□货最高成至七百元，普通货亦成五百元，此项价格倘与去年同期价格比较，则今年涨价至少在百分之五十以上。至汕头方面，日来因星、暹方面之大量抢购，价格飞升之激烈尤在港市之上，目前汕头铁观音茶价每件（卅斤）经涨至四百五十元，普通货为三百二十元，此种情形实为一种反常现象。

——《大公报》（中华民国三十八年七月十八日）

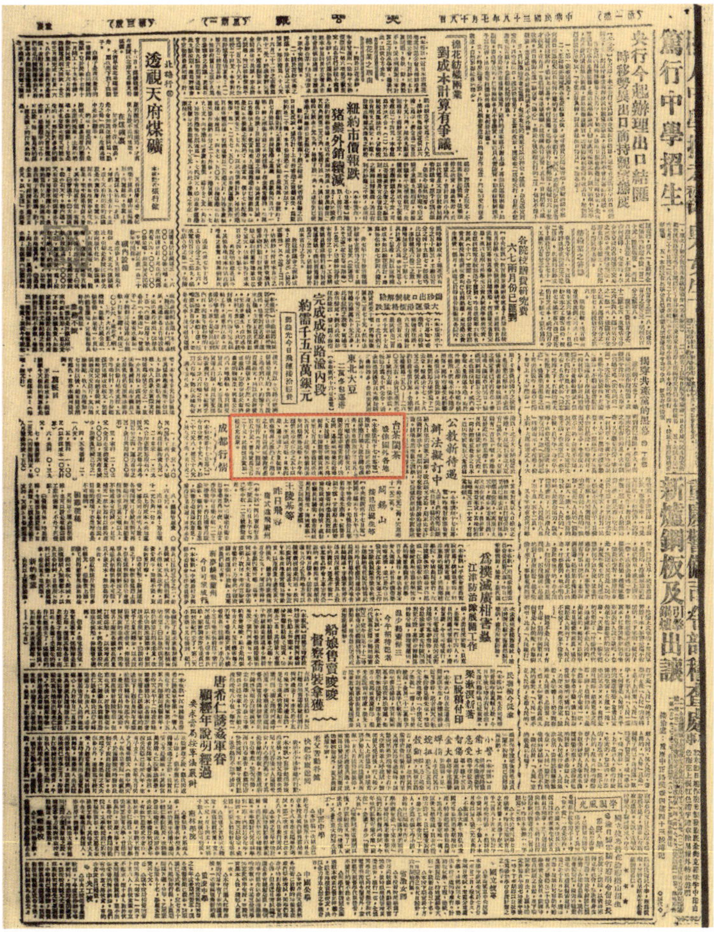

台茶闽茶盛销国外各地（《大公报》）

《安溪乌龙茶香飘海外》（1989 年）

（本报讯）以生产特种茶类乌龙茶而闻名的福建省安溪县，在狠抓产品质量的同时，努力拓宽市场，产品畅销中国港澳及东南亚、日本、欧美等39个国家和地区，声誉日增。今年已出口2000吨，为国家创汇近2000万美元。

安溪乌龙茶介于红、绿茶之间，是一种“半发酵”茶，兼有红茶之甘醇和绿茶之清香，深得海内外消费者的欢迎。（陈永辉）

——《人民日报》（1989年11月24日）

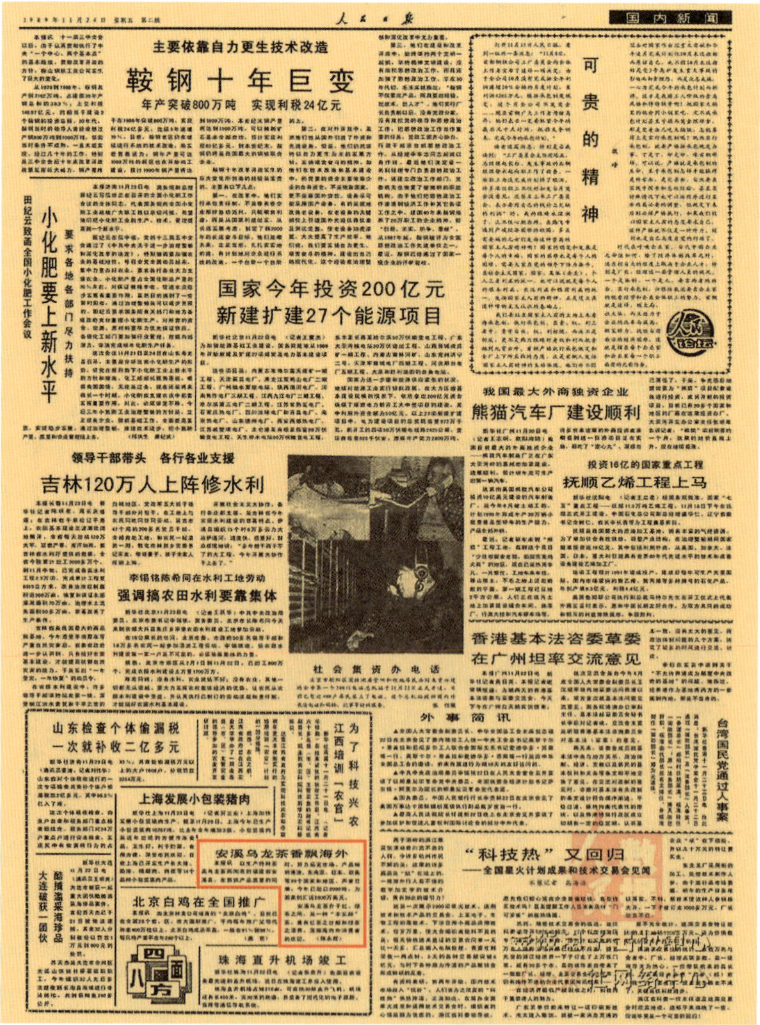

人民日报 1989年11月24日

国内新闻

主要依靠自力更生技术改造

鞍钢十年巨变

年产突破800万吨 实现利税24亿元

可贵的精神

要求各地各部门尽力扶持

小化肥要上新水平

国家今年投资200亿元

新建扩建27个能源项目

我国最大外商独资企业

熊猫汽车厂建设顺利

投资16亿的国家重点工程

抚顺乙烯工程上马

领导干部带头 各行各业支援

吉林120万人上阵修水利

李锡铭陈希同在水利工地劳动

强调搞农田水利要靠集体

社会集资办电话

香港基本法咨委草委

在广州坦率交流意见

外事简讯

台湾国民党通过人事案

山东检查个体偷漏税

一次就补收二亿多元

为了科技兴农 江西培训“农官”

上海发展小包装猪肉

安溪乌龙茶香飘海外

北京白鸡在全国推广

大连破获一团伙

珠海直升机场竣工

“科技热”又回归

安溪乌龙茶香飘海外（《人民日报》）

第四编 其他

（1912—1997年）

芳茂茶行广告（民国时期）

以及地址—厦门开元路；电话——一三九〇；“喂！朋友，那一家！有好茶呢？哼！你知道吗：武夷山浆潭岩，出产的好茶很多！”浆潭岩——老丛水仙、三印水仙，各色俱佳。

本行亲赴选择著名优良茶丛，精益求精，专工培植各大名岩。自行开垦布种大红袍、铁罗汉、水仙种、名色种诸名丛。创造茶厂加工精焙分售中外，驰名数十

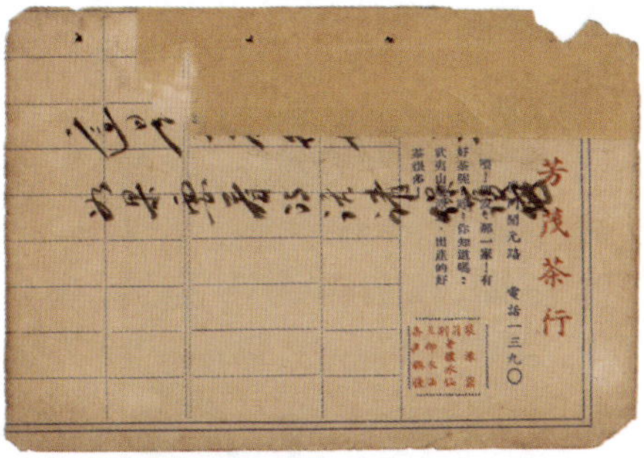

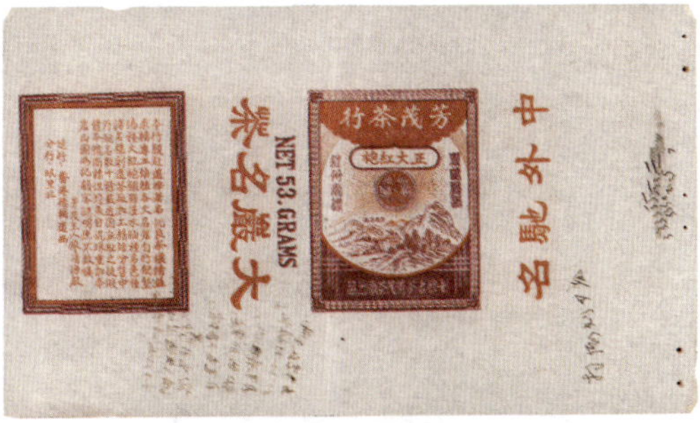

芳茂茶行广告

编者注：芳茂茶行，1923 年厦门茶商会成立时即登记在册的茶行，在厦门经营安溪茶、武夷茶。

余载，近因无耻之徒，假冒本号商标，但恐鱼目混珠，重加本岩山图为记，顾客认明，庶不致悮！

芳茂主人：廖清源啟

总行：香港德辅道西

分行：岷里拉

高芳圃茶行相关实物（民国时期）

高芳圃茶行创始人高娗在（拍摄于民国时期）

高芳圃茶行家属新加坡留影（拍摄于民国时期）

高芳圃茶行印章“奇峰”

高芳圃茶行印章“芳香”

高芳圃茶行印章“高瑞发”

高芳圃茶行印章“大坪高奇峰”

高芳圃茶行印章图

编者注：高芳圃茶行，20世纪初，由安溪人高芳圃在新加坡创办的茶庄。

林奇苑茶庄广告（民国时期）

武夷安溪名茶，亲自拣选焙制；欢迎比较品评，赐顾格外克己。

林奇苑茶庄广告

张源美茶行广告标语（民国时期）

张源美茶行广告标语

编者注：张源美茶行，由安溪人张彩云等四兄弟于20世纪20年代创办，以“白毛猴”为注册商标。在厦门、香港、仰光等地开办，经营武夷茶和安溪茶。

林金泰茶庄汇票（1933年）

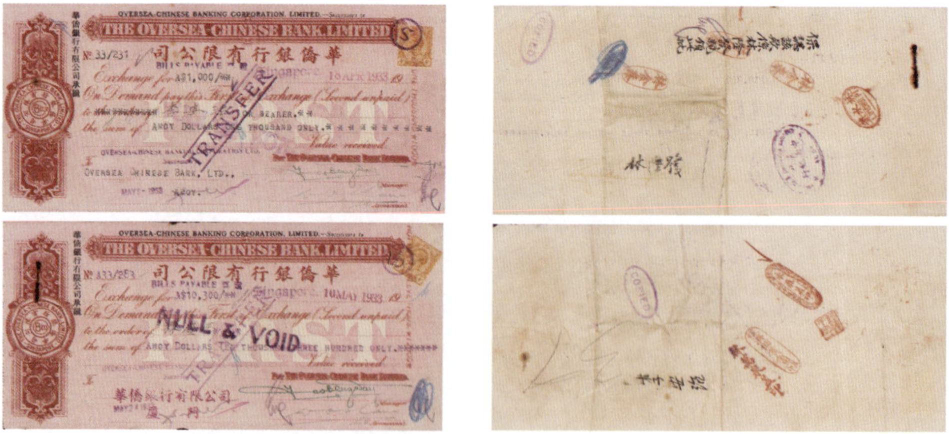

林金泰茶庄汇票

编者注：林金泰茶庄，由安溪人林宏德先生咸丰年间创办，历史悠久，在厦门、新加坡、吉隆坡都有茶行，“金泰茶”是该庄最为著名的招牌，行销海内外。

林奇苑茶庄“三印水仙”发票（1935 年）

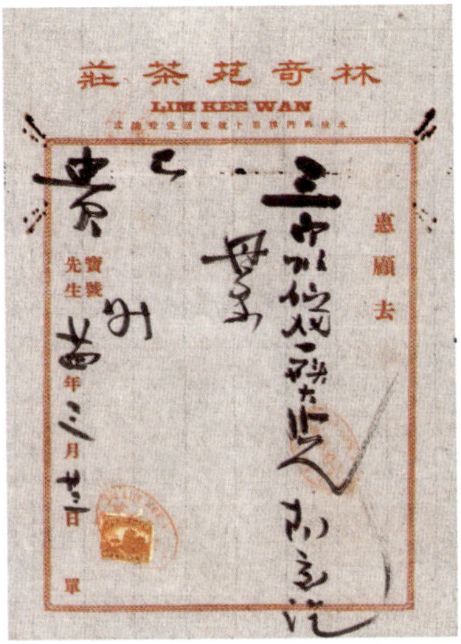

林奇苑茶庄“三印水仙”发票

编者注：林奇苑茶庄，于清代嘉庆年间由安溪人林燕尔创办，在武夷山置办多个岩厂，在厦门和漳州皆有茶店，其中“三印水仙”最为有名。

林奇苑茶庄华侨银行有限公司汇票（1935 年）

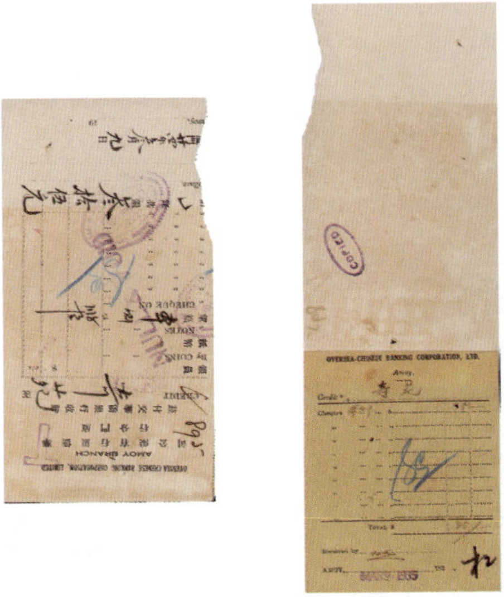

林奇苑茶庄 1935 年华侨银行有限公司汇票

尧阳茶行汇票（1938 年）

尧阳茶行 1938 年汇票

编者注：尧阳茶行，民国时期创办，先后在中国香港地区、中国台湾地区，以及新加坡、马来亚等地陆续都有“尧阳茶行”的店铺，其经营的铁观音畅销海外。

张源美茶行汇票（民国时期）

在叁拾年壹月贰二日汇款国币“叁佰元正”。

在叁拾年壹月肆日汇款国币“壹仟元正”。

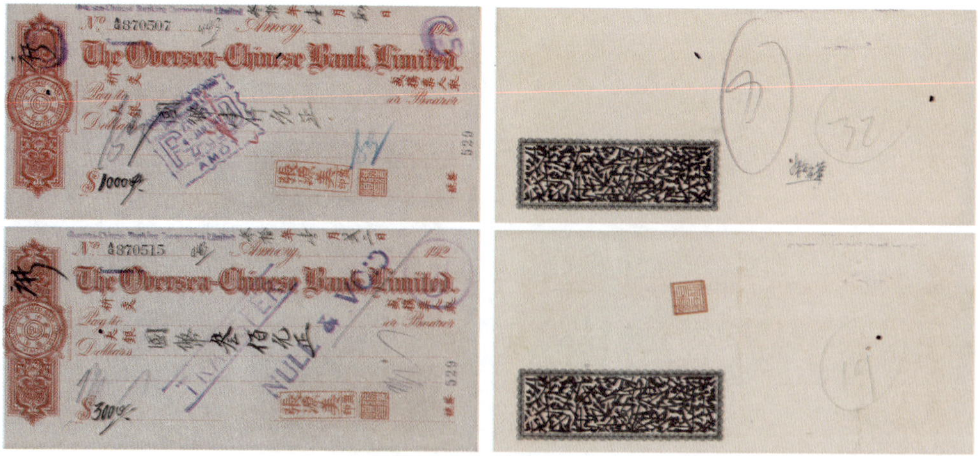

张源美茶行汇票

白三春茶庄信封（1938 年、1948 年）

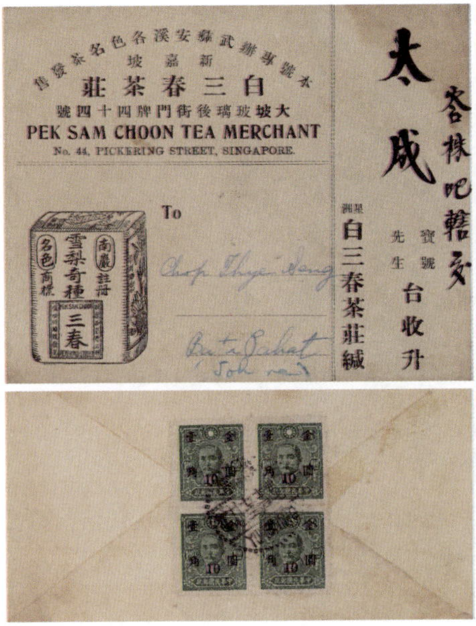

1938 年

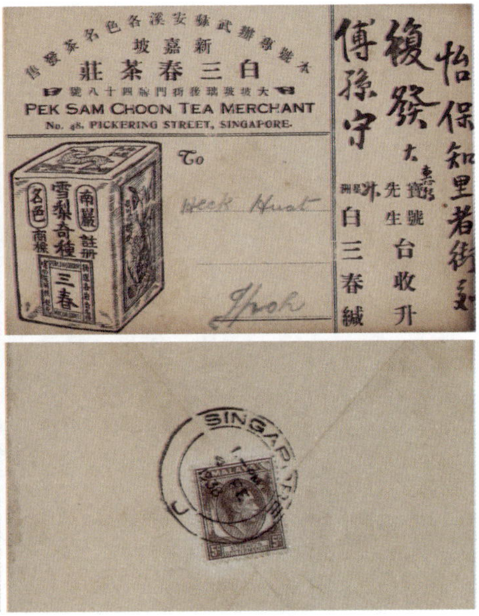

1948 年

白三春茶庄信封

编者注：白三春茶庄在新加坡专办“武夷”和“安溪”茶为主，信封正面就有白三春茶庄的“雪梨奇种”产品。

香港建昌贸易公司委托泉州“泉苑茶庄”订购“三百斤乌龙茶”信件（1950 年）

泉苑宝号惠鉴：兹委托锦泉兄到贵号订乌龙茶叁佰斤希按单交于，款由伊顺付贵号；以便十五号抵厦泉兴轮来港。

顺请

大安　蔡玉芳启

卅九年五月六日

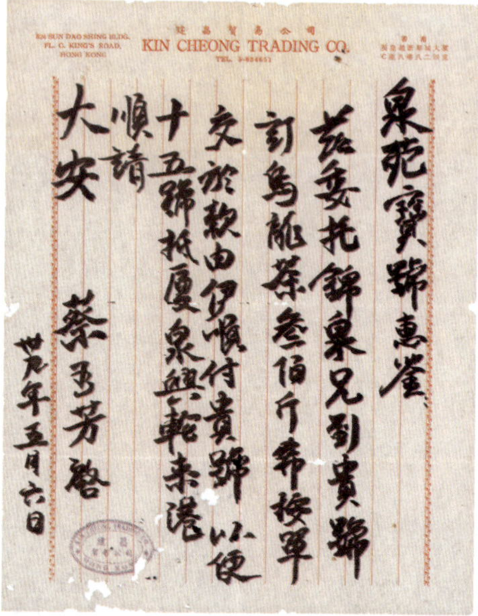
KIN CHEONG TRADING CO.

泉苑寶號惠鑒、
茲委托錦泉兄到貴號
訂烏龍茶叁佰斤希按單
交於款由伊順付貴號以便
十五號抵廈泉興輪來港
順請
大安
蔡玉芳啓
卅九年五月六日

香港建昌贸易公司委托泉州“泉苑茶庄”订购“三百斤乌龙茶”信件

铁观音与王士让（1981年）

铁观音

南岩《铁观音》名茶是乌龙茶中与武夷“水仙”“大红袍”同样驰名国内外的茶王，数百年来，多少诗人墨客，为之吟诗作赋，多少陶醉于茶中的好客，为他品评，推崇备至。《水浒传》形容景阳冈“三碗好酒难过冈”，有人也形容尧阳“铁观音”三杯好茶下咽难过夜。总之，“铁观音”优点人人皆知，不必多说。

铁观音发现始末

“铁观音”茶是王士让发现的，在国内外已有很多人知道这个史实。它的发源地就是现福建省安溪乡西坪公社尧阳乡，尧阳山大队南山峰山，沿小地名“定恩坪”。据《尧阳王氏族谱》记载云：“让于乾隆元年丙辰之春，与诸友会文于南山之麓，每于夕阳西坠，徘徊南轩之旁，窥山容如画，见层石荒园间，有茶树一株，异于其他茶种，故移植于南轩之圃，朝夕灌溉，年年繁殖。春初之时，枝叶茂盛，圆叶红心，如锯有齿，黑洁柔光，堪称无匹。摘制成品，其气味芳香超凡。泡饮之后，令人心旷神怡。辛酉是年，让赴京师，晋谒方望溪相国，只此茶品以赠，方相国转进内廷蒙皇上召见，垂询尧阳茶史，恩赐此茶曰‘南岩铁观音’，眷遇优渥，深恐僭越，有亏臣节。士让一介书生，召入内阁纂修，钦命博学鸿词，启国家为由之隆恩，我祖世泽槐荫，邀荣永垂不朽，特此序明。”

——乾隆十二年丁卯八士裔孙士让序

（注）方苞（一六六八—一七四九）安徽桐城人，字凤九，一字灵皋，晚号望溪。康熙十五年得进士，康熙四十五年以《南山集》一案牵连下狱。《南山集》系方之好友戴名世所著，书中对清代统治者“语多狂悖”，戴全家及有关戚友尽被株连。方苞为《南山集》作序，因亦下狱两年。后《南山集》案先结，经大学士李光地营救，于康熙五十二年三月出狱，寻拜大英殿总裁。乾隆初，官礼部右侍郎，十四年卒。方苞学以宋儒为宗，其说经皆推行程朱之学，为桐城派之初祖。

上述《铁观音》之发现始末已记载甚详，尧阳茶山早前盛行山歌，在铁观音获得朝廷御封后，民间亦曾流行山歌一首，内容虽不无低俗，亦可略见“铁观音茶”发现之历史踪影（注：闽南方言）。

日头起来金又金，说起茶叶祇事情。
武夷出有大红袍，尧阳出有铁观音。
发现茶叶王士让，伊建书轩在南阳。
三月时节清明时，书友会文南轩旁。
看见一株有奇异，正是乾隆丙辰年。
挽回几叶来欣赏，气味清香滋超凡。
春后专工去殖种，枝叶茂盛新稍长。
圆叶红心有锯齿，歪尾桃叶粽叶□。
摘制成品十斤二，泡饮心旷又神怡。
辛酉那年入京畿，随带此茶做见贽。
献给相国方望溪，相国转献内廷去。
皇上召让问古今，眷遇优渥恩深进。
面封南岩铁观音，御赐质量□用差。
观音传名国内外，畅销远洋东南亚。

据上历载，王士让系于乾隆元年（丙辰）发现铁观音，乾隆六年（辛酉）送与方望溪，同年受乾隆召见，王士让介绍此茶在观音石下发现，是观音重如铁，乾隆乃敕封“南岩铁观音”，后尧阳各家茶庄商标皆标有“皇敕”字样，现“（建）源茶庄”后裔王双腾尚保存有此木版（见后附图），该版至今已有一百年历史之久。

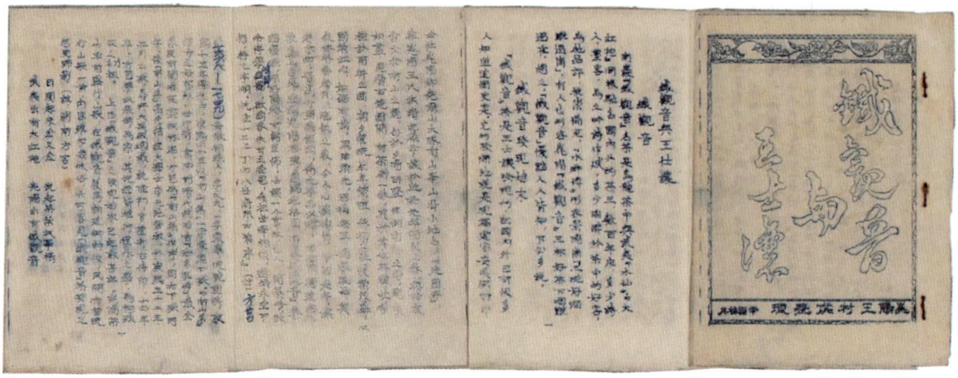

铁观音与王士让“封面、页码一、页码二、页码三”

其余各家人皆在“文革”期间尽皆烧毁，无从寻见。

此讯传回乡中，乡亲争相繁殖，遂广为传播，此时即公元一七四〇年。（有人称为“魏饮”发现，按魏饮生于嘉庆二十一年丙子，即公元一八一六年，在魏饮生前已有观音茶存在。据老一辈口传，魏亦曾发现观音茶，但系另一品种，非红心圆叶者。）

王士让简史

王士让，字尚卿，号蓝阳（又作南阳），有兄弟六人，尚卿居第五，长兄士谦，字守卿，号闻承，邑庠生。二兄士谔讳泰，字舒卿，号志诚。三兄士诚，字时卿，号诚轩，冠带乡宾。四兄士谯，字贻卿，号正夫。六弟士诰，字封卿，号详斋。

王士让生于康熙辛未年十一月二十四日巳时，卒于乾隆辛未年（乾隆十六年）自幼聪明颖悟，学问宏博渊深。由岁贡生，至雍正壬子科中副本举人，乾隆元年（让四十六岁）周文。宋学建为士让应博学宏词科不过，归而筑轩于南山之麓，地号“定恩坪”潜心研究礼经，著《课兜篇》《五经训解》。庚申年（乾隆五年）官石溪（又名官汉辽）归假，士让前往拜访，官石溪见士让学问大有进益，乃于辛酉年（乾隆六年）士让五十一岁介绍于方望溪相国，方相国大加赞许，一时京师籍籍。壬戌年（乾隆七年）方望溪乃荐于鄂张二相国，合奏请入三礼馆纂修。戊辰年（乾隆十三年），士让五十八岁，恩叙一等，出任湖北蕲州通判。到任后奏请铲除苛捐杂税，爱民如子，兴利除弊，州民大悦。辛未年（乾隆十六年士让六十一岁）升任蕲州正堂，文到士让已殁三日，殁之时州民如祭巷，如丧考妣，家家奉长生禄位（此是产地王成）勋亦官是州，归来向吉袁公言之甚详，一共时州民开追悼会，有五乡膏雨。士让为官两袖清风，事后州中绅耆联名奏请入名宦祠。方相国曾亲笔书赠二联云：“儒学礼经登内阁，国朝名宦载蕲州”“三礼典章悬虎观，九经文字炳鸿图”。又一匾云“笃志礼经”：“士让身后无余资，乡绅乃为募捐，使家属得以扶柩归葬。乾隆二十三年十一月十九日辰时，葬于本县光德里虎岗乡龙须昆，坐甲向庚兼丙寅丙申分金。”

士让娶妻吴氏，号庄意，生二子，长羽文，次多文，孙荷濂，均移居台湾。据传台湾茶叶亦系羽文兄弟等传入，现尧阳已无直系。

士让开著《六经训解》木刻板，新中国成立前尚珍藏本邑城内下巷祖宇。终清之世，凡县令莅任时，例有印制《榕村全集》及《六经训解》二书以赠，足见其见重于当时也。中华书局出版《中国名人大辞典》载：“王士让，清溪人，雍正副贡知蕲州，乾隆初举鸿博，报罢留京兴修三礼，有《礼仪训解》。”据《福建艺文志存目》卷三十四载：“安溪王士让著：一，《五行解一卷》（福建艺文志存目杂家）。二，《井田考一卷》（福建艺文志存目别集）。三，《王尚卿遗集一卷》。四，《仪礼训解十七卷》《学校一卷》《周礼通一卷》。”

王士让在南轩周围地理环境

士让于未出仕潜修之时，建南轩于南峰之麓。此处古时古木参天，怪石嶙峋，曲径幽回，前有滚滚不息蓝溪之上游，后有羊肠小道可通山巅，沿山有惟妙惟肖的奇石，有所谓石碑、石门、观音石、小鬼弄狮石、纱帽石、南阳石、双鹰石、双蛙石、摔马石、石寨、石船、石脚桶、风动石、狮鼻石、人子石等等，难以尽举。所谓“狮鼻石”，其形如狮鼻，清晨有两道青烟自狮鼻徐徐飘出，确为雅观，

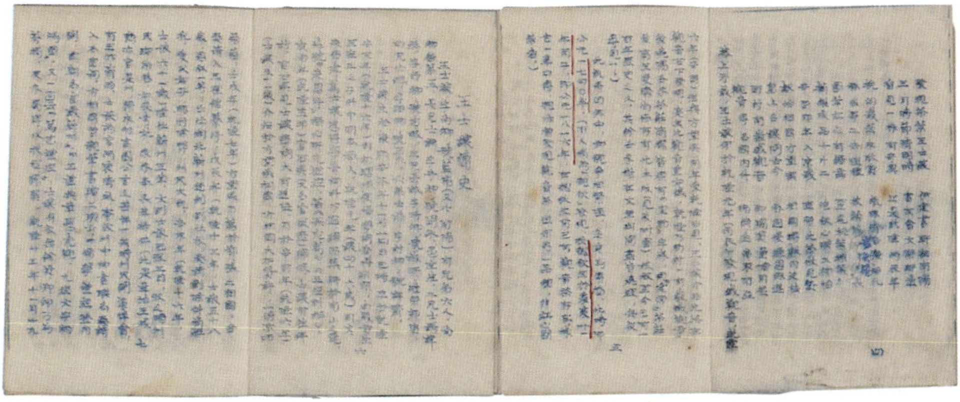

铁观音与王士让“页码四、页码五、页码六、页码七”

沿山有石洞数个，大者洞中有可容三五十个人。又有一古刹，早称白石岩，又名仙公殿。

早前善男信女出入不断香烟萦绕不绝，山峰上有驾场埔，又名练兵场。相传早期有起义军在此练武阅兵。驾场面积可容数百人，真是山峰出平原。山腰处有一打（猎）将军殿［又名打猎尚（书）］遗址。据传打猎将军名乌良。乌良隐居山上，以采山茶、打猎为生、有一次乌良背茶卡（采茶竹笼），肩带猎枪上山，当他采了数斤山茶后，突然发现一只山獐，乌良持枪急追，一直追至观音石才猎住山獐。当晚因忙于宰杀山獐，顾不上炒制山茶，茶叶由于追赶山獐时，茶卡时时摇动，延至次日已经发酵，没有苦涩之味，无意中发明了乌龙茶炒制技术。以后乌良把这种技术传授给人民。在他死后人民为了纪念他，就习惯把半发酵茶叶炒制法的茶叶叫作乌良茶（即现之乌龙茶）并将他的住处改建名曰“打猎将军殿”以纪念他。从前峣阳乡每年循例有迎神之举，法师在请神时都要请打猎将军尚书，足见乌良的功绩深入人心。自王士让之“南轩”沿山直上高峰有观日岩，黎明在此可观一轮红日冉冉东升，极目远眺，群山尽妆眼帘，山下有蜿蜒之蓝溪，清风习习，俗念全消，颇有蓬莱仙景之味。南峰除风景优美外，又得天独厚，产兰花之名种“独占”，每年新春，“独占”开花经月不谢，气味清香、幽雅，高洁名贵。

新中国成立后，在人民政府提倡发展生产号召下，周围已建立畈点耕山队，开辟茶园，逐步发展铁观音基地。

王士让之遗迹

王士让避繁杂而居南轩，在其涉足周围，尚留有点点遗迹。“南轩”遗址尚有旧基可寻，全座两房一厅，宽二丈八尺，深一丈八尺，据七十多岁老人所说，当他们在童年之时，墙基尚高七八尺，书轩于何时倒塌，已无可稽考。安溪县委对王士让遗迹相当重视，已列入县重点文物，拨款再修建书轩旧观，以供旅游，在“南轩”左侧下，又有一所南隅殿遗址，可惜在“文革”期间，被列为封建遗场，已被铲平，令人不胜惋惜。在“南轩”外侧有一南隅石，其高一丈左右，宽丈二三，上勒“南阳”及“王尚卿”题等字，至于所题何文何字，因年代久远，风化掉落，隐隐仅有字迹模样，已无文字可寻。王士让发现铁观音后移植在“南阳”石下，如今已失原本正丛，后人为纪念王士让之贡献，乃移植三株于原处，今日茶树已非本来面目。追溯前尘，不无令人叹惜。沿“南轩”而上，越观音石有一巨石，上雕一联云“前有南阳诸葛之庐，后有南阳王子之居”，此联之意，据查当士让致仕时，高宗御题其南阳归隐阁曰“前有南阳诸葛之庐，后有南阳王子之居，葛比管乐，卿

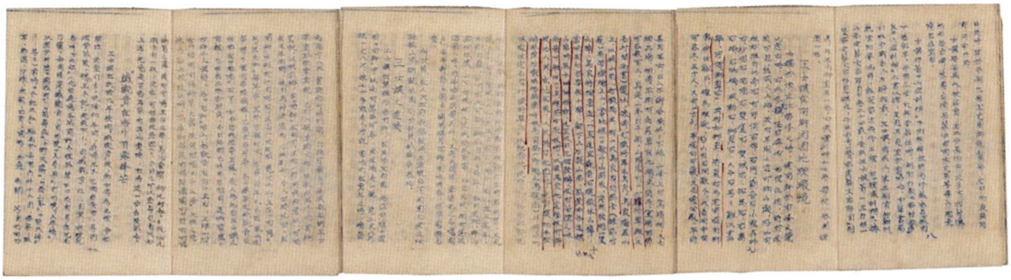

铁观音与王士让“页码八、页码九、页码十、页码十一、页码十二、页码十三”

比何如?”说明此联亦有一段小史也，可惜无从查证了。今日可以查寻见者只如上述，究竟是否当再留有其他遗迹，有待进一步去发掘也。

“铁观音”在海外首露锋芒

王士让在乾隆六年发现“铁观音”后，乡中传为名种，争相繁殖，产量日多。乾隆初年间，峣阳王冬已侨居安南，专门经营茶业，号“王冬记”，规模不小，因“铁观音”红心圆叶，故号花名“大红”（先前峣阳各茶商对各种茶叶出口均有另起花名习惯，如同样是铁观音，有的号“人参果”，有的号“人参精”以至于什么“独我有”“万寿桃”“衔天雾”“泰山峯”“碧天峰”等）。当时“冬记大红”驰名于安南内外十二省，婆寮、跛草、郡退、沙绿、米荻、西贡、处郡、金边、新关等省均有分行分店，红极一时，为后来“峣阳乌龙”茶外销当先锋，打开了市面。

尧阳《乌龙》茶在海外行销为进一步发展

继王冬之后，尧阳茶商到海外各埠经营茶叶生意的队伍逐年增加。乾隆二十五年，王苑往泰国开“仕源茶行”，王由往台湾做茶商，王德学于嘉庆十五年在台湾鹿港樟空湖开“珍源茶行”，王阁此时也在安南开设“锦芳茶行”。道光初，王（国）字锋臣，在台湾鹿港开“王荣春茶行”，其后裔王淑景在厦门开“王尧阳茶行”，王文斗在香港开“王峣阳茶行”。王瑞景除仍在台湾经营外，遣子王长令，王长禄往泰国开“王阳尧春茶行”。光绪卅三年，王三言遣季子往台北开茶行，民国六年又遣孙王炳炎往下州府雅加达（即椰城）开“王梅记茶行”，又遣季子王美景往安南堤郡巴里街廾八号开“泰山茶行”，光绪末年王量、王称兄弟六人先往台湾收购茶叶，然后运销印度尼西亚、后兄弟分别于印度尼西亚四里□（泗水王灯），井里汶（王铁）雅加达（椰城王连升）开“珍春茶行”，行销印度尼西亚全境。同期王拳在台湾开“芳春茶行”王锭、王孝娇、王纯兄弟在安南开“同记茶行”沿用前冬记“大红”旧花名，仍然畅销印支半岛。宣统年间，王奕波、王儒开茶行于曼谷，一八九八年，王遮几、王遮英兄弟在新加坡发展茶叶。民国初年，王孝梅在泰国开“瑞珍茶行”，王孝谨开“王有记茶行”，至民国初之后，尧阳乡茶商经注册者，达一百三十多家。现据不完全调查计有炳记、登记、略记、财记、有记、翼记、茂盛、芳成、芳圃、秀峰，翼泰、瑞泰、良记，锦记、甘记、泉芳、德芳、太源、裕泰、尧峯、应记、梅芳、梅太昌、联华、有记、信记、仁记、阳春、尧阳、三阳、新记、南山头、兴记、谦记、南泰、泰丰、荣美、荣春、成隆、玉记、苑春、春苑、和美、和利、增源、瑞珍、两春、德泰、雅记、集隆、诸记、选记、默林、碧记、择记、南阳、梅美、源兴、泉胜、德胜、长荣、永发、荣芳、德记、道记、晋记、协泰、捷利、梅圃、繁华、梅岩、梅苑、南山、新发、和平、志成、南声、泉岩、同泰、振昌、苑昌、建丰、瑞春、奇昌、建源、传记、裕记、琴记、尧春、连记、声记、锦春、祥兴、鼎记、星记、福记、得记、源泰、金记、利记、成春、振成、德春、清记、利安等商号，或称茶庄，或称茶行。每年庄配出口外销数量有二十担以上。至今海外各埠仍有四五十家继续经营，兴旺不衰。

铁观音在海外屡登王榜

民国五年，台湾督署举行一次茶叶评奖，王西庄配“天馨茶行”之“万寿桃”评为一等奖，荣获金质奖牌一面和奖状一张；“天馨茶行”亦受奖金牌一面，奖状一张。（上两件尚存）一九四五年新加坡也举行一次评奖，王联丹庄配“高建发”之“泰山峯”亦评为一等奖，荣获金牌一面，金笔一对。一九五〇年暹罗市举行一次评奖“王登记”庄配“王炳记”之“碧天峰”获特等奖，得奖金港币一千元。其他各埠据悉也曾评奖，“铁观音”都是每战皆捷的。

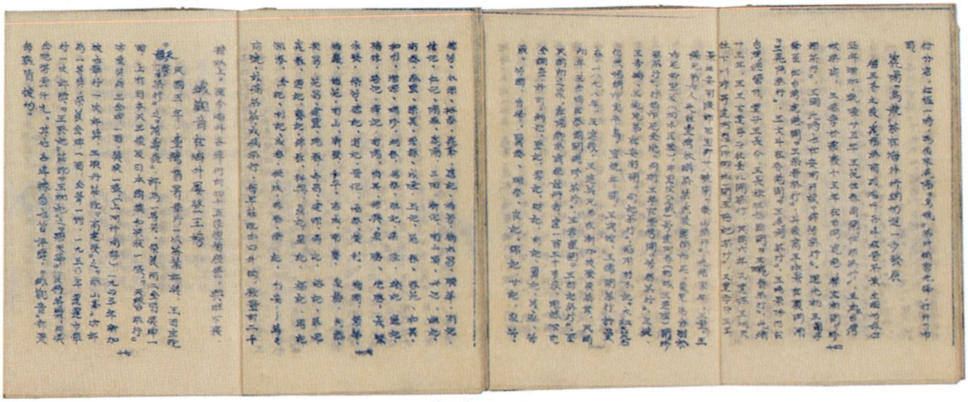

铁观音与王士让“页码十四、页码十五、页码十六、页码十七”

诗吟小集

王春华旅居新加坡已五十多年，久怀乡土，因写采茶吟一篇曰：

彭溪瀑布垂千尺，洗出尧山一片石。
东西更耸两高峰，菡萏南岩似长翮。
妾家住在半山中，级级茶园一望葱。
对宇望衡皆王姓，旧家张李已成空。
春来处处闻啼鸟（借句），少妇晨装未破晓。
提篮结伴踏烟霞，前路蒙蒙难了了。
顷刻烟消景色佳，观音名茶茁新芽。
□□过道寻常事，□□□□□□□。
前村采罢后村去，岭路崎岖无坦处。
只恐芳春去不留，摘穿十指敢逸豫。
转眼春归夏日来，火云片片过山隈。
问侬底事不知热，为惜礼年助阜财。
大火西流凉秋至，采尽秋香免茶事。
良人自别几经年（借句），犹贩名茶羁外地。
北风凛凛雪霏霏，黄菊飘零秋亦归。
角枕凄凉谁可伴，庭梅无语暗欷歔。

一九七三年省地质普查队陈春光到南峰旅游即兴有诗云：

安溪名茶产南峰，丛丛茶树云雾中。
茶叶香气飘万里，饮茶勿忘种茶农。

王村仆读后亦即兴一首：

安溪名茶数南峰，海外驰名岂为妄。
三杯盛传熬夜事，十年回噎犹留香。

一九七八年工作组许茂林游南峯亦有感五言赞曰：

尧石触云天，山峯耸巍然。
观音奇妙品，香茗独占先。

安溪第五中学教师翁火枝寻访王士让遗迹登上南峰亦即兴留咏三首：

其一

寻游故迹日东斜，石径盘徊野草遮。
□□□□□□□，多情彩蝶舞山花。
苔痕深锁嶙峋石，茶树轻舒嫩绿芽。
狮子威仪果然在，奋髯娇首戏岩茶。

其二

南峰高耸入云端，历尽沧桑不改观。
寒士用心育奇种，观音有幸上金銮。
南阳千载遗古迹，荒圃一朝变新园。
绝顶纵眸境界远，茶香迎雾透重峦。

其三

茶园叠翠接青天，芳骨柔技芽吐鲜。
碧水中分日月寨，白云衡锁峣山巅。
茗香四海雅声播，韵美五洲友谊连。
一派春光浮劫后，万顷新绿笑嫣然。

——一九八〇年村委整理

晋江地区侨史学术讨论会孙崧樵老先生填词赞云：“霜天晓角安溪铁观音　孙崧樵。”

“安溪茶史，首屈尧阳指，曾受乾隆宠爱，观音种才开始。就因品质美，驰名千万里，今日座中一试，齐鼓掌，大欢喜。”

又代表黄琴棋即席咏一首云：“名茶优质数尧阳，韵味双佳遐迩扬。但饮一杯称口腹，三天舌寒有余香。”

晋江地区侨史学术讨论会安溪西坪代表献正品铁观音茶：“冲泡之间，茶味萦室有感口占一绝，观音本是大红葩，正品尧阳气质佳，满室缭绕香不散，人人齿舌尽生花。”

——曾阅于一九八〇年十月二九日会中即兴

旅印度尼西亚华侨咏安溪铁观音

调寄临江仙——陶苑仙——

貌似观音身似铁，锯蠓螟腿蟾皮。幽居烂石比琼枝，春来抽嫩笋，玉女弄新姿。

采摘看天占气候，风干火焙兼施，香闻十里月明时，二三同羽客，一啜振神思。

安溪侨联副主任陈怀志次陶苑仙咏茶原韵

贞静幽娴心自得，生来铁骨鸽皮，北风吹透茁新枝，桃红夸艳质，输与天仙姿。可解相如消渴症，减肥治积兼施。东洋闻得清香时，知音同陆羽，越品越相思。

——庚申仲冬

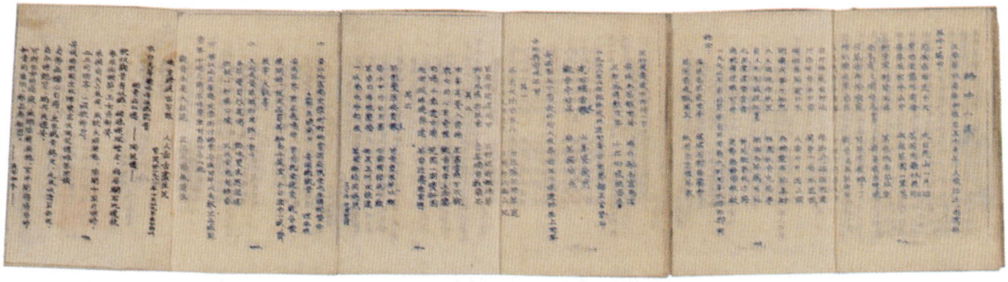

铁观音与王士让“页码十八、页码十九、页码二十、页码二十一、页码二十二、页码二十三”

品茶（七律一首）曾阅

相逢各自慰清贫，谈笑煎茶献味珍。三代尚含岩上露，卅年犹带尧阳津。先闻胸臆留余韵，细啜齿牙能运神。莫教香绕空忽去。浸吟（立立）坐一番春。

（尧阳王村仆整理）

[编者注：（立立）通假字“并”，读bìng。]

——一九八一年梅月

安溪茶厂对外出口包装箱（1984年）

1984年安溪茶厂对外出口包装箱

安溪茶厂产品获得轻工业部优秀出口产品金质奖证书（1988年）

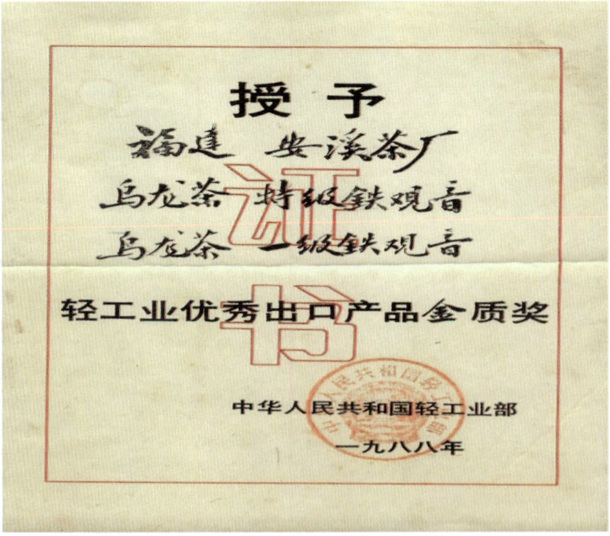
证书

授予

福建 安溪茶厂

乌龙茶 特级铁观音

乌龙茶 一级铁观音

轻工业优秀出口产品金质奖

中华人民共和国轻工业部

一九八八年

1988年安溪茶厂产品获轻工业部优秀出口产品金质奖证书

编者注：1988年，中华人民共和国轻工业部授予福建安溪茶厂乌龙茶“特级铁观音”“一级铁观音”为轻工业优秀出口产品金质奖。

安溪茶厂赴日本市场考察（1997年）

1997年安溪茶厂赴日本市场考察

编者注：1985年6月和1997年4月，安溪茶叶考察小组先后赴日本市场考察。